职业教育智能制造领域高素质技术技能人才培养系列教材

液压与气动技术

第 2 版

主　编　许艳霞　姚玲峰　崔培雪
副主编　谢助新　彭　静　刘建新　杨利辉
参　编　（按姓氏拼音排序）
　　　　陈彩珠　郝旭暖　黄红兵　刘　深
　　　　马永杰　佟海侠　王　健　王巍巍
　　　　王　影　杨　宝　杨　谋　岳星佐
　　　　张　姗

机械工业出版社

本书根据《职业教育提质培优行动计划（2020—2023 年）》精神，介绍了与课程知识体系相关的国家新政策、行业新动态、专业新知识。

　　本书为新形态一体化教材，分为"基础理论"和"实训工单"两个教学部分，主要内容包括：蓬勃发展中的现代液压与气动工业、流体力学基础知识、液压动力元件及应用、液压执行元件及辅助元件、液压控制元件及应用、液压基本回路分析、典型的液压传动系统分析、气压传动概述、气动元件及应用、气动基本回路分析、典型的气压传动系统、电气电路设计与 PLC 控制实例、液压与气动系统故障诊断。

　　本书可作为高职高专、职教本科、应用型本科机电类专业及汽车专业液压与气动技术课程的专业教材，也可以作为相关企业岗位培训教材。

　　为方便教学，本书植入二维码资源，配有电子课件、岗课赛证模拟测试题及答案、习题与思考题答案、模拟试卷及答案等，凡选用本书作为授课教材的教师可登录机械工业出版社教育服务网（www.cmpedu.com）注册后下载配套资源。本书咨询电话：010 - 88379564。

图书在版编目（CIP）数据

液压与气动技术/许艳霞，姚玲峰，崔培雪主编. —2 版 . —北京：机械工业出版社，2022.7
职业教育智能制造领域高素质技术技能人才培养系列教材
ISBN 978-7-111-70945-9

Ⅰ.①液… Ⅱ.①许… ②姚… ③崔… Ⅲ.①液压传动-高等职业教育-教材②气压传动-高等职业教育-教材 Ⅳ.①TH137②TH138

中国版本图书馆 CIP 数据核字（2022）第 094306 号

机械工业出版社（北京市百万庄大街22 号　邮政编码100037）
策划编辑：冯睿娟　责任编辑：冯睿娟
责任校对：陈　越　封面设计：鞠　杨
责任印刷：郜　敏
北京富资园科技发展有限公司印刷
2022 年 8 月第 2 版·第 1 次印刷
184mm×260mm·16 印张·403 千字
标准书号：ISBN 978-7-111-70945-9
定价：49.90 元

电话服务　　　　　　　　　网络服务
客服电话：010 - 88361066　　机 工 官 网：www.cmpbook.com
　　　　　010 - 88379833　　机 工 官 博：weibo.com/cmp1952
　　　　　010 - 68326294　　金 书 网：www.golden-book.com
封底无防伪标均为盗版　机工教育服务网：www.cmpedu.com

前 言
PREFACE

　　本书根据《职业教育提质培优行动计划（2020—2023 年)》精神，全面贯彻党的教育方针，落实立德树人根本任务，突显职业教育类型特色。本书涵盖了液压与气动技术领域的基本知识、理论以及与之相关的基础技能。

　　液压与气动技术在现代高端机电装备的传动与控制领域中占有着非常重要的地位，其应用程度已经成为衡量一个国家工业化水平的重要标志之一。液压与气动工业已经发展成为了现代工业的支柱性产业。液压与气动技术是机械及电气工程师和机电工程技师必须掌握的核心技术。本书内容丰富、视野开阔，对液压与气动元件、回路和系统的介绍，符合学生的认知规律，体现了现代高等职业技术教育的特点。

　　本书的编写特色及修订内容如下：

　　1. 本书为新形态一体化岗课赛证融通教材，分为"基础理论"和"实训工单"两个教学部分。本书以情境教学的方式组织教学体系，精选了与知识点对应的综合实训项目与岗课赛证模拟测试题。

　　2. 本书在保持传统教材优秀风格的基础上，以更为开阔的视野，引入"情境链接"和"知识拓展"板块，增加了数字液压和智能液压的内容，介绍了科技前沿和液压与气动相关领域的新知识。

　　3. 本书强调"机电一体化"的概念，适度补充了课程实训所必需的电气控制与 PLC 控制基础知识和实例。

　　4. 以实用知识和技能为核心，进一步简化了繁琐的理论计算、特性分析和公式推导。

　　5. 精选了大量的机械装备与产品图片，图文并茂，版面生动美观。

　　6. 本书由校企合作共同开发，突出教、学、做一体化，体现工学结合。

　　本书由许艳霞、姚玲峰、崔培雪担任主编，谢助新、彭静、刘建新、杨利辉担任副主编，陈彩珠、郝旭暖、黄红兵、刘深、马永杰、佟海侠、王健、王巍巍、王影、杨宝、杨谋、岳星佐、张姗参与了本书的编写工作。在此特别感谢中外合资张家口三北拉法克锅炉有限公司高级工程师于太安为本书提供教学案例，并提出了很多合理化的教材建设意见。

　　由于编者水平所限，书中难免会出现疏漏和不妥之处，欢迎广大读者提出宝贵意见。

编 者

二维码索引

（续）

目 录
CONTENTS

学习情境1　蓬勃发展中的现代液压与气动工业

教学目标

知识目标

- 了解现代液压与气动工业产业分布及行业应用
- 理解液压与气压传动的工作原理
- 掌握液压与气压传动的系统组成及特点
- 了解液力传动及应用

技能目标

- 熟悉液压与气压传动的工作原理
- 学会液压与气压传动的系统组成及特点
- 了解液力传动在汽车工业中的应用

1.1　现代液压与气动工业概述

液压与气动技术在现代工业新技术和核心技术领域中占有着非常重要的地位。液压与气动工业已经成为现代装备制造工业产业的一个重要组成部分。

液压与气动技术的应用领域不断拓展，作为机械装备传动与控制的核心技术，其应用程度已经成为衡量一个国家工业化水平的重要标志之一。越是先进的设备，液压与气动技术所占的比重就越多。

液压技术（HYDRAULICS）是以液体作为工作介质来传递运动和动力，并对执行元件的运行状态进行调节和控制的技术。液压回路是构成液压系统最基本的结构和功能单元。

气动技术（PNEUMATIC）是"气压传动与控制"的简称。气动技术是以空气压缩机为动力源，以压缩空气作为工作介质，进行能量或信号传递的工程技术，是实现各种工业生产和自动控制的重要手段之一。

从17世纪中叶（1653年）著名的法国科学家帕斯卡奠定了液压传动的基本理论——帕斯卡原理之后，经历了将近150年的时间，于1795年由英国人制造出了世界上第一台水压机，并应用到毛织厂、榨油厂以及造船工业上，从此开创了液压传动发展的一个新的历史时期。人类使用水力机械及液压技术虽然已有很长历史，但是液压技术的迅速发展则是在20世纪60年代以后，随着先进制造技术、电子技术和计算机技术等的研究和应用，液压技术得以迅猛发展，并广泛渗透到了国民经济的各个领域之中。

现代液压与气动工业经过几十年的迅速发展，已形成了规模齐全的生产、科研体系。在航空航天、工程机械、机床设备、石油机械、冶金工业、汽车工业、农业机械、轻工纺织、铁路、船舶等工业领域中，液压与气动技术得到了广泛应用。图1-1为液压与气动产品行业分布图。

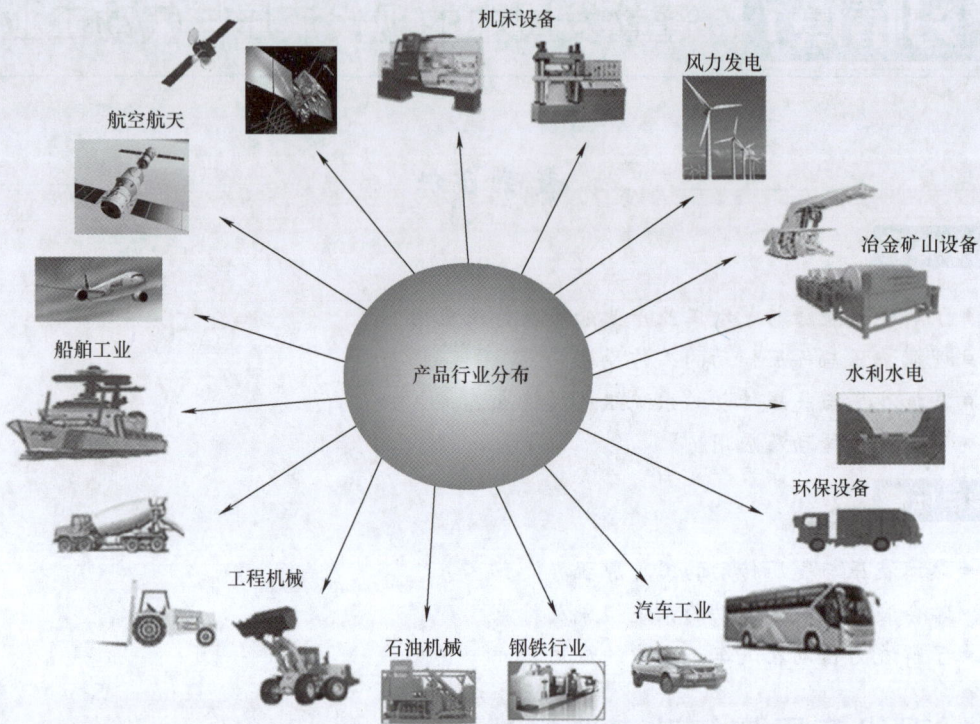

图 1-1　液压与气动产品行业分布图

1. 航空航天

液压与气动技术在航空航天领域发展日趋迅速。如飞机上的起落架收放、舱门收放、进气锥操纵、辅助进气门操纵、发动机尾喷口操纵、燃液泵拖动、制动操纵、前轮转弯操纵、主操纵面操纵、雷达天线操纵、炮塔操纵等，均采用了液压与气动技术。

空中客车 A380 采用的是由伊顿（Eaton）宇航设计研发的高压液压动力及流体传输系统。空中客车 A380 中的液压元件如图 1-2 所示。运用伊顿的高压液压技术，所有的关键液压元件，如主飞行控制元件、液压缸、液压马达、蓄能器、油箱、流体传输管、软管、接头卡箍等的尺寸和重量均会减小，整个系统比常规的液压系统要减轻 1t 的重量，这对于航空工业来说，意义非 凡。

2. 工程机械

液压与气动技术已经应用在了绝大多数工程机械上，如液压挖掘机、装载机、混凝土泵车、混凝土搅拌车、铲运机、工程起重机、打桩机、振动式压路机、推土机、沥青铺摊机、平地机等。图 1-3 为混凝土泵车外形及液压机构。

3. 机床设备

机床是工业的基础装备。自 1882 年世界上第一台液压龙门刨床问世的一百多年以来，液压与气动技术在各种机床上得到广泛的应用，液压与气动元件已成为机床不可缺少的重要组成元件。在机床工业中，机床传动系统有 85% 采用液压传动与控制，如磨床、铣床、刨床、拉床、压力机、组合机床、数控机床、数控加工中心等。

4. 石油机械

石油钻机的转动和升降是由液压系统来驱动的。用石油钻机顶部的液压系统来驱动钻井

图 1-2　空中客车 A380 中的液压元件

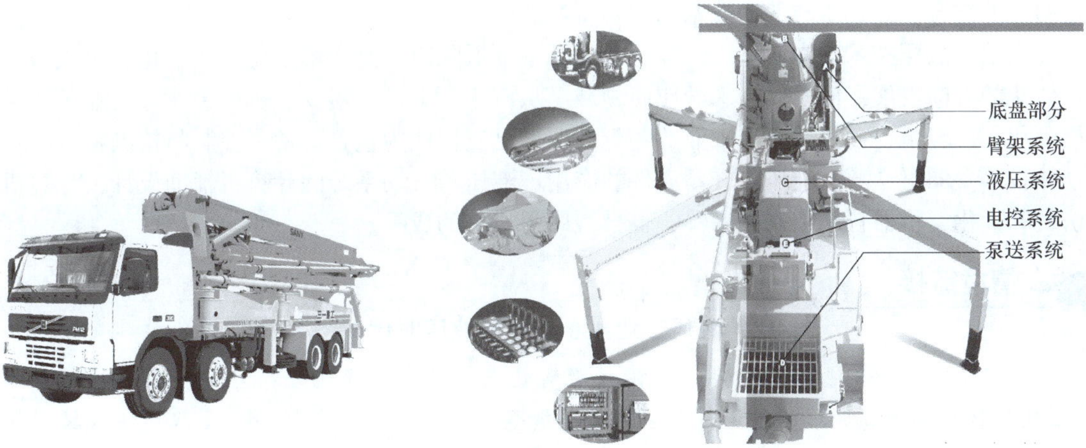

a)外形

b)液压机构

图 1-3　混凝土泵车外形及液压机构

装置是现代钻井技术装置发展的重大成果，主轴的旋转、钻进和刹车，钻杆的上扣、卸扣，吊环的前倾、后倾与旋转，平衡重量等都采用了液压技术。

5. 冶金工业

冶金工业是基础工业部门之一，它为国民经济各部门提供各种金属材料和金属制品。传统的冶金方法是通过采矿、选矿、冶炼等过程从含有金属元素的矿石中获得金属或合金，再通过轧、拉、挤、压制成各种金属材料。液压与气动技术在整个冶金过程中均有广泛运用，它遍及矿山设备、冶金设备、轧制设备。如电炉控制系统、轧钢机的控制系统、平炉装料系统、转炉控制系统、高炉控制系统和恒张力装置等均采用了液压技术。

6. 汽车工业

液压与气动技术在汽车工业中的应用极为广泛，如液压制动系统（ABS），它包含前后轴盘式制动器、鼓式制动器、控制缸、制动助力器和压力传感比例阀等。此外，还有液压动力转向系统、电控主动液压（空气）悬架系统、电控主动空气悬架系统、自动变速器液压控制系统等，如图 1-4 所示。

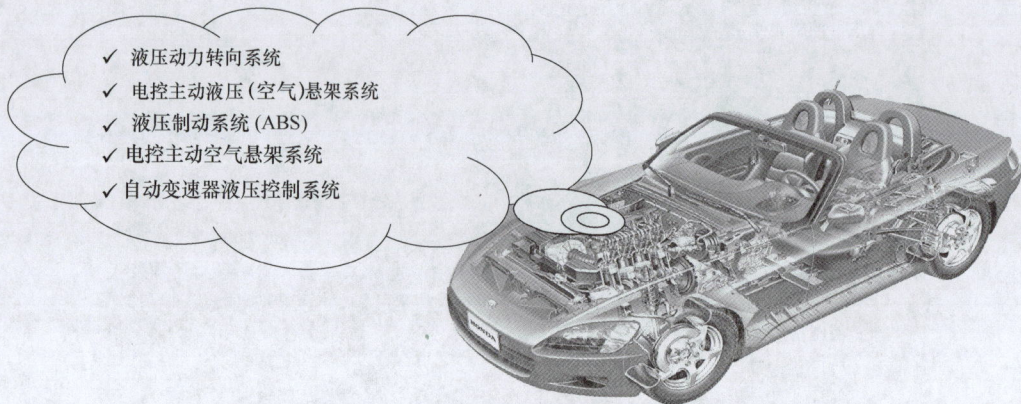

图 1-4　汽车中的液压与气动系统及组成

云图文字：
- ✓ 液压动力转向系统
- ✓ 电控主动液压(空气)悬架系统
- ✓ 液压制动系统 (ABS)
- ✓ 电控主动空气悬架系统
- ✓ 自动变速器液压控制系统

　　总之，随着现代工业的发展，液压与气动技术必将更加广泛地应用于各个工业领域。以电子技术作为系统的信息处理和传递的手段来控制阀，以输出流体的压力能作为功率输出，这两者的结合，是液压与气动技术的重要研究课题。

　　当前，液压技术正在向高压、高速、大功率、低噪声、高度集成化、数字化、机电液气一体化的方向发展；而气动技术的应用领域已从汽车、采矿、钢铁、机械工业等行业迅速扩展到化工、轻工、食品、军事工业等各行各业，已发展成为包含传动、控制与检测在内的自动化技术。同时，新型液压与气动元件的应用、液压与气动系统的计算机辅助设计、计算机仿真和优化、机器自动控制技术等，也日益取得显著的成果。

▶ **情境链接**

液压工业 4.0 与智能液压时代

　　2022 年 7 月 3 日，"2022 年全国液气数智化产业技术高峰论坛"在广州举行。大会以"区块链技术在液压领域的应用"为主题，围绕数智液压元件技术创新以及"区块链技术 + 大数据挖掘"的工程机械应用等热点议题展开了研讨分享。电液数字控制技术已成为实现电液一体化的重要发展方向，是实现液压控制系统高速、高精度控制的方法之一，广泛应用于航空航天、汽车、冶金、农业机械、工程机械等重要领域。

　　液压工业 4.0 以液压数字智能元件为代表，EHA（电液执行器）体现了液压元件与数字电控高度融合与高度集成的大方向。在这样一个智能液压时代里，必须改变液压技术发展仅仅依靠硬件本身的传统思维，要用"软件 + 芯片"的新思维改变液压行业技术、企业、产品的发展模式。

　　图 1-5 完整地表达了液压工业 4.0 的内涵与外部整体环境，随着计算机技术与微电子技术的发展，电液系统的数字化控制已成为今后发展的趋势，数字式电液装置将会用于越来越多的液压系统中，特别是智能液压时代的到来，一定会促进智能数字液压技术的进一步发展。

1.2　液压与气压传动的工作原理

　　液压与气压传动的基本工作原理是相似的，差别主要是传动介质的不同，现以液压千斤顶为例来简述其工作原理。

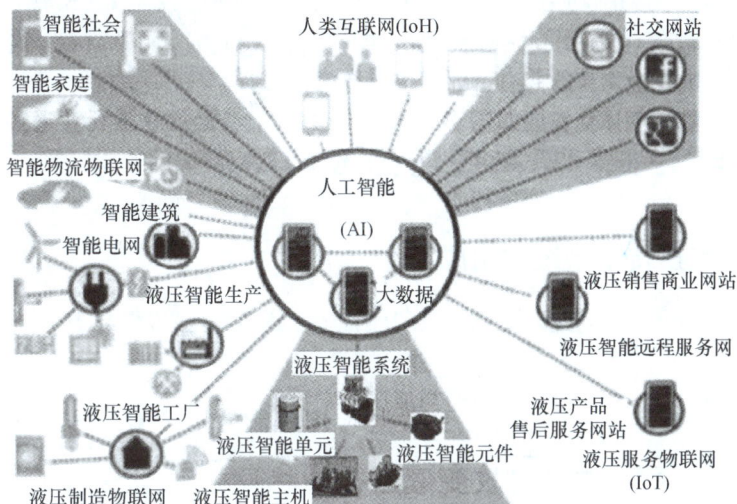

图1-5　液压工业4.0的内涵与外部整体环境

液压千斤顶是常见的液压传动装置。图1-6为其工作原理，举升液压缸6和手动泵3内都装有活塞，活塞可以自由滑动，并且密封可靠。当向上提起杠杆1时，手动泵3的活塞2向上移动，其下腔的密封容积增大，腔内压力下降，形成一定的真空度，这时排油单向阀5关闭，油箱10中的油液在大气压力的作用下推开吸油单向阀4进入手动泵3的下腔，从而完成了一次吸油过程。接着，压下杠杆1，活塞2下移，手动泵3下腔密封容积减小，压力升高，吸油单向阀4关闭，液压油推开排油单向阀5进入举升液压缸6的下腔，从而推动活塞7克服重物8的重力G上升而做功。如此反复地提压杠杆1，就可以将重物8逐渐提起，从而达到起重的目的。当需要将活塞7放下时，可打开截止阀9，液压油在重力作用下经截止阀9排回油箱，重物下降到原位。

液压千斤顶的
工作原理

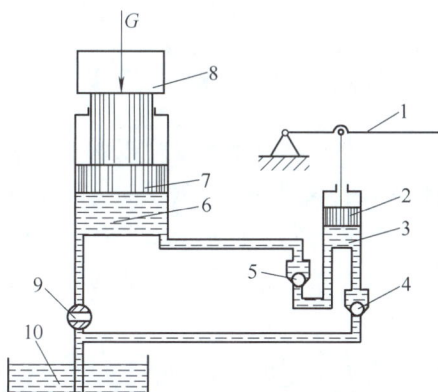

图1-6　液压千斤顶的工作原理

1—杠杆　2、7—活塞　3—手动泵　4—吸油单向阀　5—排油单向阀
6—举升液压缸　8—重物　9—截止阀　10—油箱

由液压千斤顶的工作过程可知：举升液压缸6和手动泵3组成了最简单的液压系统，实现了运动和动力的传递。

液压与气压传动是利用动力元件（液压泵或空气压缩机）将原动机输出的机械能转变为工作介质（液体或气体）的压力能，然后在控制元件和辅助元件的配合下，通过执行元件将压力能再转变为机械能。

1.3 液压与气压传动系统的组成与特点

1.3.1 液压与气压传动系统的组成

现以磨床工作台液压传动系统原理图为例（见图1-7），说明液压与气压传动的系统组成。

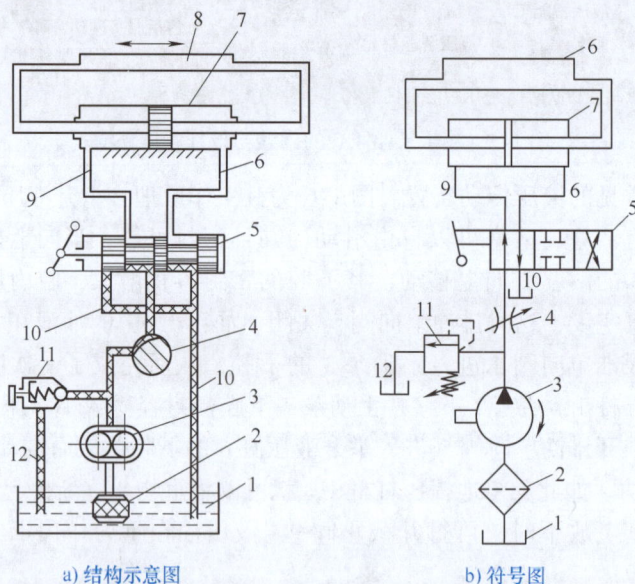

a) 结构示意图   b) 符号图

图1-7 磨床工作台液压传动系统原理图

1—油箱 2—过滤器 3—液压泵 4—节流阀 5—换向阀 6、9、10、12—管道
7—液压缸 8—工作台 11—溢流阀

磨床工作台做直线往复运动，并且其运动速度可以调节。液压泵3由电动机驱动旋转，从油箱1中吸油，油液经过滤器2进入液压泵。液压油从液压泵输出，通过节流阀4至换向阀5。当换向阀阀芯处于图示状态时，液压泵3输出的液压油将流经节流阀4、换向阀5进入液压缸7的左腔，推动活塞和工作台向右移动。与此同时，液压缸右腔的油液经换向阀5和管道10排回油箱。

若将换向阀阀芯推到左边，则液压油进入液压缸7右腔，工作台向左移动。换向阀5有左、中、右三个工作位置，当换向阀的阀芯处于中位时，由于所有油口均封闭，油路不通，工作台8不动作。此时，液压泵输出的液压油只能在一定压力下通过溢流阀11流回油箱。由此可见，由于设置了换向阀5，所以可改变液压油的流向，使液压缸不断换向实现工作台的往复运动。工作台的运动速度可通过节流阀4来调节。

液压与气压传动系统的组成是相似的，主要由以下五部分组成：

1）动力元件：主要指各种液压泵和空气压缩机。它的作用是把原动机的机械能转变成

压力能，是液压与气压传动系统的动力源。

2）执行元件：包括做直线运动的液压缸和气缸，以及做回转运动的液压马达和气动马达。其作用是将压力能转变成机械能，输出一定的力（或力矩）和速度，以驱动负载。

3）控制元件：主要指各种类型的控制阀，如溢流阀、节流阀、换向阀等。其作用是控制系统中流体的压力、流量和流动方向，从而保证执行元件能驱动负载，并按规定的方向运动，获得规定的运动速度。

4）辅助装置：指油箱、过滤器、管道、管接头、压力表等。它们对保证系统可靠、稳定、持久地工作具有重要作用。

5）工作介质：液压系统以油液为工作介质，气动系统以压缩空气为工作介质。

1.3.2 液压与气压传动的特点

与机械传动、电气传动相比，液压与气压传动有以下特点：

1）液压与气动传动的执行机构在空间中布置是自由的、灵活的。机械传动由齿轮、轴、连杆等来实现传动，属于刚性传动，执行机构的布置受空间和位置的限制，机械传动过分依赖空间结构和支撑点位置来保证传动的实现；液压与气压传动则属于流体传动，执行机构的布置非常灵活，因此，机械手的传动一般都采用液压或气压来传动，如图1-8所示。

2）液压与气压传动输出的力和功率非常巨大。如航空母舰上的舰载机起飞弹射器，目的是为了让喷气式飞机在更短的时间内升空，如图1-9所示。大功率的液压弹射器在1943年正式投入使用，"企业"号航母是首批使用这种液压弹射器的航母之一。1954年，航母上开始装备包含了液压系统的蒸汽动力弹射器。现代大、中型航母舰舰载机弹射起飞主要是使用了蒸汽动力弹射器。蒸汽动力弹射器可弹射20～35t重的舰载机，时速250～350km。航空母舰上通常装有2～4部弹射器，分别设置在前飞行甲板和斜角飞行甲板。

图1-8 工业自动化生产线上的气动机械手

图1-9 航空母舰上的舰载机起飞

3）液压驱动技术的运动精度非常高。如图1-10所示，航天飞机的机械臂将一套新的太阳能电池板（重约16t，长约14m）精确地转移到了空间站上。

4）液压与气压传动能方便地实现无级调速，调速范围大。液压气压传动装置运动平稳，能频繁实现高速启动、制动和换向。

5）液压与气动系统和电气控制联合使用，易于实现复杂的自动工作循环，实现工业自动化。计算机可编程控制的液压与气动系统，可随意修改程序，使系统改变工作循环。

6）液压与气动系统容易实现过载保护和远程控制，可变性和可塑性很强，补充、添

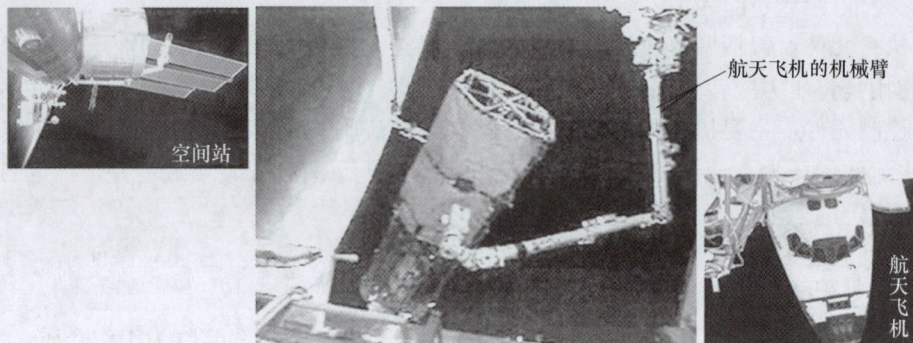

图1-10　航天飞机与空间站上的机械臂

加、修改回路很容易。

7）液压与气动元件易于实现系列化、标准化和通用化，便于设计和制造。

8）液压与气动技术正在向数字化、智能化方向发展。

9）液压与气压传动的缺点：

① 液压系统中的油液存在泄漏、污染环境、能源损耗的问题。

② 在高温和低温环境下，采用液压传动有一定困难，须设法解决。

③ 气压系统工作压力低，一般应用于小功率场合。

④ 气体可压缩性大，气压传动速度的稳定性差。

⑤ 液压与气动元件制造精度要求高，这给使用与维修保养带来一定困难。

▶ 情境链接

机械传动与流体传动

"给我一个支点，我就能撬起整个地球"是古希腊数学家、物理学家阿基米德的经典语录。阿基米德用了夸张的方式来说明杠杆的原理，即机械构件与机械传动的威力巨大。但是他在说出机械传动威力巨大的同时，却无意中说中了机械传动的最大缺点，也就是机械传动过分地依赖支点与空间位置来实现传动。在一连串的机械传动中可能会有很多个支点，这些支点是传动的必要保证，只要取掉其中任意一个支点，整个传动链就会立刻失效。

液压与气压传动则属于流体传动，从动力元件到执行元件的中间传动环节是可以自由布置的，中间传动环节与控制元件不需要固定在一个特定的位置。只要管路流体通畅，液气压力就可以传递到所需要的任何地方，所以，液压与气动执行元件的空间布置是非常灵活的。正是因为这个原因，液压与气动技术得以在现代高端装备和自动化生产线上广泛应用。

1.4　液力传动及应用

液力传动与液压传动一样都是以液体作为工作介质进行传动的，但传动方式不同。液压传动是以密闭系统内的受压液体来传递能量；而液力传动是通过液体循环流动过程中的动能来传递能量。

1. 液力传动的工作原理

液力传动可看成是一台离心泵和一台涡轮机的组合体，如图1-11所示。发动机带动离心泵泵轮旋转，工作液体由离心泵泵出，进入涡轮机中，驱动涡轮机涡轮旋转，输出轴输出机械能驱动工作机构运动。很明显，离心泵是将发动机的机械能转换成液体的动能的主要装置，涡轮机是将液体动能重新转换成机械能的装置，因此，通过离心泵与涡轮机的组合，实现了能量的传递。

离心泵与涡轮机的效率低，再加上管路的损失，总效率一般低于 0.7。为了提高效率，将离心泵的泵轮和涡轮机的涡轮尽量靠近，取消中间的连接管路和导向装置，从而形成了液力传动的基本形式——液力耦合器（见图 1-12）。

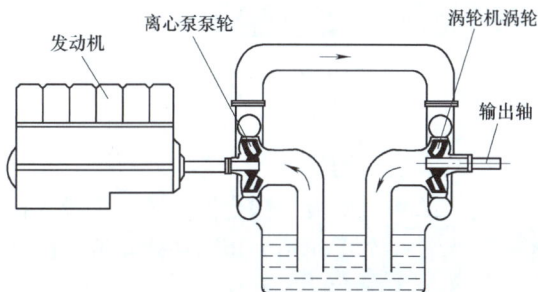

图 1-11　液力传动的工作原理

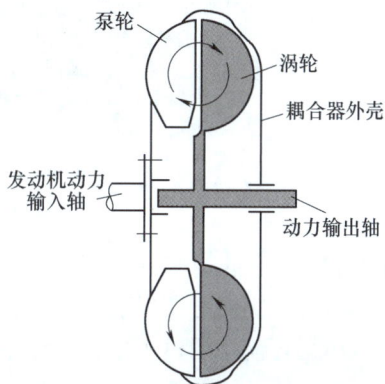

图 1-12　液力耦合器

汽车液力传动的基本结构包括能量输入部件（一般称为泵轮）和能量输出部件（一般称为涡轮）。如果液力传动装置只有这两个部件，则称这一传动装置为液力耦合器；如果两部件之外，还有一个固定的导流部件（它可装在泵轮的出口处或入口处），则这个液力传动装置称为液力变矩器，如图 1-13 所示。

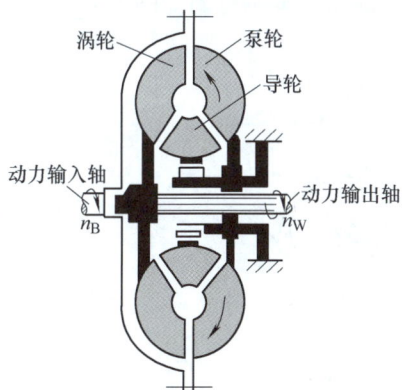

图 1-13　液力变矩器

目前轿车上广泛采用由泵轮、涡轮和导轮组成的液力变矩器。泵轮和涡轮均为盆状。泵轮与变矩器外壳连为一体，泵轮是主动元件，与发动机曲轴相连；涡轮悬浮在变矩器内，通过花键与输出轴相连，是从动元件；导轮悬浮在泵轮和涡轮之间，固定在变矩器外壳上，给涡轮一个反作用力矩。汽车液力传动的应用示意图如图 1-14 所示。

液力耦合器只起传递扭矩的作用，而不能改变扭矩大小。而液力变矩器则能根据汽车的

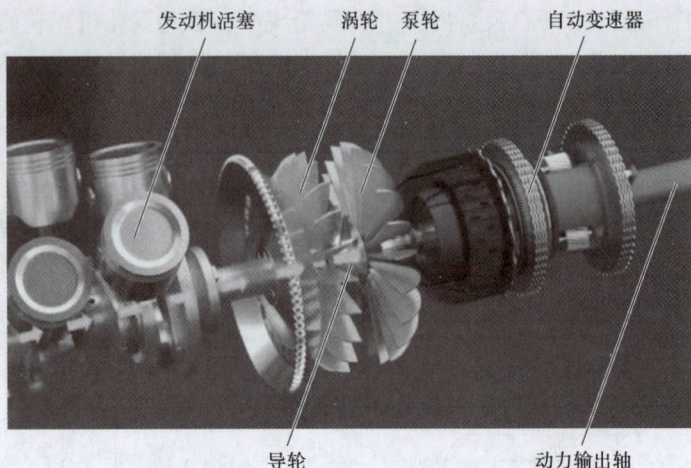

图 1-14　汽车液力传动应用示意图

行驶速度和阻力变化，自动改变传动比与扭矩比，即具有变矩的作用。

汽车液力变矩器之所以能起变矩作用，就是因为在结构上比液力耦合器多了一个导轮机构。在液体循环流动的过程中，固定不动的导轮给了涡轮一个反作用力矩，使涡轮输出的转矩不同于泵轮输入的转矩。

汽车液力变矩器输出的转矩是随涡轮转速的变化而变化的，涡轮转速越小，输出转矩越大，涡轮转速增大，输出转矩减小。当涡轮转速为零时，输出转矩达到最大值，使汽车驱动轮获得最大的驱动转矩，有利于汽车顺利起步。

当汽车起动或上坡遇到较大阻力时，车速降低，涡轮转速下降，汽车液力变矩器输出转矩增大，保证了汽车能克服较大的行驶阻力起动或上坡。

2. 液力传动的应用与特点

以液力传动在汽车上的应用为例，汽车液力传动的组成及布置示意图如图 1-15 所示。

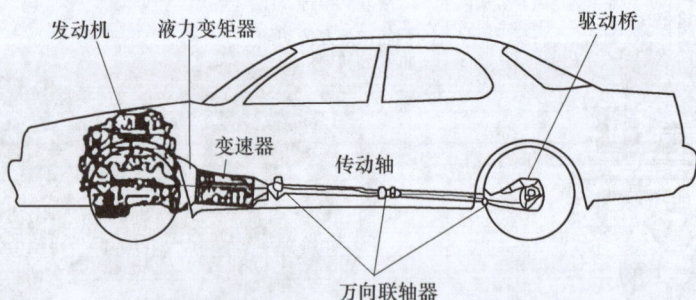

图 1-15　汽车液力传动的组成及布置示意图

汽车液力传动与其他传动形式相比，有以下特点：

1）自动适应性能好。液力变矩器能在一定范围内自动地适应外载变化，实现无级变矩、变速调节。

2）防振动性能强。液力传动的工作介质是液体，故能吸收并减少来自发动机和机械传动系统的振动，且能提高机械的使用寿命。

3）可带载起动，并具有稳定、良好的低速运行性能。

4）简化机械操纵，易于实现自动控制。

液力传动与机械传动相比也有一定缺点：液力传动系统的效率较低，经济性较差，且其结构复杂、造价高。

【知识拓展】

液压传动与电气传动的比较

液压传动是宏观上的分子流动，电气传动是微观上的电子流动。既然都属于流动，那么两者之间在基本原理和元件设计上就会有相同点，如电气的电阻、电压和电流，可以分别对应液压传动中的液阻、压力和流量；电气元器件中的二极管、电容器等可以分别对应液压传动中的单向阀和蓄能器等。与电气传动相比，液压传动有以下优势：

1）抗电磁干扰。如国防设施或军用飞机上的关键控制部分可以采用液压传动作为控制方案来实现，复杂的控制逻辑采用液压梭阀、单向阀等来替代电子器件，以此对抗敌方的电磁干扰。军工中常见的机液伺服装置就是将执行元件的位置与速度采用液压反馈，再与伺服阀构成闭环，这也是抗电磁干扰、提高可靠性的手段。

2）高功率密度。蓄能器和蓄电池虽然都是存储能量的装置，但是两者对能量的储存特点各异。研究混合动力的学者常说，蓄能器功率密度高，蓄电池能量密度高。意思就是从存储能量上来看，蓄电池比蓄能器多；但从快速释放能量来看，蓄电池比蓄能器慢得多。这一特性决定了只要搭配合适的回路，利用液压或气压蓄能器可以制成瞬间释放大量能量的机构（如航空母舰上的舰载机起飞弹射器），这一点是电气传动所不能做到的。

液压传动执行元件运动精度高，输出的力与功率巨大；液压系统容易实现过载保护，执行元件便于实现频繁起动与换向。液压传动的优势在于运动和动力传输，电气传动的优势在于信号传输与数据处理。因此，工业机器人广泛使用液压气动技术。

1.5 课程的行业背景、性质与地位

机电一体化技术是现代工业的核心技术，核心要素包括机、电、液、气、光等内容，如图1-16所示。液压与气动技术已经不再单纯是机械学科的内容，它同时也是自动控制学科的重要组成部分。

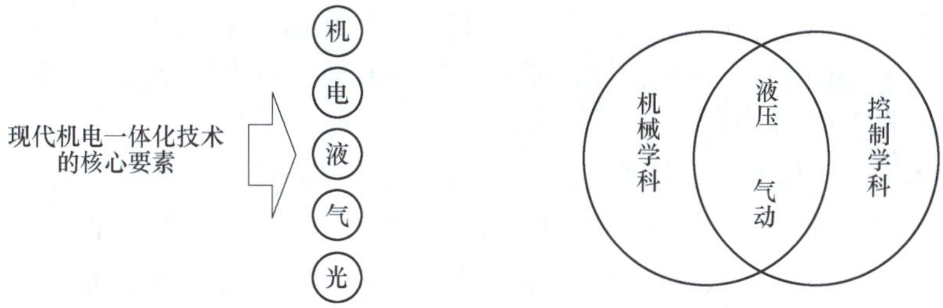

图1-16 机电一体化技术的核心要素

液压与气动技术课程是高等职业教育机电设备类、汽车制造类、自动化类等专业必修的一门专业基础课程，是研究液压与气动理论和应用技术的一门实践性很强的课程。

通过对本课程的学习，学生可以掌握液压与气动技术的基本理论、基本知识和分析问题的基本方法，了解液压与气动技术的发展趋势和最新技术，为进一步学习有关专业课程和日后从事相关专业工作打下基础，因此本课程在工科各专业的教学中占有极其重要的地位。

教学目标

- 理解液压油的性质与选用原则
- 掌握流体静力学与动力学基础知识
- 掌握管道中液流的压力损失
- 了解薄壁小孔与阻流管的特性
- 了解气穴现象和液压冲击

- 学会选用液压油
- 了解薄壁小孔与阻流管的液流状态
- 流体力学是研究流体平衡及其运动规律的学科，是分析、设计和使用液压传动系统必需的理论基础。

2.1 流体的主要物理性质

1. 密度

密度是单位体积流体的质量，通常用 $\rho(\mathrm{kg/m^3})$ 表示，即

$$\rho = \frac{m}{V}$$

式中，m 是流体的质量（kg）；V 是流体的体积（$\mathrm{m^3}$）。

矿物油型液压油的密度随温度的上升而有所减小，随压力的提高而稍有增加，但变动值很小，可忽略不计。常用液压油的密度为 $900\mathrm{kg/m^3}$。

2. 黏性

流体在外力作用下流动（或有流动趋势）时，分子间的内聚力阻止分子相对运动而产生一种内摩擦力，这种现象叫流体的黏性。流体只有在流动（或有流动趋势）时才会呈现出黏性，静止流体是不呈现黏性的。

黏性使流体内部各处的速度不相等，以图 2-1 为例，若两平行平板间充满流体，下平板不动，而上平板以速度 u_0 向右平移，由于流体的黏性，使紧靠下平板和上平板的流体层速度分别为零和 u_0，而中间各流层的速度则从上到下按递减规律呈线性分布。

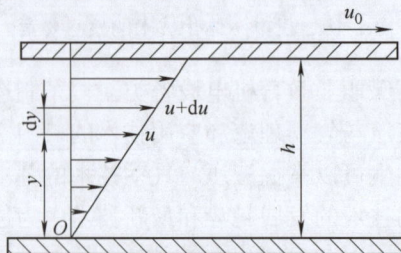

图 2-1　液体的粘性示意图

实验测定表明，流体流动时相邻流层间的内摩擦力 F 与流层接触面积 A、流层间相对运动的速度梯度 $\mathrm{d}u/\mathrm{d}y$ 成正比，即

$$F = \mu A \frac{\mathrm{d}u}{\mathrm{d}y}$$

式中，μ 是比例常数，称为动力黏度。

单位面积上的内摩擦力 τ 的表达式为

$$\tau = \frac{F}{A} = \mu \frac{\mathrm{d}u}{\mathrm{d}y}$$

这就是牛顿流体内摩擦定律。

流体黏性的大小用黏度来表示，常用的黏度有三种：动力黏度、运动黏度和相对黏度。

（1）动力黏度 μ 流体在单位速度梯度下流动时，流动层间单位面积上产生的内摩擦力，单位为 $N \cdot m/m^2$ 或 $Pa \cdot s$（帕·秒）。

（2）运动黏度 ν 运动黏度 ν 是动力黏度与密度的比值，即 $\nu = \mu/\rho$，单位为 m^2/s。液压油的牌号就是采用它在40℃时运动黏度（以 mm^2/s 计）的中心值来标号的，如 L-HL32 表示该普通液压油在40℃时的运动黏度的中心值为 $32mm^2/s$。

（3）相对黏度 相对黏度又称条件黏度，由于测量仪器和条件不同，各国相对黏度的含义也不同，如美国采用赛氏黏度（SSU），英国采用雷氏黏度（R），而我国和德国、俄罗斯等国采用恩氏黏度（°E）。

液压油黏度对温度的变化十分敏感，如图2-2所示，温度升高，黏度下降。这种油液黏度随温度变化的性质称为黏温特性。不同种类的液压油有不同的黏温特性，由图可见，温度对液压油黏度影响较大，必须引起重视。

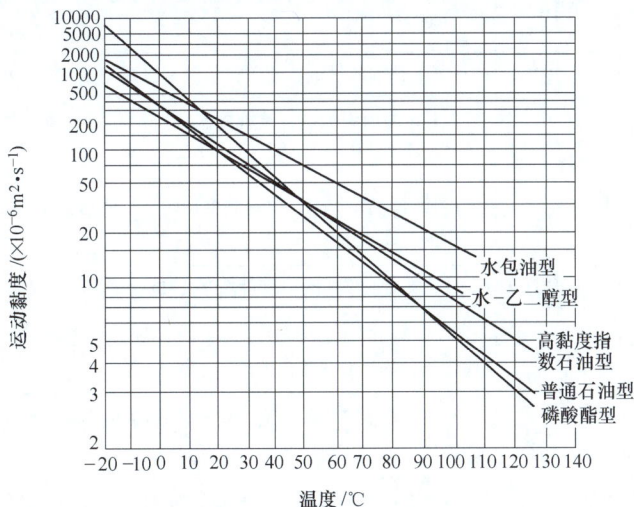

图2-2 黏度和温度的关系

液体的黏温特性常用黏度指数VI来度量。黏度指数VI值越大，说明油液黏度随温度的变化率越小，即黏温特性越好。

一般要求工作介质的黏度指数VI值应在90以上。当液压系统的工作温度范围较大时，应选用黏度指数较高的工作介质。几种典型工作介质的黏度指数见表2-1。

表 2-1　典型工作介质的黏度指数

介质种类	黏度指数 VI	介质种类	黏度指数 VI
抗氧防锈液压油 L-HL	90	水包油型乳化液 L-HFAE	≈130
抗磨液压油 L-HM	≥95	油包水乳化液 L-HFB	130～170
低温液压油 L-HV	130	含聚合物水溶液 L-HFC	140～170
高黏度指数液压油 L-HR	≥160	磷酸酯无水合成液 L-HFDR	−31～170

3. 流体的可压缩性

流体受压力作用而使其体积发生变化的性质，称为流体的可压缩性。当一般液压系统压力不高时，液体的可压缩性很小，因此可认为液体是不可压缩的，而在压力变化很大的高压系统中，就必须考虑液体可压缩性的影响。

气体的可压缩性比液体要大得多。当液体混入空气时，其可压缩性将显著增加，并将严重影响液压系统的工作性能，因此在液压系统中应使油液中的空气含量减少到最低限度。

【知识拓展】

液压系统中液压油的选用

我国液压油品种符号与世界大多数国家的表示方法相同，命名代号示例如下：类别-品种-牌号，如 L-HM-32。液压传动及液压控制系统所用液压油的种类很多，主要可分为矿油型、乳化型和合成型三大类。液压油的主要品种及其特性和用途见表 2-2。

表 2-2　液压油的主要品种及其特性和用途

类型	名　　称	ISO 代号	特性和用途
矿油型	抗氧防锈液压油	L-HL	精制矿油加添加剂，提高抗氧化和防锈性能，适用于室内一般设备的中低压系统
	抗磨液压油	L-HM	L-HL 油加添加剂，改善抗磨性能，适用于工程机械、车辆液压系统
	低温液压油	L-HV	L-HM 油加添加剂，改善黏温特性，可用于环境温度在 −40～−20℃ 的高压系统
	高黏度指数液压油	L-HR	L-HL 油加添加剂，改善黏度特性，VI值达 175，适用于对黏度特性有特殊要求的低压系统，如数控机床液压系统
	液压导轨油	L-HG	L-HM 油加添加剂，改善黏-滑性能，适用于机床中液压导轨润滑系统
	全损耗系统用油	L-HH	浅度精制矿油，抗氧化性、抗泡沫性差，主要用于机械润滑，可作为液压代用油，用于要求不高的低压系统
乳化型	水包油型乳化液	L-HFA	难燃，黏温特性好，有一定的防锈能力，润滑性差，易泄漏，适用于有抗燃要求、油液用量大且泄漏严重的系统
	油包水乳化液	L-HFB	既具有矿油型液压油的抗磨、防锈性能，又具有抗燃性，适用于有抗燃要求的中压系统
合成型	含聚合物水溶液	L-HFC	难燃，黏温特性和抗蚀性好，能在 −30～60℃ 温度下使用，适用于有抗燃要求的中低压系统
	磷酸酯无水合成液	L-HFDR	难燃，润滑抗磨性能和抗氧化性能良好，能在 −54～135 ℃ 温度范围内使用；缺点是有毒。适用于有抗燃要求的高压精密系统

　　液压油种类的选择要综合考虑设备的性能、使用环境等因素。如，一般机械可采用抗氧防锈液压油；设备在高温环境下，就应选用抗燃性能好的油液；在高压、高速的工程机械上，可选用抗磨液压油；当要求低温时流动性好，则可用加了降凝剂的低温液压油。液压油黏度的选择应充分考虑环境温度、运动速度、工作压力等要求，如，温度高时选用高黏度油，温度低时选用低黏度油；压力越高，选用的黏度越高；执行元件的速度越高，选用油液的黏度越低。

2.2　流体静力学基础

2.2.1　液体静压力及其特性

　　液体静压力 p 是指当液体处于静止状态时，液体单位面积上所受的法向作用力，即

$$p = \frac{F}{A}$$

　　静压力 p 的单位为 N/m^2 或 Pa（帕斯卡），液压传动系统中常采用 MPa（兆帕），换算关系为 $1MPa = 10^6 Pa$。

　　液体静压力的特性：

　　1）液体静压力沿着内法线方向作用于承压面。

　　2）静止液体内任一点受到各个方向上的静压力都大小相等。

2.2.2　液体静力学基本方程

　　如图 2-3a 所示，密度为 ρ 的液体在容器内处于静止状态，液面上的压力为 p_0。现计算距液面深度为 h 处某点的压力 p。假设在液体内取出一个底面包含该点，用底面积为 ΔA 的微小液柱来研究，如图 2-3b 所示。这个液柱在重力及周围液体压力的作用下，处于平衡状态，所以有

$$p\Delta A = p_0 \Delta A + \rho gh\Delta A$$
$$p = p_0 + \rho gh$$

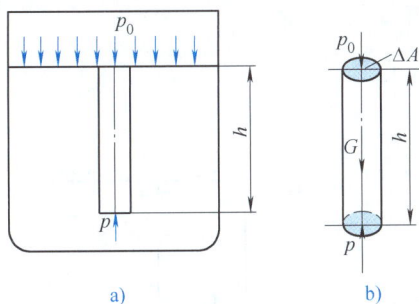

图 2-3　静止液体内的压力分布规律

　　此方程称为液体静力学基本方程。由上式可知：

　　1）静止液体内任一点处的压力由两部分组成：一部分是液面上的压力 p_0，另一部分是液柱的重力所产生的压力 ρgh。

　　2）静压力随液体深度呈线性规律递增。

　　3）距液面深度相同各点的压力均相等。由压力相等的点组成的面称为等压面，在重力作用下，静止液体中的等压面是一个水平面。

2.2.3　压力的表示方法

　　压力的表示方法有两种：即绝对压力和相对压力。绝对压力是以绝对真空作为基准所表示的压力；而相对压力是以大气压力作为基准所表示的压力，相对压力也称为表压力。

$$绝对压力 = 相对压力 + 大气压力$$

当相对压力小于大气压力时，就会产生真空，比大气压力小的那部分数值称为真空度，即

真空度 = 大气压力 − 绝对压力

绝对压力、相对压力和真空度的相对关系如图2-4所示。

2.2.4 静压传递原理

由静力学基本方程可知，静止液体中任意一点处的压力都包含了液面压力 p_0，这说明在密闭容器中的静止液体，由外力作用所产生的压力可以等值传递到液体内部的所有各点。这就是静压传递原理或帕斯卡原理。

图2-4 绝对压力、相对压力和真空度的相对关系

通常在液压传动系统中，由外力产生的压力 p_0 要比由液体自重所产生的压力 $\rho g h$ 大得多，且管道之间的配置高度差又很小，为使问题简化常忽略由液体自重所产生的压力，一般认为静止液体内部压力处处相等。

2.2.5 液体作用在固体壁面上的力

液体与固体壁面相接触时，固体壁面将受到总的液体压力的作用。当不计液体的自重对压力的影响时，可认为作用于固体壁面上的压力是均匀分布的。这样，固体壁面上液压作用力在某一方向上的分力等于液体压力与壁面在该方向上的垂直面内投影面积的乘积。

1）当固体壁面是一个平面时，如图2-5a所示，则液体作用在活塞（活塞直径为 D）上的作用力 F 为

$$F = pA = p\frac{\pi D^2}{4}$$

a) 平面　　　　b) 球面　　　　c) 圆锥体面

图2-5 液体作用在固体壁面上的力

2）当固体壁面是一个曲面时，如图2-5b、c所示的球面和圆锥体面，若要求液体压力 p 沿垂直方向作用在球面和圆锥体面上的力，其力 F 就等于该部分曲面在垂直方向上的投影面积 A 与静压力 p 的乘积，其作用点通过投影圆的圆心，方向向上，即

$$F = pA = p\frac{\pi}{4}d^2$$

式中，d 是承压部分曲面投影圆的直径。

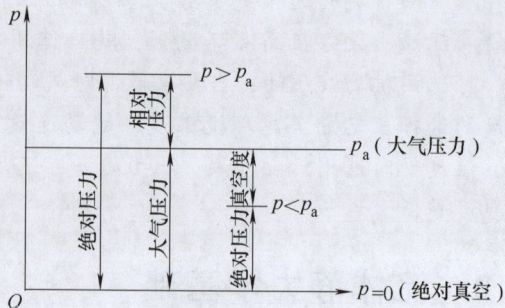

2.3 流体动力学基础

由于液压系统工作时油液总是在不断地流动，因此除研究静止液体的基本力学规律外，还必须讨论液体在外力作用下流动时的运动规律，即研究液体流动时流速和压力的变化规律。

2.3.1 基本概念

1. 理想液体和恒定流动

理想液体是一种假想的既无黏性、又不可压缩的液体。实际液体既有黏性又可压缩。

液体流动时，若液体中任一点处的压力、流速和密度都不随时间而变化，则这种流动就称为恒定流动；反之，只要压力、流速和密度中有一个参数随时间而变化，则称为非恒定流动。

2. 通流截面、流量和平均流速

（1）通流截面 液体在管道中流动时垂直于流动方向的截面。

（2）流量 单位时间内流过某一通流截面的液体体积称为流量，用 q 表示，即

$$q = \frac{V}{t}$$

流量的单位为 m^3/s 或 L/min。

（3）平均流速 液体流动时，由于黏性的作用，使得在同一截面上各点的流速 u 不同，分布规律较为复杂，如图 2-6 所示，现假设通流截面上各点的流速均匀分布，液体以此平均流速 v 流过通流截面，即

$$v = \frac{q}{A}$$

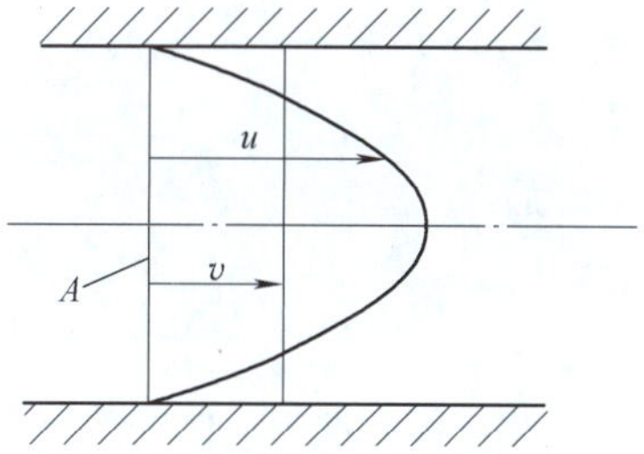

图 2-6 实际流速和平均流速

2.3.2 连续性方程

连续性方程是质量守恒定律在流体力学中的一种表达形式。设液体在图 2-7 所示管道中做恒定流动，若任取 1、2 两个通流截面的面积分别为 A_1 和 A_2，并且在两截面处的液体密度和平均流速分别为 ρ_1、v_1 和 ρ_2、v_2，则根据质量守恒定律，在单位时间内流过两个截面的液体质量相等，即

$$\rho_1 v_1 A_1 = \rho_2 v_2 A_2$$

当忽略液体的可压缩性时，即 $\rho_1 = \rho_2$，则得

$$v_1 A_1 = v_2 A_2$$

由于通流截面是任意选取的，故

$$q = vA = 常数$$

这就是理想液体的连续性方程。这个方程表明，不管通流截面的平均流速沿着流程怎样变化，流过不同截面的流量是不变的。液体流动时，通过管道不同截面的平均流速与其截面积大小成反比，即管径大的截面流速慢，管径小的截面流速快。

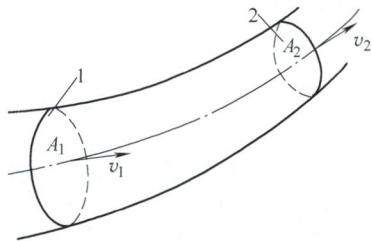

图 2-7 液体连续性原理

2.3.3 伯努利方程

1. 理想液体的伯努利方程

伯努利方程是能量守恒定律在流体力学中的一种表达形式。

假定理想液体在图 2-8 所示的管道中做恒定流动。质量为 m、体积为 V 的液体，流经该管任意两个截面积分别为 A_1、A_2 的断面 1-1、2-2。设两断面处的平均流速分别为 v_1、v_2，压力为 p_1、p_2，中心高度为 h_1、h_2。若在很短时间内，液体通过两断面的距离为 Δl_1、Δl_2，则液体在两断面处时所具有的能量为

图 2-8 理想液体伯努利方程的推导示意图

动能：$\dfrac{1}{2}mv_1^2$ $\qquad$ $\dfrac{1}{2}mv_2^2$

位能：mgh_1 $\qquad$ mgh_2

压力能：$p_1 A_1 \Delta l_1 = p_1 \Delta V = p_1 m/\rho$ $\quad$ $p_2 A_2 \Delta l_2 = p_2 \Delta V = p_2 m/\rho$

流动液体具有的能量也遵守能量守恒定律，因此可写成

$$\frac{1}{2}mv_1^2 + mgh_1 + p_1 m/\rho = \frac{1}{2}mv_2^2 + mgh_2 + p_2 m/\rho$$

整理后

$$p_1 + \rho g h_1 + \frac{1}{2}\rho v_1^2 = p_2 + \rho g h_2 + \frac{1}{2}\rho v_2^2$$

此式称为理想液体的伯努利方程，也称为理想液体的能量方程。其物理意义是：在密闭的管道中做恒定流动的理想液体具有三种形式的能量（动能、位能、压力能），在沿管道流动的过程中，三种能量之间可以互相转化，但是在管道任一断面处三种能量的总和是一常量。

2. 实际液体的伯努利方程

实际液体在管道内流动时，由于液体黏性的存在，会产生内摩擦力，消耗能量；同时管路中管道的尺寸和局部形状骤然变化使液流产生扰动，也引起能量消耗，因此实际液体流动时存在能量损失。

另外，由于实际液体在管道中流动时，流过管道断面上的流速分布是不均匀的，若用平均流速计算动能，必然会产生误差。为了修正这个误差，需要引入动能修正系数 a_1、a_2。因此，实际液体的伯努利方程为

$$p_1 + \rho g h_1 + \frac{1}{2}\rho a_1 v_1^2 = p_2 + \rho g h_2 + \frac{1}{2}\rho a_2 v_2^2 + \Delta p_{\text{w}}$$

式中，Δp_{w} 为单位质量液体在管道中流动时的压力损失；湍流时取 a_1 或 a_2 为 1，层流时取 a_1 或 a_2 为 2。

伯努利方程揭示了液体流动过程中的能量变化规律，因此它是流体力学中的一个特别重要的基本方程。伯努利方程不仅是进行液压系统分析的理论基础，而且还可用来对多种液压问题进行研究和计算。

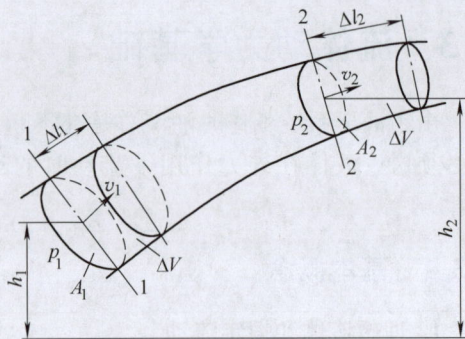

【课堂思考】

如图2-9所示，水平放置的管道通过流量q，其中截面A_1处压力为p_1，流速为v_1，截面A_2处压力为p_2，流速为v_2。试通过计算比较p_1和p_2处的压力大小。

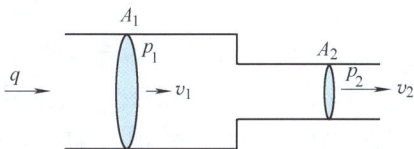

图2-9　计算比较p_1和p_2处的压力大小

情境链接

飞机的升空原理（伯努利方程的应用）

飞机是20世纪对人类影响最大的三大发明之一。飞机能飞上天空，主要是通过四种力量交互作用所产生的结果。这四种力量分别是发动机的推力、空气的阻力、飞机自身的重力和空气的升力，如图2-10所示。飞机以发动机产生推力，并且以升力克服重力，使机身飞行在空中。

飞机的机翼截面为拱形，当空气流过机翼表面时，根据伯努利方程，机翼上表面压力降低，机翼上方形成真空区。这样，下方较高的大气压力就会对飞机产生升力，升力达到一定程度时，飞机就可以离地起飞，如图2-11所示。

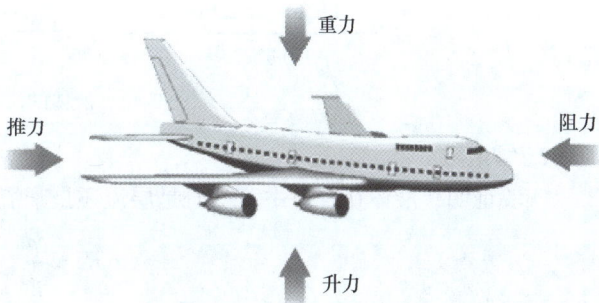

图2-10　飞机通过四种力量交互作用飞上天空

当推力大于阻力、升力大于重力时，飞机就能起飞爬升，待飞机爬升到巡航高度时就收小油门，称为平飞，此时推力等于阻力、重力等于升力，这就是所谓的定速飞行。

以下的小实验同样可以说明飞机的飞行原理，当气流从纸面上方吹过时，纸片会在下方大气压力的作用下飘起，如图2-12所示。这个小实验从另一个角度验证了伯努利方程。

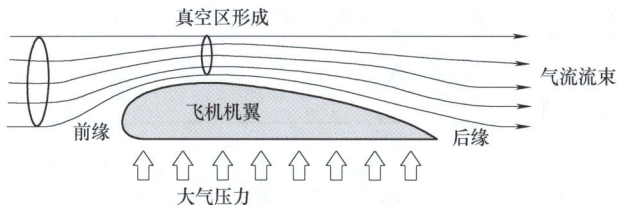

图2-11　飞机机翼表面真空区的形成

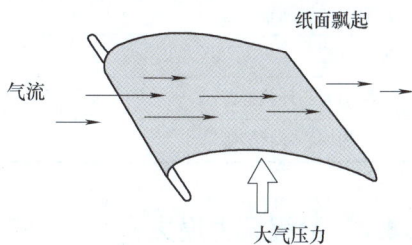

图2-12　气流从纸面上方通过时纸片飘起实验

2.4　管道中液流的压力损失

实际液体在管道中流动时，因具有黏性而产生摩擦，故有能量损失。另外，液体在流动时会因管道尺寸或形状变化而产生撞击和出现漩涡，也会造成能量损失。在液压管路中能量损失表现为液体的压力损失，压力损失与管路中液体的流动状态有关。

2.4.1 液体的流动状态

1. 层流和紊流

19世纪末，雷诺首先通过实验观察水在圆管内的流动情况，发现液体有两种流动状况：层流和紊流，如图2-13所示。实验结果表明，在层流时，液体质点互不干扰，液体的流动呈线性或层状，且平行于管道轴线；而在紊流时，液体质点的运动杂乱无章，除了平行于管道轴线的运动外，还存在着剧烈的横向运动。

层流和紊流是两种不同性质的流态。层流时，液体流速较低，质点受黏性制约，不能随意运动，黏性力起主导作用；紊流时，液体流速较高，黏性的制约作用减弱，惯性力起主要作用。

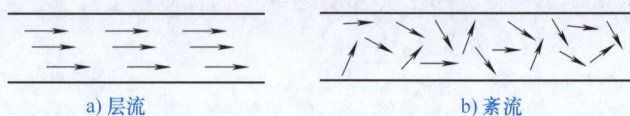

a) 层流　　　　　　　　　b) 紊流

图 2-13　液体的流动状态

2. 雷诺数

实验证明，液体在管道中流动时是层流还是紊流，可通过雷诺数 Re 来判断，即

$$Re = \frac{vd}{\nu}$$

式中，v 是液体的平均流速；ν 是液体的运动黏度；d 是管道内径。

流动液体由层流转变为紊流时的雷诺数和由紊流转变为层流的雷诺数是不相同的。后者的数值小，所以一般都用后者作为判断液流状态的依据，称为临界雷诺数，以 $Re_{临}$ 表示。当液流的实际雷诺数 $Re < Re_{临}$ 时，液流为层流，反之则为紊流。常见的液流管道的临界雷诺数 $Re_{临}$ 可由实验测定，见表2-3。

表 2-3　常见的液流管道的临界雷诺数 $Re_{临}$

管道的形状	临界雷诺数 $Re_{临}$	管道的形状	临界雷诺数 $Re_{临}$
光滑的金属圆管	2320	有环槽的同心环状缝隙	700
橡胶软管	1600～2000	有环槽的偏心环状缝隙	400
光滑的同心环状缝隙	1100	圆柱形滑阀阀口	260
光滑的偏心环状缝隙	1000	锥阀阀口	20～100

2.4.2 沿程压力损失

液体在等径直管中流动时因黏性摩擦而产生的压力损失，称为沿程压力损失。经理论推导和实验证明，沿程压力损失 Δp_λ 可用以下公式计算：

$$\Delta p_\lambda = \lambda \frac{l}{d} \frac{\rho v^2}{2}$$

式中，λ 是沿程阻力系数；l 是管道长度；d 是管道内径；ρ 是液体的密度；v 是液体的平均流速。

层流时 λ 理论值为 $64/Re$，实际计算时，对金属管应取 $\lambda = 75/Re$，橡胶管应取 $\lambda = 80/Re$。

紊流时计算沿程压力损失的公式与管壁的粗糙度有关。对于光滑管，$\lambda = 0.3164Re^{-0.25}$；对于粗糙管，$\lambda$ 的值要根据不同的 Re 值和管壁的粗糙程度，从有关资料的关系曲线中查取。

2.4.3　局部压力损失

液体流经管道的弯头、接头、突变截面以及过滤网等局部装置时，会使液流的方向和大小发生剧烈的变化，形成漩涡、脱流，液体质点产生相互撞击而造成能量损失。这种能量损失表现为局部压力损失。局部压力损失 Δp_ξ 的计算公式为

$$\Delta p_\xi = \xi \frac{\rho v^2}{2}$$

式中，ξ 是局部阻力系数（具体数值可查有关手册）；v 是液流在该局部结构处的平均流速。

2.4.4　管路系统的总压力损失

管路系统的总压力损失等于所有的沿程压力损失和所有的局部压力损失之和，即

$$\Delta p_w = \Sigma \Delta p_\lambda + \Sigma \Delta p_\xi$$

2.5　薄壁小孔与阻流管

液体流动时，改变流通截面面积可改变流体压力和流量，这就是节流阀的工作原理。

1. 薄壁小孔

如图 2-14 所示，当 $l/d \leqslant 0.5$ 时称为薄壁小孔，其流量 q 为

$$q = C_q A \sqrt{\frac{2(p_1 - p_2)}{\rho}}$$

式中，C_q 表示流量系数，通常取 $0.62 \sim 0.63$；A 表示小孔的截面积。

2. 阻流管（细长孔）

如图 2-15 所示，当 $l/d > 4$ 时称为阻流管，其流量 q 为

$$q = \frac{\pi d^4 (p_1 - p_2)}{128 \mu l}$$

式中，μ 表示动力黏度。

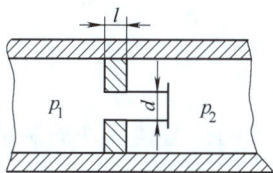

图 2-14　薄壁小孔

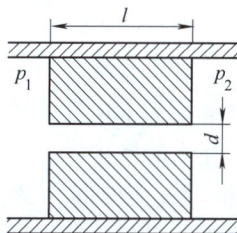

图 2-15　阻流管（细长孔）

2.6 气穴现象和液压冲击

1. 气穴现象

液体在流动过程中，因某点的压力低于空气分离压而分离出气泡的现象，称为气穴现象。

液压油中总是含有一定量的空气。常温时，矿油型液压油在一个大气压下含有6% ~ 12%的溶解空气。当压力低于液压油在该温度下的空气分离压时，溶于油中的空气就会迅速地从油中分离出来，产生大量气泡。

当产生的大量气泡随着液流流到压力较高的部位时，因承受不了高压而破灭，产生局部的液压冲击，发出噪声并引起振动。附着在金属表面上的气泡破灭时产生的局部高温和高压会使金属剥落，表面粗糙，或出现海绵状小洞穴，这种现象称为气蚀。

在液压系统中，当液流流到节流口或其他管道狭窄位置时，其流速会大为增加。由伯努利方程可知，这时该处的压力会降低，如果压力降低到其工作温度的空气分离压以下，就会出现气穴现象。如果液压泵的转速过高，吸油管直径太小或滤油器堵塞，都会使泵的吸油口处的压力降低到其工作温度的空气分离压以下，而产生气穴现象。这将使吸油不足，流量下降，噪声激增，输出油的流量和压力剧烈波动，系统无法稳定地工作，甚至使泵的机件腐蚀，出现气蚀现象。

减小气穴现象的措施：

正确设计液压泵的结构参数，适当加大吸油管的内径，限制吸油管中液流的速度，尽量避免管路急剧转弯或存在局部狭窄处，接头要有良好的密封，滤油器要及时清洗或更换滤芯以防堵塞，高压泵上应设置辅助泵向主泵的吸油口供应低压油的装置。

2. 液压冲击

在液压系统中，常常由于某些原因而使液体压力突然急剧上升，形成很高的压力峰值，这种现象称为液压冲击。

在阀门突然关闭或液压缸快速制动等情况下，液体在系统中的流动会突然受阻。这时，由于液流的惯性作用，液体就从受阻端开始，迅速将动能逐层转换为压力能，因而产生了压力冲击波。

此后，又从另一端开始，将压力能逐层转换为动能，液体又反向流动。然后，又再次将动能转换为压力能，如此反复地进行能量转换。由于这种压力波的迅速往复传播，便在系统内形成压力振荡。实际上，由于液体受到摩擦力，而且液体自身和管壁都有弹性，不断消耗能量，才使振荡过程逐渐衰减趋向稳定。

系统中出现液压冲击时，液体瞬时压力峰值可以比正常工作压力大好几倍。液压冲击会损坏密封装置、管道或液压元件，还会引起设备振动，产生很大噪声。有时，液压冲击使某些液压元件（如压力继电器、顺序阀等）产生误动作，影响系统正常工作，甚至造成事故。

减小液压冲击的措施：

1）延长阀门关闭时间和运动部件的制动时间。实践证明，运动部件的制动时间大于0.2s时，液压冲击就可大为减轻。

2）限制管道中液体的流速和运动部件的运动速度。在机床液压系统中，管道中液体的流速一般应限制在4.5m/s以下，运动部件的运动速度一般不宜超过10m/min。

3）适当加大管道直径，尽量缩短管路长度。

4）在液压元件中设置缓冲装置（如液压缸中的缓冲装置），或采用软管以增加管道的弹性。

5）在液压系统中设置蓄能器或安全阀。

习题与思考题

2-1　选用液压油时应考虑哪些主要因素？

2-2　什么叫液体的静压力？液体的静压力有哪些特性？压力是如何传递的？

2-3　液压千斤顶柱塞的直径 $D=34\text{mm}$，活塞的直径 $d=13\text{mm}$，每压下一次，小活塞的行程为 22mm，杠杆长度如图 2-16 所示，问：

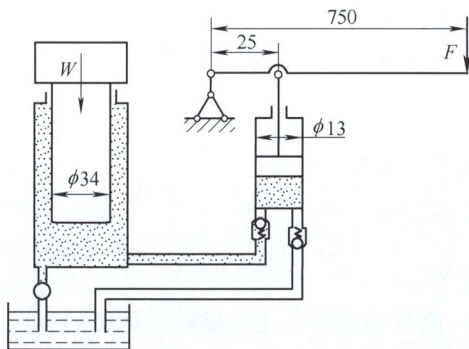

图 2-16　题 2-3 图

1）杠杆端点应加多大的 F 力才能将重力 $W=5\times10^4\text{N}$ 的重物顶起？

2）此时密封容积中的液体压力等于多少？

3）杠杆上下动作一次，重物的上升量为多少？

---------- 教学目标 ----------

知识目标

- 理解液压泵的基本原理、性能和参数
- 掌握柱塞泵的结构与工作原理
- 掌握叶片泵的结构与工作原理
- 掌握齿轮泵的结构与工作原理
- 理解数字液压泵的工作原理

技能目标

- 了解液压泵在现代机械装备上的应用
- 熟知液压泵类型的选用方法

▶ 情境链接

大国建设：雄安站混凝土主体结构封顶中的液压工程机械

祖国建设一片繁荣景象，而在祖国建设中承担重任的各类工程机械领域都广泛地使用液压泵作为动力源，如图 3-1 所示为京雄城际铁路雄安站施工现场中的液压工程机械。

图 3-1　京雄城际铁路雄安站施工现场中的液压工程机械

2020 年 4 月 30 日，京雄城际铁路雄安站工地 24 台塔吊交叉挥舞，起重机巨臂高擎，伴随着最后一方混凝土浇筑完成，京雄城际铁路雄安站混凝土主体结构正式封顶。雄安站是雄安新区设立以来首个大型基础设施项目、河北省首个 5G$^+$ 边缘计算智慧工地。

雄安站钢结构屋盖重达 3000t，提升高度、提升总重量及施工技术难度之大，在目前国内同类型高铁站房施工中无出其右。建设者采用先进的计算机同步控制系统、液压泵源和吊点实时传感技术，多台设备逐级加载，24 个吊点同步提升，32 个结构变形监测点分级监控，精度控制在毫米级。不到 15h，雄安站钢结构屋盖顺利完成 25m 提升。

雄安站站房外观呈水滴状椭圆造型，采用"青莲滴露"的主题，如图 3-2 所示。椭圆形的屋盖轮廓如清泉源头，似一瓣青莲上的露珠；平整的建筑屋顶在中部高架候车厅处向上抬起，边缘向内层层收进，如同微风荡漾时湖泊中泛起的层层涟漪；立面形态舒展，又似传统中式大殿，展现了中华传统文化的深厚底蕴。

图 3-2 雄安站站房外观

3.1 液压泵概述

液压泵是液压系统的动力元件，它可以将电动机的机械能转变为液压系统的液压能，向系统提供一定压力和流量的油液。液压泵的性能好坏直接影响到液压系统的工作性能和可靠性，液压泵在液压传动中占有极其重要的地位。

3.1.1 液压泵的基本工作原理

现以单柱塞泵为例来说明液压泵的基本工作原理。图 3-3 为单柱塞泵的工作原理图，单柱塞泵由偏心轮 1、柱塞 2、缸体 3、压油单向阀 4、吸油单向阀 5 和弹簧 6 等组成。柱塞装在缸体中形成一密封工作油腔，柱塞 2 在弹簧 6 的作用下始终压紧在偏心轮 1 上。当电动机驱动偏心轮 1 旋转时，柱塞 2 就在缸体 3 中做周期性的往复运动，使得密封油腔的容积大小随之发生周期性的变化。

当偏心轮 1 在图示状态沿逆时针方向旋转时，柱塞 2 被偏心轮 1 压进缸体 3，密封工作油腔容积 V 由大变小，腔中吸满的油液将顶开压油单向阀 4 输入系统而实现压油，此时吸油单向阀 5 关闭。偏心轮继续回转，柱塞在弹簧力的作用下向外伸出，密封工作油腔容积 V 逐渐增大，形成局部真空，油箱中的油液在大气压力的作用下，经吸油管推开吸油单向阀 5 进入密封工作油腔而实现吸油，此时压油单向阀 4 在系统油液压力作用下处于关闭状态。

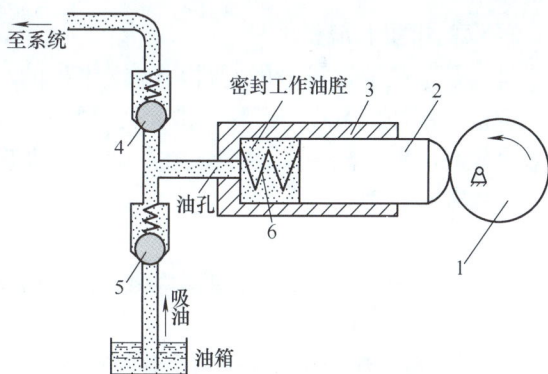

单柱塞泵工作原理

图 3-3 单柱塞泵的工作原理图
1—偏心轮 2—柱塞 3—缸体 4—压油单向阀
5—吸油单向阀 6—弹簧

重要提示

液压泵正常工作的必备条件：

1) 有周期性变化的密封工作容积。

2) 有配油装置。配油装置的作用是保证密封容积在吸油过程中与油箱相通，同时关闭压油通路；压油时与系统管路相通而与油箱切断。配油装置的形式随着泵的结构差异而不同。图 3-3 中的两个单向阀在此处起到配油的作用。

随着偏心轮连续不断地回转，吸油和压油的过程就在连续不断地进行着。从单柱塞泵的工作原理可知，液压泵的吸油和压油是依靠密封容积变化来完成的，所以这种泵称为容积泵。

液压泵排出的油液压力取决于负载压力，流量取决于密封工作油腔容积变化大小和转速。

由于单柱塞泵的输出特性是半周吸油，半周压油，如图 3-4 所示，输出的流量脉动很大，流量不稳定，一般只应用于润滑、冷却等场合，应用较少。为改变单柱塞泵输出特性差的缺点，工业上普遍使用径向柱塞泵或轴向柱塞泵等多柱塞泵。

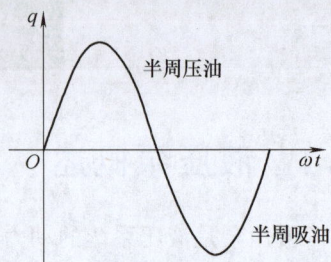

图 3-4 单柱塞泵的输出特性曲线

3.1.2 液压泵的主要性能和参数

1. 液压泵的输出压力

（1）工作压力 液压泵实际工作时的输出压力称为液压泵的工作压力，用符号 p 表示。工作压力取决于外负载的大小和排油管路上的压力损失，而与液压泵的流量无关。

（2）额定压力 液压泵在正常工作条件下，按试验标准规定，能够连续运转的最高压力称为液压泵的额定压力。

（3）最高允许压力 在超过额定压力的条件下，根据试验标准规定，允许液压泵短暂运行的最高压力值称为液压泵的最高允许压力，超过此压力，泵即处于过载状态。泵的泄漏会迅速增加。

2. 泵的排量和流量

排量是泵主轴每转一周所排出液体体积的理论值，用符号 V 表示。如果泵排量固定，则为定量泵；如果泵排量可变，则为变量泵。一般定量泵因密封性较好，泄漏小，故在高压时效率较高。理论流量 q_T 是指泵在单位时间内理论上可排出的液体体积，它等于排量 V 与转速 n 的乘积，即

$$q_T = Vn$$

由于存在内、外泄漏，泵的实际输出流量 q 小于理论流量，即

$$q = q_T - \Delta q$$

式中，Δq 是泵的泄漏量。

泵的实际流量和理论流量的比称为容积效率 η_{pV}，即

$$\eta_{pV} = \frac{q}{q_T}$$

η_{pV} 是一个小于 1 的数字，它是表示泵性能好坏的重要标志。在一定范围内，泵的泄漏量 Δq 随泵的工作压力增高而线性增大，所以泵的容积效率随着泵的工作压力升高而降低，如图 3-5 所示。额定流量是指泵在额定压力、额定转速下必须保证的实际输出流量。

3. 泵的机械效率和总效率

泵是将机械能转变成液压能的能量转换装置，理想情况下，机械能全部转变为液压能，即

$$M_T \omega = p_p q_T$$

将 $q_T = Vn$，$\omega = 2\pi n$ 代入，得

$$M_T = \frac{p_p V}{2\pi}$$

式中，ω 是泵转动时的角速度；M_T 是泵的理论转矩；p_p 是泵出口压力（设泵进口压力为零）。

实际上由于泵内有各种机械和液压摩擦损失，泵的实际输入转矩 M_p 应大于理论转矩 M_T，即 $M_p = M_T + \Delta M$，式中 ΔM 是泵的摩擦转矩（损失）。

泵的机械效率用 η_{pM} 表示，机械效率为

$$\eta_{pM} = \frac{M_T}{M_p}$$

泵的总效率等于泵的输出功率与输入功率之比，即

$$\eta_p = \frac{p_p q}{M_p \omega}$$

化简得

$$\eta_p = \eta_{pV} \eta_{pM}$$

泵的实际流量与效率如图 3-5 所示。泵的能量转换和效率可以用图 3-6 表示。

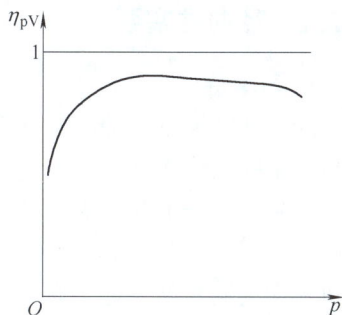

图 3-5　泵的实际流量和效率

3.1.3　液压泵的类型

液压泵的分类方式很多，它可按压力的大小分为低压泵、中压泵和高压泵；也可按流量是否可调分为定量泵和变量泵；还可按泵的结构形式分为齿轮泵、叶片泵和柱塞泵，其中，齿轮泵和叶片泵多用于中、低压系统，柱塞泵多用于高压系统。图 3-7 为液压泵图形符号。

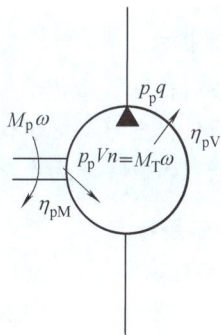

图 3-6　泵的能量转换和效率

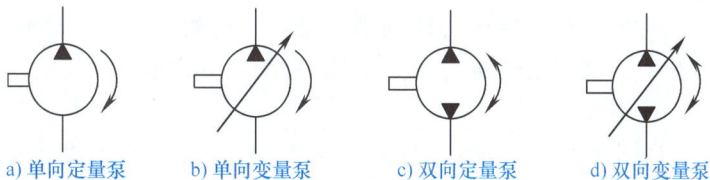

a) 单向定量泵　　b) 单向变量泵　　c) 双向定量泵　　d) 双向变量泵

图 3-7　液压泵图形符号

3.2　柱塞泵

柱塞泵是依靠柱塞在缸体内做往复运动，改变密封腔的容积来完成吸油和压油的。但单柱塞泵的流量是不均匀的（半周压油、半周吸油），因此实际生产中使用的柱塞泵一般都做成多柱塞泵式。根据柱塞是沿径向配置还是沿轴向配置，多柱塞泵可以分为径向柱塞泵和轴向柱塞泵两大类。

3.2.1 径向柱塞泵

1. 基本特征

径向柱塞泵是一种多柱塞泵，其中柱塞的轴线和传动轴的轴线相互垂直。它由柱塞、转子、衬套（传动轴）、定子和配油轴等组成。转子的中心与定子中心之间有一偏心距 e，柱塞径向排列，转子由原动机带动连同柱塞一起旋转，柱塞在离心力（或低压油）的作用下抵紧定子内壁。

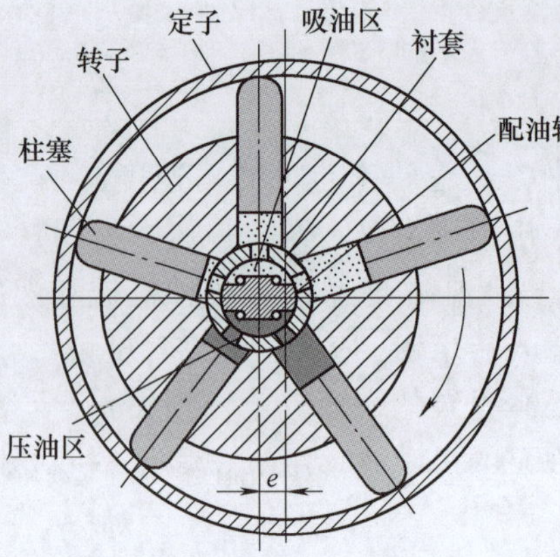

2. 工作原理描述

径向柱塞泵的工作原理如图 3-8 所示，当转子连同柱塞按图示方向顺时针旋转时，上半周的柱塞往外滑动，柱塞底部的密封工作腔容积增大，于是通过配油轴向轴孔吸油；下半周的柱塞往里滑动，柱塞底部的密封工作腔容积减小，于是通过配油轴向轴孔压油。转子每转一周，柱塞泵完成吸油、压油各一次。

图 3-8　径向柱塞泵的工作原理图

> **重要提示**
>
> 径向柱塞泵的转子与定子偏心放置，当移动定子改变偏心距 e 的大小时，泵的排量就得到改变；当移动定子使偏心距从正值变为负值时，泵的吸油、压油区就互换，因此径向柱塞泵可以做成单向变量泵或双向变量泵。

3. 应用特点

径向柱塞泵径向尺寸大，转动惯量大，自吸能力差，且配油轴受到径向不平衡液压力的作用，易于磨损，这些都限制了其转速与压力的提高，故应用范围较小，常用于 10MPa 以上的各类液压系统中，如拉床、压力机或船舶等大功率系统。

3.2.2 轴向柱塞泵

轴向柱塞泵是指柱塞轴线与缸体（驱动轴）轴线平行的一种多柱塞泵。轴向柱塞泵按其结构不同可分为斜盘式和斜轴式两大类，以下仅介绍斜盘式轴向柱塞泵。

1. 基本特征

斜盘式轴向柱塞泵由缸体（转子）、柱塞、斜盘、配油盘和传动轴等主要部件组成，缸体内均匀分布着几个柱塞孔，柱塞可以在柱塞孔里自由滑动。轴向柱塞泵的缸体直接安装在传动轴上，通过斜盘使柱塞相对缸体做往复运动。压力和功率较小者，以柱塞的外端直接与斜盘做点接触；压力和功率较大者，柱塞通常是通过滑履与斜盘接触。图 3-9 为斜盘式轴向柱塞泵的工作原理图。

2. 工作原理描述

当传动轴带着缸体和柱塞一起旋转时，在斜盘的作用下，柱塞在缸体内做往复运动，在自上而下回转的半周内，柱塞逐渐向外伸出，使缸体内密封油腔容积增加，形成局部真空，于是油液就通过配油盘的吸油窗口进入缸体中。在自下而上回转的半周内，柱塞被斜盘推着逐渐向里缩回，使密封油腔的容积减小，将液体从压油窗口压入系统。这样，缸体每转动一周，缸体上的每一个柱塞都会完成一次吸油和一次压油。

💡**重要提示**

　　柱塞、缸体和配油盘形成若干个密封工作油腔。传动轴输入的动力使缸体旋转，需要注意的是：配油盘和斜盘是固定不动的。斜盘倾角决定着柱塞泵的流量大小，斜盘的倾角越大，流量越大；斜盘的倾角越小，流量越小。

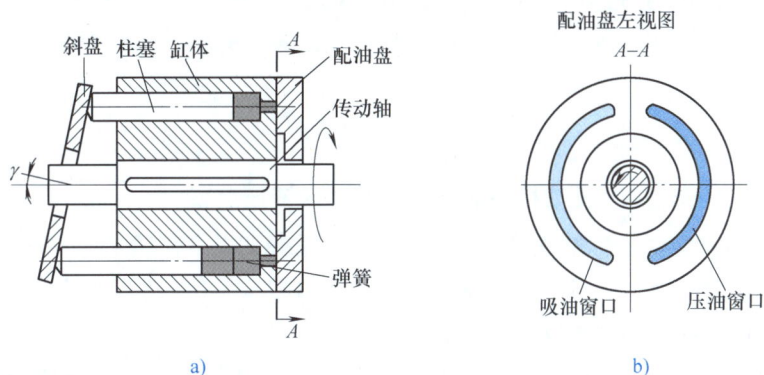

图 3-9　斜盘式轴向柱塞泵的工作原理图

3. 斜盘式轴向柱塞泵的典型结构

　　图 3-10 所示为手动变量直轴斜盘式轴向柱塞泵的结构图。它由变量部分和泵体部分组成。

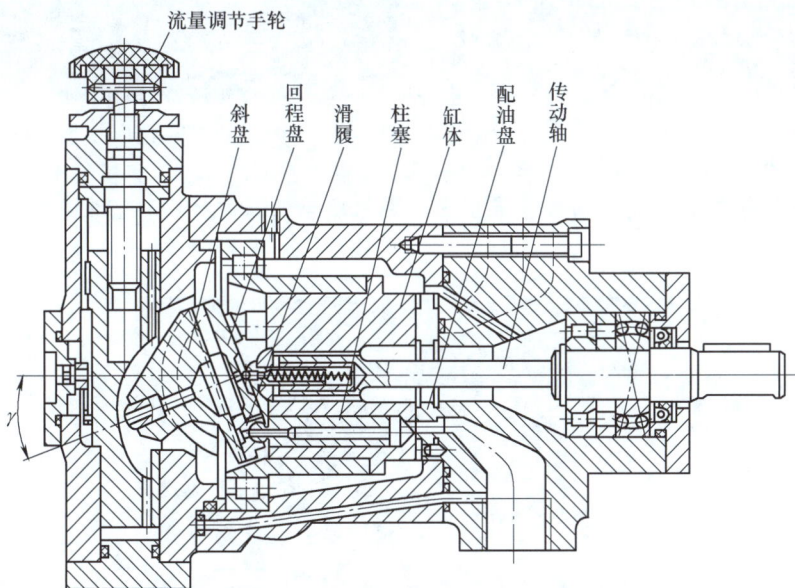

图 3-10　手动变量直轴斜盘式轴向柱塞泵的结构图

　　泵驱动轴通过花键带动缸体旋转，使均匀分布在缸体轴向上的 7 个柱塞绕泵轴轴线旋转。每个柱塞的头部都装有滑履，滑履与柱塞采用球面副连接，可以任意转动。弹簧的作用力通过钢球和回程盘将滑履压在斜盘的斜面上。当缸体转动时，该回程盘使柱塞得到回程动作，完成吸油过程。柱塞的排油过程则是由斜盘斜面通过滑履推动来完成的。缸体的轴向力由配油盘承受，配油盘上开有吸油、压油窗口，分别与泵体上的吸油、压油口相通。

左边的变量机构，用来改变斜盘倾角的大小，以调节泵的流量。调节流量时，先松开锁紧螺母，然后转动流量调节手轮，从而推动变量活塞上下移动，斜盘倾角 γ 随之改变。γ 的变化范围为 $0° \sim 20°$。流量调定后旋转锁紧螺母将螺杆锁紧，以防止松动。这种变量机构结构简单，但手动操纵力大，通常只能在停机或泵压力较低的情况下才能实现变量。

4. 实际应用

斜盘式轴向柱塞泵结构上能够承受高压，容易实现无级变量，所以，在各类高压液压系统中应用非常广泛，广泛应用于各类工程机械、锻压机械、起重机械、注塑机械、冶金机械及船舶行业中。

▶ 情境链接

奔驰 V8 发动机燃油高压直喷系统液压装置

奔驰的自然吸气 V6 和双涡轮增压 V8 发动机相比之前使用的 V6 和 V8，在燃油经济性和功率输出方面得到进一步提升。图 3-11 为奔驰的双涡轮增压 V8 发动机外观。

双涡轮增压 V8 发动机采用了全新的 60° 夹角 "V" 造型，放弃了 V6 的 90° 夹角 "V" 造型。另外，双涡轮增压 V8 发动机采用了第三代的燃油直喷系统、新型火花塞和低摩擦辅助设备等，动力输出和新车的燃油经济性能有了飞跃式的提高。使用双涡轮增压 V8 发动机的车型包括奔驰 CL500、S350 和 CL350 等车型。图 3-12 为奔驰双涡轮增压 V8 发动机燃油直喷系统上的高压油泵。

发动机燃油高压直喷系统主要由高压油泵、高压油管、蓄压器（高压油轨）、电控喷油器以及各种传感器等组成。高压油泵多采用由内燃机驱动的三缸径向柱塞泵。

图 3-11　奔驰的双涡轮增压 V8 发动机外观

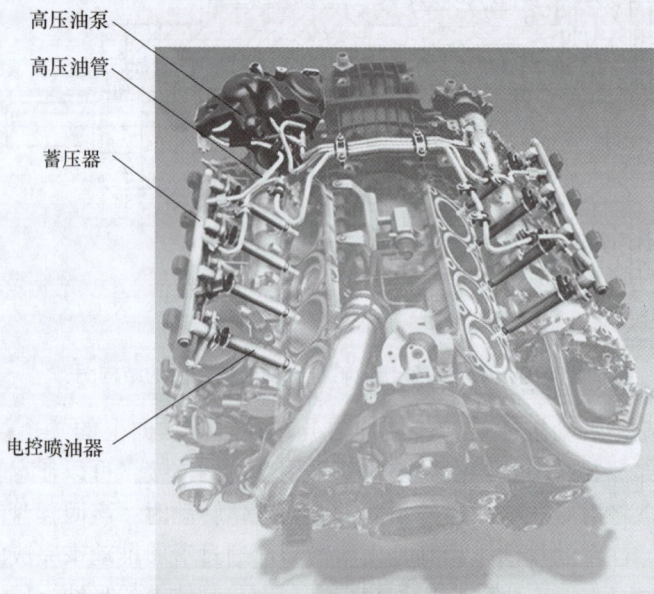

图 3-12　奔驰双涡轮增压 V8 发动机燃油直喷系统上的高压油泵

低压燃油泵将燃油输入高压油泵，高压油泵将燃油加压送入蓄压器（高压油轨），蓄压器内的燃油经过高压油管，根据机器的运行状态，由电控单元确定合适的喷油开启时间和喷油持续时间，由电控喷油器将燃油喷入燃烧室，如图3-13所示。

图3-13　发动机燃油高压直喷系统液压装置

"高压"是指喷油系统压力比传统内燃机要高出许多倍，燃油压力大、雾化好而且燃烧充分，从而提高了动力性，最终达到省油的目的。

高压系统中的喷油压力柔性可调，对不同工况可确定所需的最佳喷射压力，从而优化了内燃机的综合性能。

3.3　叶片泵

叶片泵有双作用叶片泵和单作用叶片泵两类。双作用叶片泵只能做成定量泵，而单作用叶片泵则往往做成变量泵。

3.3.1　双作用叶片泵

1. 典型结构

双作用叶片泵主要由定子、转子、叶片、配油盘、传动轴和泵体等组成。定子内表面由两段长半径圆弧、两段短半径圆弧和四段过渡曲线组成，形似椭圆。图3-14为双作用叶片泵的实际结构图。

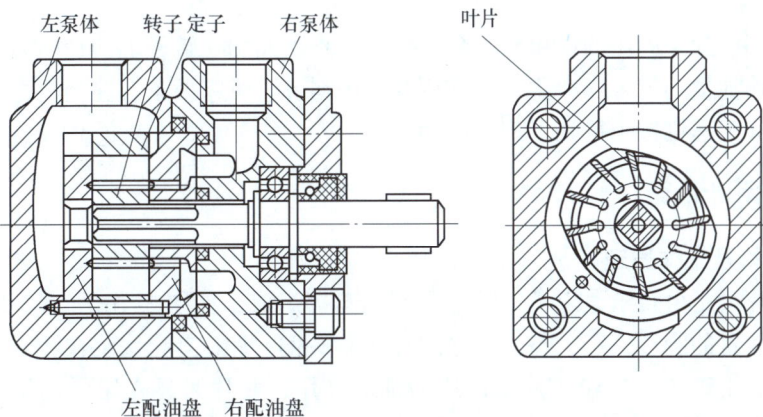

图3-14　双作用叶片泵的实际结构图

2. 工作原理

图 3-15 所示为双作用叶片泵的工作原理图。随着转子旋转时，叶片在离心力和根部压力油的作用下伸出并紧贴在定子的内表面上，两叶片之间和转子的外圆柱面、定子内表面及前后配油盘形成了若干个密封工作腔。

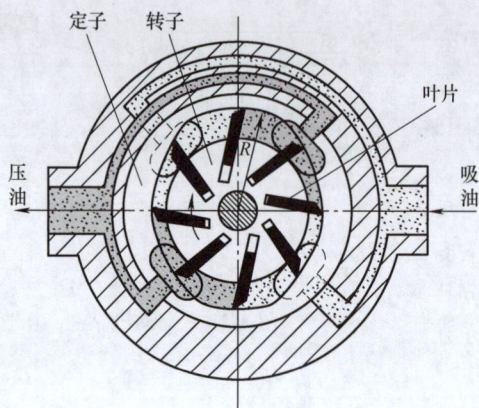

图 3-15 双作用叶片泵的工作原理图

当转子在电动机的带动下顺时针方向旋转时，密封工作腔的容积在左上角和右下角处逐渐增大，形成局部真空而吸油，为吸油区；在右上角和左下角处逐渐减小而压油，为压油区。吸油区和压油区之间有一段封油区把它们隔开。

> **重要提示**
>
> 定子内表面的四段过渡曲线为等加速（等减速）曲线，使得叶片周期性地伸出与缩回，相邻叶片间的密封容积就周期性地变大与缩小，产生吸油与压油的过程。由于定子和转子是同心安装的，所以双作用叶片泵的输出流量无法调节，属于定量泵。

这种泵的转子每转一周，每个密封工作腔吸油、压油各两次，故称为双作用叶片泵。泵的两个吸油区和两个压油区是径向对称的，因而作用在转子上的径向液压力平衡，所以又称为平衡式叶片泵。

3. 实际应用

由于双作用叶片泵的压油窗口对称分布，所以不仅作用在转子上的径向力是平衡力，而且运转平稳、输油量均匀、噪声小。双作用叶片泵在各类机床设备、注塑机、运输装卸机械设备、液压机和工程机械中得到了广泛应用。

3.3.2 单作用叶片泵

1. 典型结构及工作原理

单作用叶片泵是由转子、定子、叶片和配油盘等组成，如图 3-16 所示。其中定子是一个与转子偏心放置的圆环，定子与转子之间存在有一偏心距 e，叶片装在转子槽内，并可在槽内灵活滑动。由于离心力和叶片根部压力油的作用，叶片紧靠在定子内壁，这样，在定子、转子、叶片和两侧配油盘间就形成了若干个密封工作腔。

当转子在电动机的驱动下逆时针旋转时，右边处于吸油区的叶片逐渐往外伸出，密封工作腔容积逐渐增大，产生局部真空，于是油箱中的油液在大气压力作用下，由吸油口经配油盘的吸油窗口（图中虚线槽），进入这些密封工作腔，这就是吸油过程；反之，图中左面的叶片被定子内表面推入转子的槽内，密封工作腔容积逐渐减小，腔内的油液受到压缩，经配油盘的压油窗口排到泵外，这就是压油过程。在吸油腔和压油腔之间有一段封油区，将吸油腔和压油腔隔开。

转子每转一周，相邻两个叶片和两侧配油盘之间构成的每个密封工作腔可以完成一次吸油、一次压油，故称之为单作用叶片泵。转子不停地旋转，泵就不断地吸油和排油。

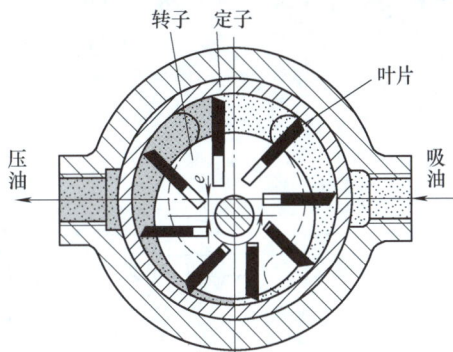

图 3-16 单作用叶片泵工作原理图

💡**重要提示**

改变定子与转子之间的偏心量 e，便可改变单作用叶片泵的流量 q，所以单作用叶片泵往往做成变量泵。泵内的叶片数越多，流量脉动率就越小。

2. 实际应用

单作用叶片泵易于实现流量调节，常用于变速运动的液压系统，可降低功率损耗，减少油液发热，简化油路，节省液压元件。

3.3.3 限压式变量叶片泵

限压式变量叶片泵结构如图 3-17 所示。泵体由转子、定子、叶片、配油盘、弹簧、柱塞、滑块和调节螺钉等组成，与普通单作用叶片泵的不同之处在于，其定子左侧有弹簧，右侧柱塞在泵出口压力的推动下可以向左移动，弹簧可以通过调压螺钉调节其预压力，柱塞通过最大流量调节螺钉限制定子的最右位置，即调节定子和转子的最大偏心量 e_{max}。

限压式变量叶片泵的流量随负载压力的大小自动调节。当柱塞腔的液压力小于弹簧的预调压力 F_S 时，定子在限压弹簧的作用下被推向最右端，使定子和转子的中心保持一个偏心量 e，此时偏心量为最大值 e_{max}，流量最大。

随着泵的出口压力逐渐增大，液压力大于弹簧力 F_S 时，定子被柱塞向左推移，偏心量 e 减小，泵的输出流量也减小；泵的工作压力越大，定子越向左移，偏心量 e 就越小，泵的输出流量也就越小。

当泵的工作压力大到某一极限值

图 3-17 限压式变量叶片泵结构

时，偏心量 e 也几乎降低为零，使泵内偏心距所产生的流量全部用于补偿泄漏，流量也几乎同时降低为零。此时不管外负载如何加大，泵的输出压力也不会再升高，所以这种泵被称为限压式变量叶片泵。图 3-18 为 YBx 型外反馈限压式变量叶片泵的实际结构图。

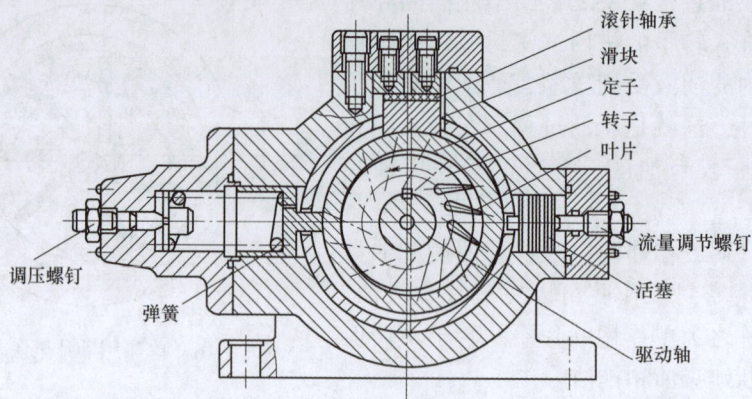

图 3-18　YBx 型外反馈限压式变量叶片泵的实际结构图

> **💡重要提示**
>
> 　　限压式变量叶片泵转子的中心 O 是固定的，定子中心 O_1 可以水平左右移动。泵出口压力升高时，柱塞推动定子向左移动，使得偏心量 e 减小，泵的输出流量也随之减小。泵的出口压力被引入柱塞底腔，这是定子移动的动力来源。

　　限压式变量叶片泵在中、低压液压系统中用得较多，液压系统采用这种变量泵可以省略溢流阀，并可减少油液发热，从而减小油箱的尺寸，使液压系统比较紧凑。同时在功率利用上比较合理，效率较高，在机床液压系统中被广泛采用。

3.4　齿轮泵

　　齿轮泵是一种常用的液压泵，它具有结构简单、制造方便、重量轻、自吸性能好、价格低、对油液污染不敏感等特点。根据结构形式不同，它可分为外啮合齿轮泵和内啮合齿轮泵。

3.4.1　外啮合齿轮泵

1. 基本特征

　　在密封的泵体内有一对互相啮合的齿轮，两齿轮的模数相同、齿数相等。两齿轮外齿廓、泵体内表面以及齿轮前后端盖间形成了相互密封的工作腔。

2. 工作原理

　　外啮合齿轮泵的工作原理与实物图如图 3-19 所示。

　　当齿轮按图示方向旋转时，泵右侧吸油腔的轮齿脱离啮合，

齿轮泵工作原理

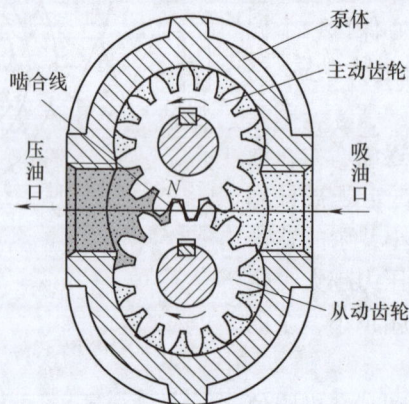

a) 工作原理图　　　　b) 实物图

图 3-19　外啮合齿轮泵的工作原理与实物图

使密封容积逐渐增大，形成局部真空，油箱中的油液在大气压力作用下被吸入吸油腔内，并充满齿间槽。随着齿轮的回转，吸入到轮齿间的油液便被带到左侧压油腔。当左侧压油腔的轮齿与轮齿进入啮合时，使密封容积不断减小，油液从齿间槽被挤出而输送到系统。

> **重要提示**
>
> 啮合点 N 沿齿宽方向的啮合线，将泵体分隔为两个互不相通的吸油腔和压油腔，其中左侧为压油腔，右侧为吸油腔。啮合线在此处起着配油作用，轮齿进入啮合时压油，脱离啮合时吸油。

3. 典型结构图

图 3-20 所示为 CB-B 型外啮合齿轮泵的实际结构图。

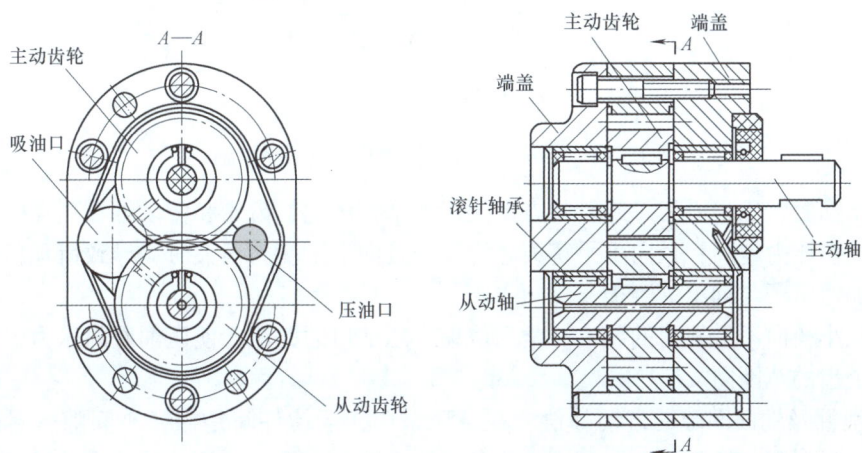

图 3-20 CB-B 型外啮合齿轮泵的实际结构图

4. 实际应用

外啮合齿轮泵主要用于低压液压系统，广泛地应用于采矿设备、冶金设备、建筑机械、工程机械和农林机械等。

5. 外啮合齿轮泵结构上存在的问题

（1）困油现象 外啮合齿轮泵要平稳地工作，齿轮啮合时的重叠系数必须大于1，即前一对轮齿尚未脱开，后一对轮齿已进入啮合。此时就有一部分油液被围困在两对轮齿啮合时所形成的封闭油腔内，如图 3-21 所示。这个密封容积的大小随齿轮转动先由最大（见图 3-21a）逐渐减到最小（见图 3-21b），又由最小逐渐增到最大（见图 3-21c）。

当密封腔容积减小时，被困油液受到挤压而产生瞬间高压，密封腔的被困油液若无油道与排油口相通，油液将从缝隙中被挤出，导致油液发热；当密封腔容积增大时，因无油液补充，又会造成局部真空，使溶于油液中的气体分离出来，产生气穴，这就是齿轮泵的困油现象。

困油现象使齿轮泵产生强烈的噪声，并引起振动和气蚀，同时降低泵的效率，影响齿轮泵工作的平稳性和使用寿命。消除困油现象的方法通常是在两端盖板上开卸荷槽，如图 3-21d中的虚线方框。当密封腔容积减小时，通过右边的卸荷槽与压油腔相通，而当密封腔容积增大时，通过左边的卸荷槽与吸油腔相通，两卸荷槽的间距必须确保在任何时候都不能使吸、排油腔相通。

（2）径向不平衡力 在外啮合齿轮泵中，油液作用在齿轮外缘的压力是不均匀的。从

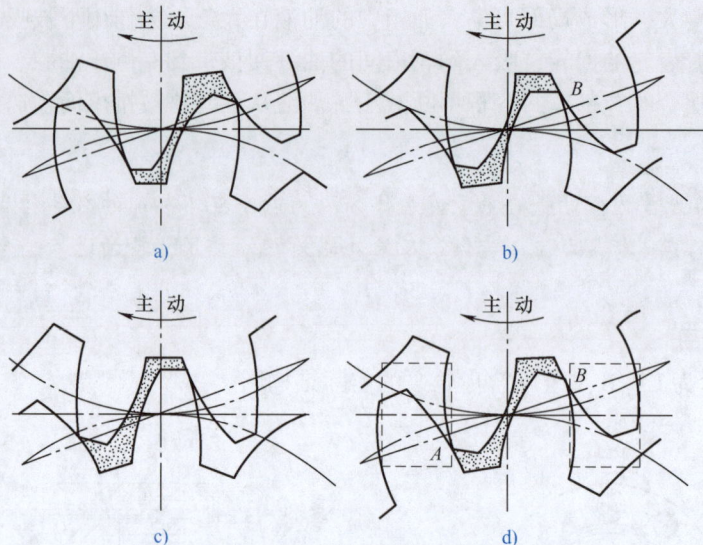

图 3-21 外啮合齿轮泵困油现象及消除措施

吸油腔到压油腔，压力沿齿轮旋转的方向逐齿递增。因此，齿轮和传动轴受到径向不平衡力的作用，工作压力越高，径向不平衡力越大。当径向不平衡力很大时，导致齿顶压向定子的低压端，加速定子与轴承的磨损。

为了减小径向不平衡力的影响，常采取缩小压油口的办法，使压油腔的压力仅作用在一个齿到两个齿的范围内。

（3）泄漏及端面间隙的自动补偿 在液压泵中，运动件间是靠微小间隙密封的，高压腔的油液通过间隙向低压腔泄漏是不可避免的。外啮合齿轮泵压油腔的压力油可通过三条途径泄漏到吸油腔：一是通过齿轮啮合线处的间隙；二是通过泵体定子环内孔和齿顶间的径向间隙；三是通过齿轮两端面和侧板间的端面间隙。在这三类间隙中，端面间隙的泄漏量最大，压力越高，由间隙泄漏的液压油就越多。因此，为了提高齿轮泵的压力和容积效率，实现齿轮泵的高压化，需要从结构上采取措施，对端面间隙进行自动补偿。

齿轮泵的压力提高通常采用自动补偿端面间隙的装置，其原理是引入压力油使轴套或侧板紧压在齿轮端面上，压力越高，间隙越小，从而补偿了端面间隙。

3.4.2 内啮合齿轮泵

内啮合齿轮泵分为摆线内啮合齿轮泵（转子泵）和渐开线内啮合齿轮泵。

1. 摆线内啮合齿轮泵

（1）基本特征 摆线内啮合齿轮泵是由配油盘（前、后盖）、外齿圈（从动轮）和偏心安置在泵体内的内转子（主动小齿轮）等组成。

摆线内啮合齿轮泵的外转子齿形是圆弧，内转子齿形为短幅外摆线的等距线，故称为摆线内啮合齿轮泵，也叫转子泵。

> 💡**重要提示**
>
> 在摆线内啮合齿轮泵中，由于小齿轮的外圆和外齿圈的内圆正好相切，将泵体分隔为吸油腔和压油腔，吸油腔和压油腔之间不需要加隔板。摆线内啮合齿轮泵的内、外转子相差一齿，内转子为六齿，外齿圈为七齿。

（2）工作原理　摆线内啮合齿轮泵也是利用齿间密封容积的周期性变化来实现吸油、压油的。图3-22所示为摆线内啮合齿轮泵的工作原理图。

当传动轴带动小齿轮按图示方向围绕中心O_1旋转时，带动外齿圈绕中心O_2做同向旋转。随着转子的转动，左侧轮齿逐渐脱开啮合，密封腔容积增大，形成真空吸油，油液从吸油窗口被吸入密封腔。当转子继续旋转时，右侧轮齿逐渐进入啮合，密封腔容积减小，通过压油窗口将油排出。内转子每转一周，由内转子齿顶和外转子齿根所构成的每个密封腔，都会完成吸油、压油各一次，当内转子连续不断地转动时，液压泵就连续不断地吸油和压油。

（3）结构特点　摆线内啮合齿轮泵结构紧凑，尺寸小，重量轻。因为内外齿轮转向相同，相对滑动速度小，磨损小，使用寿命长，流量脉动远小于外啮合齿轮泵，所以压力脉动和噪声较小；摆线内啮合齿轮泵允许使用高转速（高转速下的离心力能使油液更好地充入密封工作腔），可获得较高的容积效率。摆线内啮合齿轮泵排量大，结构简单，而且由于啮合的重叠系数大，传动平稳，吸油条件更为良好。

摆线内啮合齿轮泵也存在一些缺点：它的齿形复杂，加工精度要求高，需要专门的制造设备，造价较高。

2. 渐开线内啮合齿轮泵

在摆线内啮合齿轮泵中，由于小齿轮的外圆正好和外齿圈的内圆相切，泵的吸油腔和压油腔之间不需要隔板隔开；但在渐开线内啮合齿轮泵中，大、小齿轮间需要有一块隔板将泵的吸油腔和压油腔隔开，如图3-23所示。

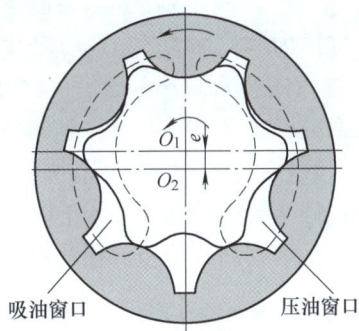

图3-22　摆线内啮合齿轮泵的工作原理图

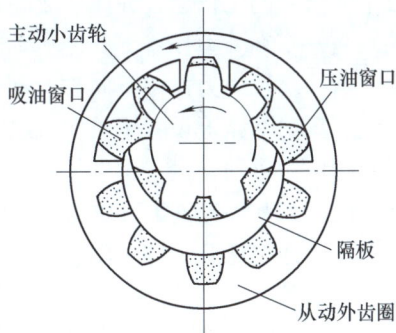

图3-23　渐开线内啮合齿轮泵

渐开线内啮合齿轮泵的工作原理与摆线内啮合齿轮泵完全相同，结构特点也基本相同。

内啮合齿轮泵可以正反转，同时可作为液压马达使用。随着工业技术的发展，内啮合齿轮泵广泛应用于压力小于2.5MPa的低压系统中，如机床液压传动系统及补油、润滑、冷却等装置中。

▶ **情境链接**

保时捷卡宴V8发动机润滑系统中的齿轮泵

汽车发动机润滑系统的功能就是在发动机工作时连续不断地把数量足够、温度适当的洁净机油输送到全部传动件的摩擦表面，并在摩擦表面之间形成油膜，实现液体摩擦。

机油泵是发动机润滑系统的主要组成部件，它将一定量的润滑油从油底壳中抽出，并加压后，源源不断地送至各零件表面进行润滑，维持润滑油在润滑系统中的循环。机油泵大多装于曲轴箱内，也有些柴油机将机油泵装于曲轴箱外面，机油泵都采用齿轮驱动方式，通过凸轮轴、曲轴或正时齿轮来驱动。

为提高发动机效率，保时捷卡宴 V8 发动机润滑系统使用了可控式机油泵（见图 3-24），为外啮合齿轮泵，带有增压吸油油道。发动机控制单元根据发动机转速、机油温度和扭矩来控制机油压力。图 3-25 为保时捷卡宴 V8 发动机润滑系统构成示意图。

图 3-24　保时捷卡宴 V8 发动机
润滑系统上的齿轮泵

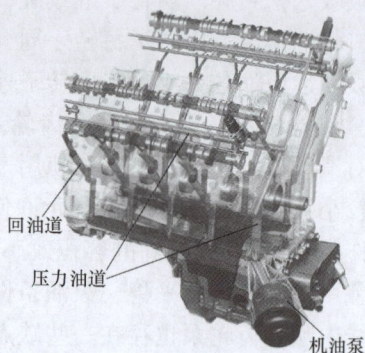

图 3-25　保时捷卡宴 V8 发动机
润滑系统构成示意图

3.5　数字液压泵

数字液压泵的工作原理如图 3-26 所示，柱塞在外力 F 作用下可以在缸体内以速度 v 左右运动。当柱塞在外力作用下向左运动时，柱塞缸处于缸体内容积加大的过程，产生真空从而吸油。当柱塞在外力作用下向右运动时，柱塞缸处于缸体内容积减小的过程，产生高压，从而排油。压力油路上设置了单向阀，防止高压油在柱塞缸产生真空时倒灌，起到高压与低压隔离的作用。进油路设置了二位二通高速开关阀，以保证柱塞缸产生真空吸油时，电磁铁不通电，柱塞缸与油箱连通，油液从油箱进入柱塞缸；在柱塞缸向外输出高压油时，电磁铁通电，二位二通高速开关阀关闭，保证油液进入负载油路，起到高压油与油箱隔离的作用。

二位二通高速开关阀只有"通"和"断"两个位置，输入的是数字信号"1"和"0"。液压高速开关阀最重要的性能指标是响应时间。

柱塞缸的一个行程所产生的油液量就是这个柱塞缸的排量。如果二位二通高速开关阀按照上述过程进行通电及断电，这时柱塞缸产生的排量最大。如果在产生高压油的行程中让二位二通高速开关阀提前断电，这时柱塞缸就不再产生高压油，而是在极低压力下（仅仅需要克服回油阻力产生的压力，一般这个压力极

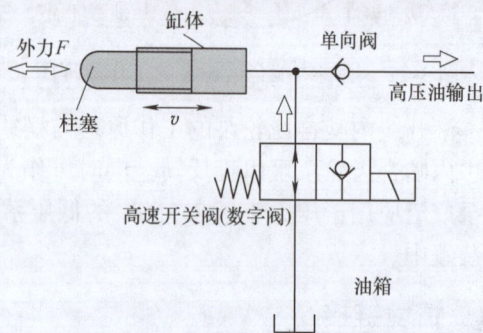

图 3-26　数字液压泵的工作原理

小）进行回油。由于这是最直接的排量调节方法，产生的能量消耗较少，这也是数字液压泵效率较高的排量调节方法。

将现有的柱塞泵看成是由多个柱塞缸组成的液压泵，对每个柱塞缸都采用这种方法调节，这就形成了数字阀直接控制排量的数字液压泵，由多个柱塞缸组成的数字液压泵如图 3-27 所示。

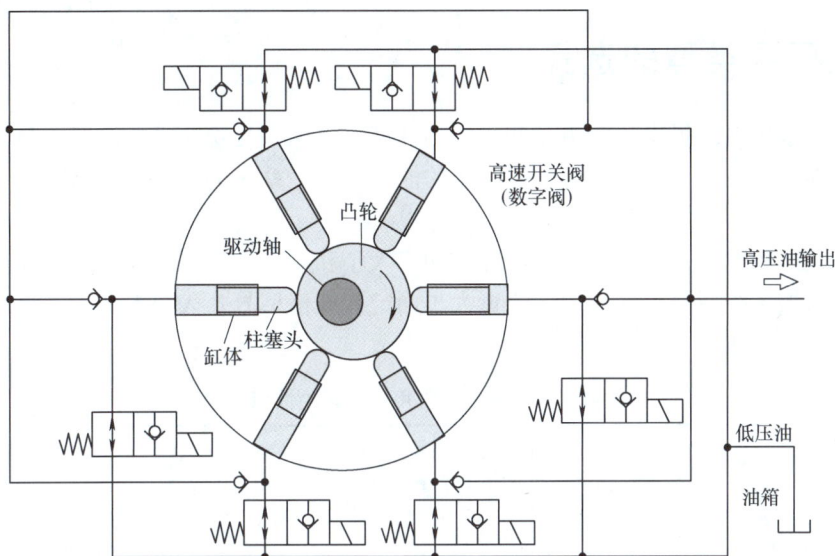

图 3-27 由多个柱塞缸组成的数字液压泵

通过使用嵌入式计算机控制的高速开关阀，实时开闭多个柱塞腔，就可以克服传统斜盘式轴向柱塞泵的限制，大大简化泵的结构，减少一些摩擦副，如配油盘与斜盘等。这种结构的数字液压泵运用相应的传感器，能够及时地将工况反映到微处理器上，然后按照需要进行排量调节与控制。

径向柱塞泵是最先推向市场的数字液压泵，数字径向柱塞泵结构图如图 3-28 所示。其柱塞由凸轮环驱动，每个柱塞腔可以单独打开和关闭，每个柱塞腔都有自己的控制系统：电磁开关阀、单向阀和柱塞位置传感器。

由于数字液压泵柱塞进油与排油完全由高速开关阀控制，与实际工况一致，所以其总工作效率非常高，且能量损失很低。数字液压泵与传统液压泵性能比较如图 3-29 所示。

图 3-28 数字径向柱塞泵结构图

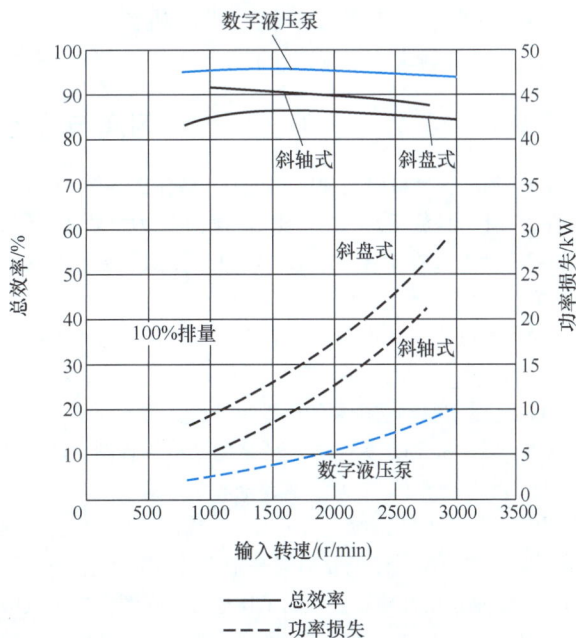

图 3-29 数字液压泵与传统液压泵性能比较

3.6　液压泵类型的选择

液压泵向液压系统提供一定流量和压力的油液，液压泵是每个液压系统不可缺少的核心元件，合理地选择液压泵对于降低液压系统的能耗、提高系统的效率、降低噪声、改善工作性能和保证系统的可靠工作都十分重要。

选择液压泵的原则是：根据主机工况、功率大小和对工作性能的要求，首先确定液压泵的类型，然后按系统所要求的压力、流量大小确定其规格型号。表3-1列出了液压系统中常用液压泵的性能比较。

表3-1　液压系统中常用液压泵的性能比较

类型		齿轮泵（外啮合）	叶片泵		柱塞泵	
			限压式变量叶片泵	双作用叶片泵	径　　向	轴　　向
性能	压力范围/MPa	低压 <2.5 中高压 16~21	<6.3	6.3~21	10~20	<40
	排量调节	不能	能	不能	能	能
	容积效率（%）	63~87	58~92	80~94	80~90	88~93
	总效率（%）	63~87	54~81	65~82	81~83	81~88
	流量脉动	较大	一般	很小	一般	一般
	噪声	大	中等	小	中等	中等
	价格	最低	中	中低	高	高
	污染敏感度	不敏感	较敏感	较敏感	很敏感	很敏感

一般来说，由于各类液压泵各有特点，其结构、功能和运转方式各不相同，因此应根据不同的使用场合选择合适的液压泵。一般在机床液压系统中，往往选用双作用叶片泵和限压式变量叶片泵；而在筑路机械、港口机械以及小型工程机械中，往往选择抗污染能力较强的齿轮泵；在负载大、功率大的场合往往选择柱塞泵。

习题与思考题

3-1　液压泵完成吸油和压油必须具备什么条件？

3-2　什么是液压泵的工作压力与额定压力？两者有何关系？

3-3　液压泵的排量和流量各取决于什么参数？流量的理论值与实际值有何区别？

3-4　某液压系统中液压泵的输出工作压力 $p = 20MPa$，实际输出流量 $q = 60L/min$，容积效率 $\eta_{pV} = 0.9$，机械效率 $\eta_{pM} = 0.9$，试求驱动液压泵的电动机功率。

3-5　图3-30所示为凸轮转子泵的结构原理图，凸轮转子泵主要由凸轮转子、叶片、驱动轴和泵体组成。其定子内曲线为完整的圆弧，壳体上有两片不旋转但可以伸缩（靠弹簧压紧）的叶片。转子外形与一般双作用叶片泵的定子曲线相似。请说明凸轮转子泵的工作原理，在图上标出其吸油口、压油口，并指出凸轮转一圈时泵吸、排油几次。

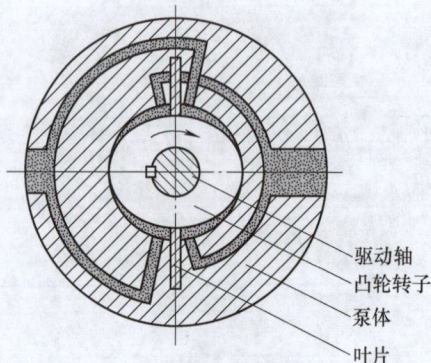

驱动轴
凸轮转子
泵体
叶片

图3-30　凸轮转子泵的结构原理图

教 学 目 标

知识目标

- 理解活塞式液压缸的结构组成及工作原理
- 理解液压马达的结构组成及工作原理
- 了解液压马达的分类及应用
- 掌握各类液压辅助元件的结构原理及作用

技能目标

- 掌握活塞式液压缸的正确拆卸、装配及安装连接方法
- 了解活塞式液压缸的常见故障及基本维修方法
- 熟悉各类液压辅助元件的使用方法及适用场合

　　液压执行元件可以将液压系统中的液压能转化为机械能输出，以驱动外部工作部件。常用的液压执行元件有液压缸和液压马达。它们的区别是：液压缸将液压能转换成直线运动的机械能，而液压马达则是将液压能转换成旋转运动的机械能。

▶ 情境链接

汽车起重机液压执行机构

　　汽车起重机是将起重机安装在汽车底盘上的一种起重运输设备。汽车起重机液压执行机构包含支腿收放机构、起升机构、吊臂伸缩机构、吊臂变幅机构、回转机构五个部分，如图4-1所示。

> 吊臂伸缩、吊臂变幅、支腿收放机构采用液压缸作为执行元件；起升机构、回转机构采用液压马达作为执行元件。

图4-1　汽车起重机上的液压执行机构

　　汽车起重机上的执行元件（包括液压缸和液压马达），承受的负载较大，因此汽车起重

机一般采用中、高压手动控制系统，系统的安全性较高。

起重动作的完成由液压系统来实现。最大起重量为80kN（幅度3m）时，最大起重高度为11.5m，起重装置可连续回转。该机具有较高的行走速度，可与装运工具的车编队行驶，机动性好。当装上附加吊臂后，可用于建筑工地吊装预制件，吊装的最大高度为6m。液压起重机承载能力大，可在有冲击、振动、温度变化大和环境较差的条件下工作。

4.1 液压缸

液压缸是液压系统的执行元件，它将液压能转换成工作机构的机械能，用来实现直线往复运动，输出力和速度。液压缸结构简单，配置灵活，设计、制造比较容易，使用维护方便，所以得到了广泛的应用。

单活塞杆缸

4.1.1 单活塞杆液压缸

1. 典型结构图

图4-2为单活塞杆液压缸的典型结构，单活塞杆液压缸由缸筒、活塞、活塞杆和缸盖等主要部件组成。活塞用卡环、套环、弹簧挡圈与活塞杆连接。为防止活塞运动到行程终端时撞击缸盖，活塞杆左端带有缓冲柱塞等，有时还需设置排气装置。

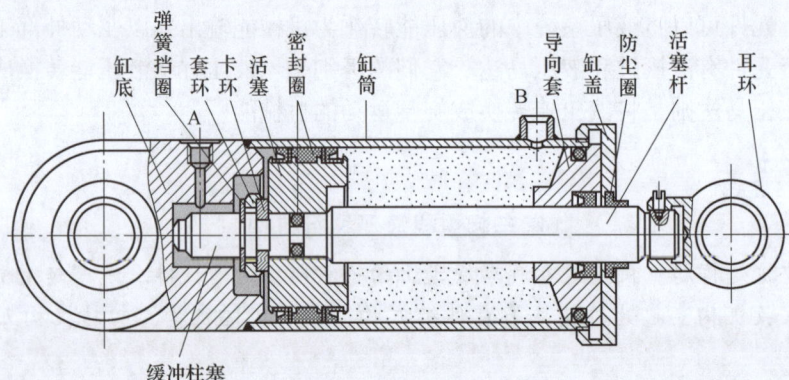

图4-2 单活塞杆液压缸的典型结构

为防止泄漏需设置密封装置：活塞和缸筒之间有密封圈；活塞杆和活塞内孔之间有密封圈；导向套用以保证活塞杆不偏离中心，它的外径和内孔配合处也都有密封圈。

分析图示结构可知：无缝钢管制成的缸筒和缸底焊接在一起，另一端缸盖与缸筒则采用螺纹连接，以便拆装检修。两端进出油口 A 和 B 都可通压力油或回油，以实现双向运动。

2. 单活塞杆液压缸油路的连接方式

单活塞杆液压缸的活塞仅一端带有活塞杆，活塞双向运动可以获得不同的速度和输出力，其简图及油路连接方式如图4-3所示。

1）无杆腔进油时，如图4-3a所示。活塞杆的速度 v_1 和推力 F_1 分别为

$$v_1 = \frac{q}{A_1} = \frac{4q}{\pi D^2}$$

$$F_1 = p_1 A_1 - p_2 A_2 = \frac{\pi}{4} \left[D^2 p_1 - (D^2 - d^2) p_2 \right]$$

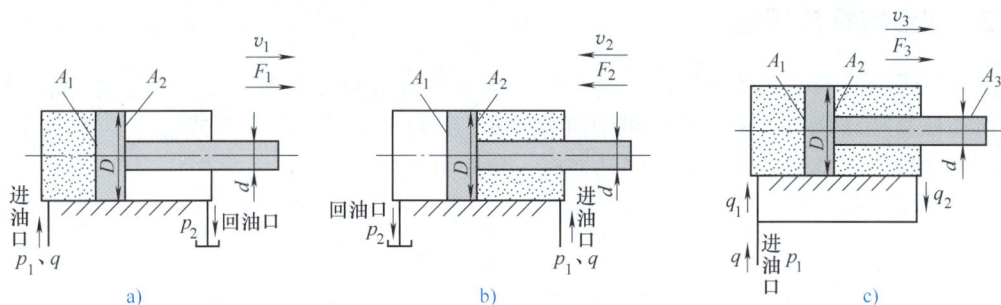

图 4-3　单活塞杆液压缸简图及油路连接方式

式中，q 是输入流量；A_1、A_2 是活塞有效工作面积；D、d 分别为活塞、活塞杆直径；p_1、p_2 分别为液压缸进、出口压力。

2）有杆腔进油时，如图 4-3b 所示。活塞杆的速度 v_2 和推力 F_2 分别为

$$v_2 = \frac{q}{A_2} = \frac{4q}{\pi(D^2 - d^2)}$$

$$F_2 = p_1 A_2 - p_2 A_1 = \frac{\pi}{4}\left[(D^2 - d^2)p_1 - D^2 p_2\right]$$

3）液压缸差动连接时，如图 4-3c 所示。活塞杆的速度 v_3 和推力 F_3 分别为

$$v_3 = \frac{4q}{\pi d^2}$$

$$F_3 = p_1(A_1 - A_2) = \frac{\pi}{4}d^2 p_1$$

差动连接时的工作台运动速度 v_3 比无杆腔进油时的速度 v_1 大，而输出力 F_3 要比 F_1 小。

单杆液压缸是广泛应用的一种执行元件，适用于推出时承受工作载荷、退回时为空载或载荷较小的液压装置。

3. 缓冲机构的设置

液压缸的缓冲机构是为了防止活塞在行程终了时，由于惯性力的作用与缸盖发生撞击，影响设备的使用寿命。特别是当液压缸驱动负荷重或运动速度较大时，液压缸的缓冲机构就显得更为重要。

液压缸的缓冲机构如图 4-4 所示，它由活塞顶端的凸台和缸底上的凹槽构成。当活塞移近缸底时，凸台逐渐进入凹槽，将凹槽内的油液经凸台和凹槽之间的缝隙挤出，增大了回油阻力，降低了活塞的运动速度，从而减小或避免活塞对端盖的撞击，实现缓冲。

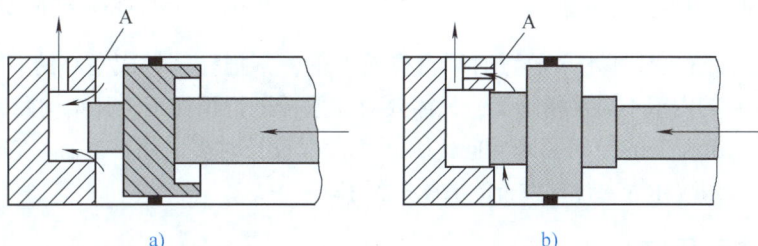

图 4-4　液压缸的缓冲机构

4.1.2 双活塞杆液压缸

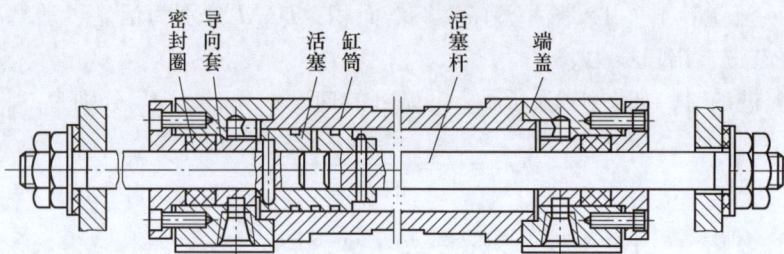

图 4-5 所示为双活塞杆液压缸的结构图，活塞两侧都有活塞杆伸出。当缸体内径为 D，且两活塞杆直径 d 相等，液压缸的供油压力为 p，流量为 q 时，活塞（或缸体）两个方向的运动速度和推力也都相等，则缸的运动速度 v 和推力 F 分别为

$$v = \frac{q}{A} = \frac{4q}{\pi(D^2 - d^2)}$$

$$F = \frac{\pi}{4}(D^2 - d^2)(p_1 - p_2)$$

图 4-5　双活塞杆液压缸的结构图

4.1.3 柱塞式液压缸

柱塞式液压缸（见图 4-6）由缸筒和柱塞等零件组成。柱塞式液压缸只有一个油口，进油和回油都要经过这个油口。

柱塞式液压缸在压力油推动下，只能实现单向运动，属于单作用缸，它的回程借助于运动件的自重或外力的作用（垂直放置或弹簧力等）。为了得到双向运动，柱塞式液压缸常成对使用，如图 4-7 所示。

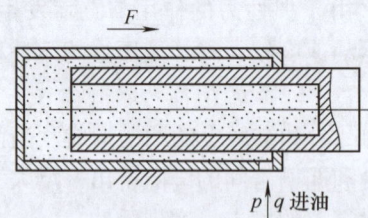

图 4-6　柱塞式液压缸

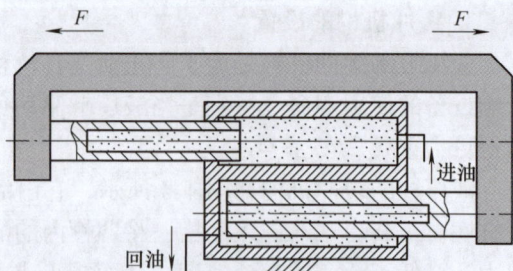

图 4-7　柱塞式液压缸的成对使用

为减轻重量，防止柱塞水平放置时因自重而下垂，常把柱塞做成空心的。

柱塞式液压缸的内壁不需要精加工，只需要对柱塞杆进行精加工。其结构简单，制造方便，成本低。运动时由缸盖上的导向套来导向，因此在行程较长时多采用柱塞缸。它适用在龙门刨床、导轨磨床、大型拉床等大行程设备的液压系统中。

4.1.4 伸缩式液压缸

图 4-8 所示为伸缩式液压缸的结构图，它是由两套活塞缸套装而成，图中前一级的活塞

与后一级的缸筒连为一体。当压力油从 a 口通入时，一级活塞先伸出，然后二级活塞伸出。当压力油从 d 口通入，进入 c 口时，二级活塞先缩入，然后一级活塞缩入。总之，按活塞的有效工作面积的大小依次动作，有效面积大的先动，小的后动。

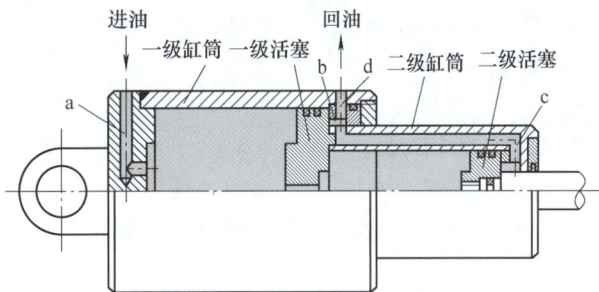

图 4-8　伸缩式液压缸的结构图

伸缩式液压缸活塞伸出时行程大，而缩回后结构尺寸小，因而它适用于起重运输车辆等占空间小且可实现长行程工作的机械上，如起重机伸缩臂缸、自卸汽车举升缸等。

4.2　液压马达

液压马达也是液压系统的执行元件，它可以将系统的液压能转换成工作机构的机械能，用来实现旋转运动，输出转速和转矩。液压马达按结构不同可分为叶片式、齿轮式、轴向柱塞式和摆动式。

液压马达图形符号如图 4-9 所示。

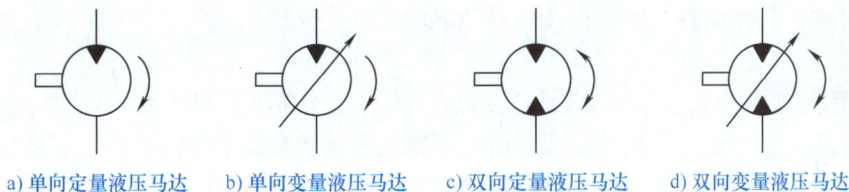

a) 单向定量液压马达　　b) 单向变量液压马达　　c) 双向定量液压马达　　d) 双向变量液压马达

图 4-9　液压马达图形符号

4.2.1　叶片式液压马达

叶片式液压马达和叶片泵的结构相似，主要由转子、定子、叶片等组成。

叶片式液压马达（简称叶片马达）的结构如图 4-10 所示，当压力油经过配油窗口进入叶片 1 和叶片 7（或叶片 3 和叶片 5）之间时，叶片 1 和叶片 7 一侧作用高压油，另一侧作用低压油，由于叶片 1 伸出的面积大于叶片 7 伸出的面积，因此使转子产生顺时针的转矩。同时叶片 3 和叶片 5 的压力油作用面积之差也使转子产生顺时针的转矩。两者之和即为叶片马达产生的转矩。在供油量一定的情况下，叶片马达将以确定的转速旋转。位于压油腔的叶片 8 和叶片 4 两面同时受压力油作用，受力平衡对转子不产生转矩。

叶片马达的转子惯性小，动作灵敏，

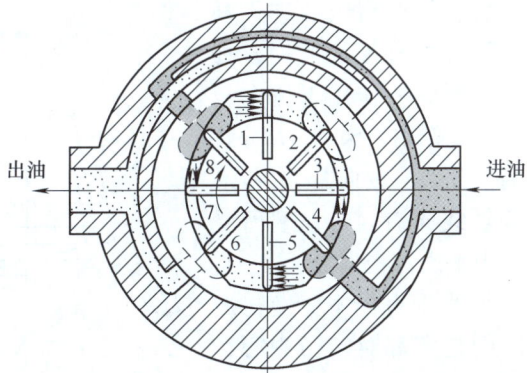

图 4-10　叶片式液压马达的结构

可以频繁换向，但泄漏量大，不宜在低速下工作。因此叶片马达一般用于转速高、转矩小、动作要求灵敏的场合。

✏️ 【知识拓展】

叶片马达需要正反转，因此叶片沿转子径向放置，叶片的倾角为零。而叶片泵的转子叶片却存在倾角，这是它们结构之间的差别所在。

4.2.2 齿轮式液压马达

齿轮式液压马达（简称齿轮马达）的结构原理图如图 4-11 所示，图中 p 为两齿轮的啮合点。当压力油作用在齿面上时（如图中箭头所示，凡齿面两边受力平衡的部分都未用箭头表示），在两个齿轮上都受到一个使它们产生转矩的作用力，因而两齿轮按图示方向旋转，并将油液带入低压腔排出。

图 4-11　齿轮式液压马达的结构原理图

齿轮马达由于密封性较差，容积效率较低，所以输入的油压不能过高，转矩一般不大，并且它的转速和转矩都是随着齿轮的啮合情况而脉动的。因此，齿轮马达一般多用于高转速、低转矩的情况。齿轮马达进出油道对称，孔径相等，这使得齿轮马达能够实现正反转。

齿轮马达的结构特点：

1）采用外泄漏油孔，因为齿轮马达出油口压力往往高于大气压力，采用内部泄油会把轴端油封冲坏。特别是当齿轮马达反转时，原来的回油腔变成了压油腔，情况将更严重。

2）多数齿轮马达采用滚动轴承支撑，以减小摩擦力而便于齿轮马达起动。

3）不采用端面间隙补偿装置，以免增大摩擦力矩。

4）齿轮马达的卸荷槽对称分布。

4.2.3 轴向柱塞式液压马达

图 4-12 所示为轴向柱塞式液压马达的工作原理图。图中斜盘和配油盘固定不动，柱塞轴向安置在缸体中，缸体和马达轴相连一起旋转，斜盘倾角为 γ。

当液压泵高压油进入马达压油区的柱塞底腔时，柱塞在液压力的作用下压向斜盘，其反作用力为 F。F 分解成两个分力，轴向分力 F_x 沿柱塞轴线向右，与柱塞所受液压力平衡；径向分力 F_y 与柱塞轴线垂直向下，使得压油区的柱塞都对转子中心产生一个转矩，驱动液压马达旋转做功。瞬时驱动转矩的大小随柱塞所在位置的变化而变化。

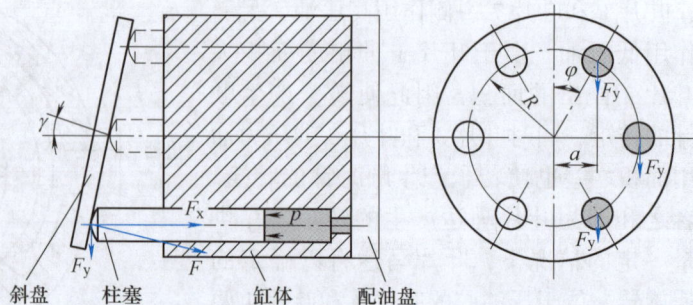

图 4-12　轴向柱塞式液压马达的工作原理图

压油区的所有柱塞产生的转矩和，构成了液压马达的总转矩，需要指出的是液压马达的转矩是随外负载而变化的。

当液压马达的进、回油口互换时，液压马达将反向转动，当改变斜盘倾角 γ 时，液压马达的排量便随之改变，从而可以调节输出转矩或转速。

4.2.4　摆动式液压马达

摆动式液压马达输出转矩，并实现往复摆动，也称为摆动式液压缸或回转液压缸，在结构上有单叶片和双叶片两种形式。它主要由叶片、摆动轴、定子块、缸体等主要零件组成。

图 4-13 所示为摆动式液压马达的工作原理图，当两油口相继通以压力油时，叶片即带动摆动轴做往复摆动。它把油液的压力能转变为摆动运动的机械能。当按图示方向输入压力油时，叶片和摆动轴顺时针转动；反之，叶片和摆动轴逆时针转动。单叶片摆动式液压马达

a) 单叶片式　　　　b) 双叶片式

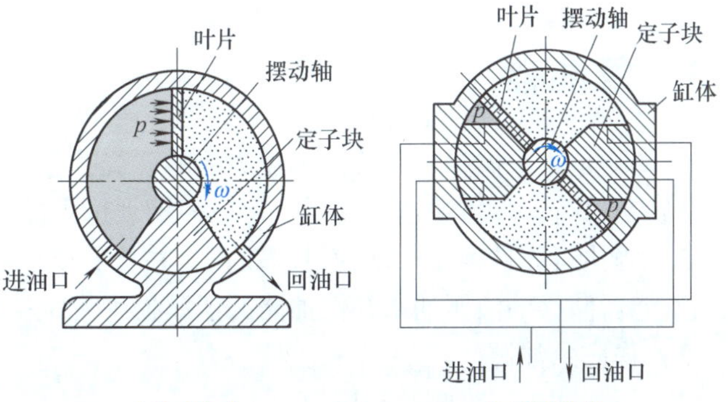

图 4-13　摆动式液压马达的工作原理图

的摆动范围一般不超过 280°，双叶片摆动式液压马达的摆动范围一般不超过 150°。

定子块固定在缸体上，而叶片和摆动轴连接在一起，同时摆动。

此类液压马达常应用于机床的送料装置、间歇进给机构、回转夹具、工业机器人手臂和手腕的回转机构等液压系统。

▶ 情境链接

国之重器：我国研制的超大直径盾构机

中国铁建重工集团、中铁十四局集团联合研制的最大开挖直径达 16.07m 的超大直径盾构机"京华号"。如图 4-14 所示，这台盾构机整机长 150m，总重量 4300t，这是我国迄今研制的最大直径盾构机。"京华号"盾构机现场犹如一条钢铁巨龙横卧，高度超过 5 层楼，刀盘涂装从京剧脸谱中提取的视觉元素，外观鲜明夺目，凸显北京地域文化特色。

业界通常把 12m 及以上直径的盾构机称为超大直径盾构机，超大直径盾构机集机械、电气、液压、传感等尖端技术于一体，对设备的可靠性要求高。在设备研制过程中，研发团队依托以往应用成熟的常规直径、大直径盾构机自主设计与系统集成技术，以及系统关键零部件设计和加工制造技术，最终研制成功。

"京华号"盾构机应用了液压管片拼装、常压换刀、伸缩主驱动、高效大功率泥水环流系统、高精度开挖面气液独立平衡控制等多项核心技术，同时创新搭载了管环收敛测量、管环平整度检测、同步双液注浆等系统装置，使高强度、高风险、高污染的隧道掘进作业转变成相对安全、高效的绿色施工模式。

图4-14 "京华号"超大直径盾构机

4.3 蓄能器

蓄能器是用来储存和释放液体压力能的装置，它的功能主要有以下几点：

1）当执行元件需快速运动时，可以短期大量供油。

2）当执行元件停止运动的时间较长，并且需要保压时，为降低能耗，使泵卸荷，可以利用蓄能器储存的液压油来补偿油路的泄漏损失，维持系统压力。

3）作应急油源。

4）缓和冲击，吸收脉动压力。

蓄能器可分为气瓶式、活塞式和气囊式。

1. 气瓶式蓄能器

图4-15为气瓶式蓄能器的结构原理图及图形符号，液压油和气体在蓄能器中直接接触，故又称气液直接接触式（非隔离式）蓄能器。这种蓄能器容量大、惯性小、反应灵敏、外形尺寸小，没有摩擦损失。但气体易混入（高压时溶于）液压油中，影响系统工作平稳性，而且耗气量大，必须经常补充。所以气瓶式蓄能器适用于中、低压大流量系统。

2. 活塞式蓄能器

图4-16为活塞式蓄能器的结构原理图及图形符号。这种蓄能器利用活塞将气体和液压油隔开，属于隔离式蓄能器。其特点是气液隔离、液压油不易氧化、结构简单、工作可靠、寿命长、安装和维护方便。但由于活塞惯性和摩擦阻力的影响，导致其反应不灵敏，容量较小，所以对缸筒加工和活塞密封性能要求较高。一般用来储能或供高、中压系统做吸收脉动之用。

3. 气囊式蓄能器

图4-17为气囊式蓄能器的结构原理图及图形符号。这种蓄能器主要由壳体、气囊、进油阀和充气阀等组成，气体和液体由气囊隔开。壳体是一个无缝耐高压的外壳，气囊用特殊耐油橡胶做原料与充气阀一起压制而成。进油阀是一个由弹簧加载的菌形提升阀，它的作用是防止油液全部排出时气囊被挤出壳体之外。充气阀只在蓄能器工作前用来为气囊充气，蓄能器工作时则始终关闭。这种蓄能器允许承受的最高工作压力可达32MPa，具有惯性小、反

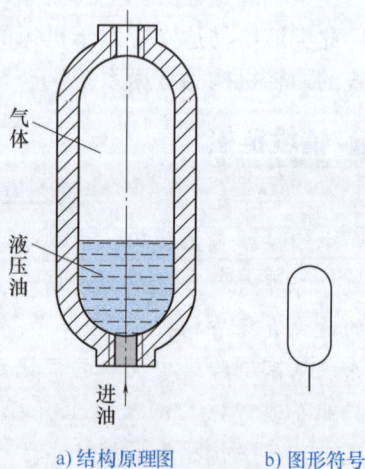

气体

液压油

进油

a) 结构原理图   b) 图形符号

图4-15 气瓶式蓄能器的
结构原理图及图形符号

应灵敏、尺寸小、重量轻、安装容易、维护方便等优点。缺点是气囊和壳体制造工艺要求较高，而气囊强度不够高，压力的允许波动值受到限制，只能在 – 20～70℃的温度范围内工作。蓄能器所用气囊有折合形和波纹形两种。

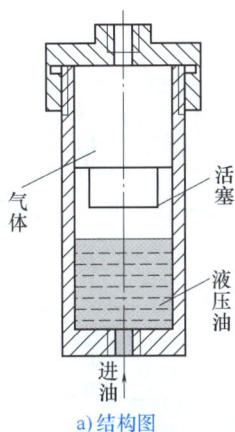

图 4-16　活塞式蓄能器的
结构原理图及图形符号

图 4-17　气囊式蓄能器的
结构原理图及图形符号

【知识拓展】

蓄能器安装时的注意事项

1）气囊式蓄能器应垂直安装，使油口向下，充气阀朝上。

2）用于吸收冲击压力和脉动压力的蓄能器应尽可能安装在靠近振源处。

3）装在管路上的蓄能器必须用支撑板或支持架固定。

4）蓄能器与管路系统之间应安装截止阀，便于充气、检修；蓄能器与液压泵之间应安装单向阀，防止液压泵停转或卸荷时蓄能器储存的液压油倒流。

4.4　油箱

1. 功能及分类

油箱的主要功能是储存油液，此外，还有散热（以控制调节油温），阻止杂质进入，沉淀油中杂质，及逸出渗入油液中的空气等功能。

根据油箱液面是否与大气相通，油箱可分为开式油箱和闭式油箱。闭式油箱内液面不与大气直接接触。图 4-18 所示是一种分离式开式油箱结构示意图，它由油箱体和油箱顶盖等组成。

注意：为了防止液压油从油箱中溢出，油箱中的油位一般不应超过液压油箱高度

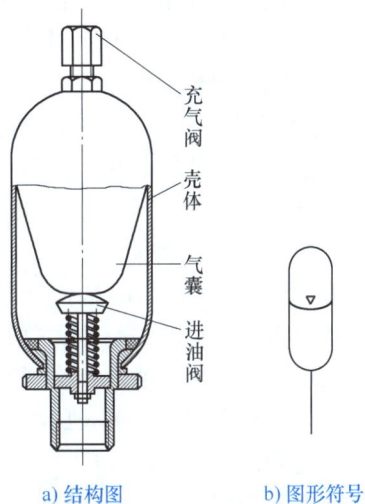

图 4-18　分离式开式油箱结构示意图

的 80%。

2. 油箱的结构

（1）空气滤清器　为了防止液压油被污染，液压油箱应完全密封。在注油孔上要加装滤油网，为保证液压油箱通大气并净化抽吸空气，注油孔盖同时也是一个空气滤清器。空气滤清器的通气量应大于液压泵的流量，以便空气进入油箱，及时补充油位的下降。图 4-19 为空气滤清器的实物及结构原理图。

（2）油温、油位计　为观察液压油箱内的液面情况，油箱的一个侧板上装有油温、油位计，以指示油位高度，同时显示油液温度。

（3）隔板　隔板的作用是使回油受隔板阻挡后再进入吸油腔一侧，这样可以增加液压油在油箱中的流程，增强散热效果，并使液压油有足够长的时间去分离空气泡和沉淀杂质。

为了使液压油流动具有方向性，要综合考虑隔板、吸油管和回油管的配置，尽量把吸油管和回油管用隔板隔开。为了不使回油管的压力波动波及吸油管，吸油管及回油管的斜口方向应一致，而不是相对着。

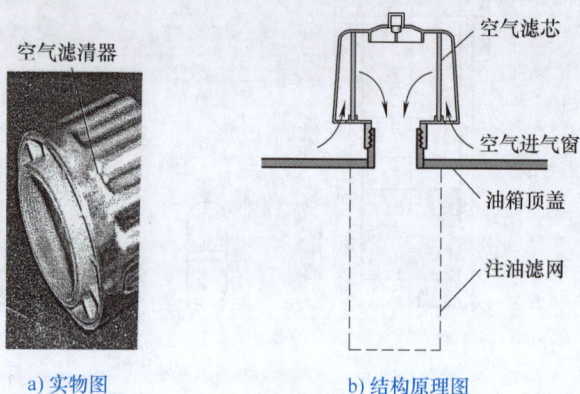

a）实物图　　　　b）结构原理图

图 4-19　空气滤清器的实物及结构原理图

（4）油箱顶盖　油箱顶盖上装有泵、液压马达、阀组等，必须十分牢固。液压油箱同它们的接合面要平整光滑，将密封填料、耐油橡胶密封垫圈以及液态密封胶衬入其间，防止杂质、水和空气侵入，防止漏油。同时，不允许阀和管道泄漏在顶盖上的液压油流回油箱内部。

3. 油箱结构设计中的注意事项

1）吸油管与回油管之间的距离要尽量远些，并采用多块隔板隔开，分成吸油区和回油区，隔板高度约为油面高度的 3/4。

2）卸下侧盖和顶盖便可清洗油箱内部和更换过滤器。

3）箱底板设计成倾斜的目的是便于放油和清洗，并在最低处设置放油塞。

4）吸油管口离油箱底面距离应大于 2 倍油管外径，离油箱箱边距离应大于 3 倍油管外径。吸油管和回油管的管端应切成 45°的斜口，回油管的斜口应朝向箱壁。

5）油箱的有效容积在低压系统中取液压泵每分钟排油量的 2~4 倍，中压系统为 5~7 倍，高压系统为 6~12 倍。油箱容量如果太小，就会使油温上升。

4.5　过滤器

过滤器按滤芯材料和结构形式的不同，可分为网式、线隙式、纸芯式和烧结式。

1. 网式过滤器

网式过滤器的结构及图形符号如图 4-20 所示，它由上盖、下盖和几块不同形状的金属丝编织的方孔网或金属编织的特种网（滤网）组成。过滤精度与金属丝网层数及网孔大小有关。标准产品的过滤精度只有 80μm、100μm、180μm 三种，压力损失小于 0.01MPa，最大流量可达 630L/min。

网式过滤器属于粗过滤器，一般安装在液压泵吸油路上，用来保护液压泵。网式过滤器结构简单，通流能力大，清洗方便，但过滤精度低。

2. 线隙式过滤器

线隙式过滤器结构如图 4-21 所示，它由端盖 4、壳体 3、带有孔眼的筒形芯架 1 和绕在芯架外部的金属线圈 2 组成。依靠金属线间微小间隙来挡住油液中杂质的通过。这种过滤器工作时，油液从进油口进入过滤器，经线隙过滤后进入芯架内部，再由出油口流

a) 结构图　　b) 图形符号

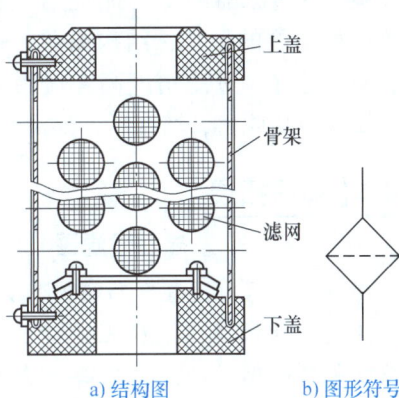

图 4-20 网式过滤器的结构及图形符号

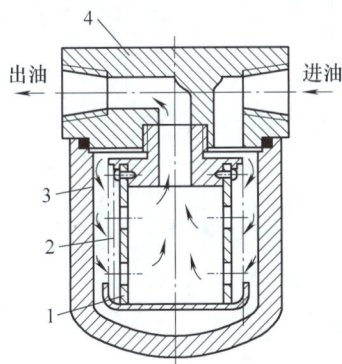

出。线隙式过滤器有 30μm、50μm、80μm 和 100μm 四种精度等级，额定流量下的压力损失为 0.02 ~ 0.15MPa。

它的特点是结构简单，通流能力大，过滤精度高，但滤芯材料强度低，不易清洗，一般用于低压管道中，安装在回油路或液压泵的吸油口处。

3. 纸芯式过滤器

纸芯式过滤器（见图 4-22）的结构与线隙式过滤器基本相同，但滤芯为用平纹或波纹的酚醛树脂或木浆微孔滤纸制成的纸芯。为了增大过滤面积，纸芯常制成折叠形。压力损失为 0.01 ~ 0.04MPa。这种过滤器过滤精度高，有 5μm、10μm、20μm 等规格，但纸质滤芯易堵塞，无法清洗，经常需要更换，一般用于需要精过滤的场合。

图 4-21 线隙式过滤器结构
1—筒形芯架 2—金属线圈 3—壳体 4—端盖

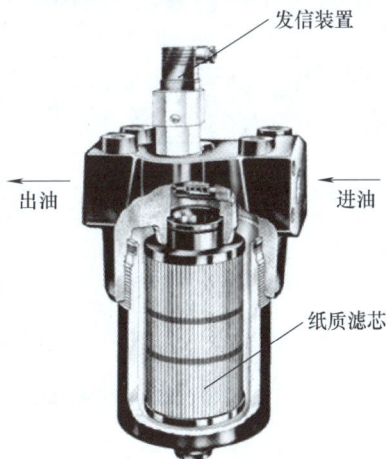

图 4-22 纸芯式过滤器

4. 烧结式过滤器

烧结式过滤器（见图 4-23）的滤芯由金属粉末烧结而成，利用金属颗粒间的微孔来过滤杂质。改变金属粉末的颗粒大小，就可以制出不同过滤精度的滤芯。它的过滤精度一般为 10 ~ 100μm，压力损失为 0.03 ~ 0.2MPa。

烧结式过滤器的滤芯能烧结成杯状、管状、板状等各种不同的形状，结构简单、强度大、性能稳定、耐蚀性好、过滤精度高，适用于精过滤。缺点是金属颗粒易脱落，堵塞后不易清洗。

图4-23 烧结式过滤器

✎【知识拓展】

磁性过滤器

磁性过滤器中设置有高磁能永久磁铁，以吸附、分离油液中的铁屑、铁粉或带磁性的磨料。磁性过滤器常与其他形式的滤芯结合起来制成复合式过滤器，如挖掘机液压系统中的过滤器，在纸芯式过滤器的纸芯内，装置一个圆柱形的永久磁铁，进行两种方式的过滤。

5. 过滤器的安装位置图

过滤器在液压系统中的安装位置（见图4-24）有以下几种情况：

1）安装在液压泵的吸油管路上。液压泵的吸油管路上一般安装网式或线隙式粗过滤器，目的是滤除较大颗粒的杂质，以保护液压泵。要求过滤器有很大的通流能力（大于液压泵流量的两倍）和较小的压力损失，如图4-24a 所示。

2）安装在压油管路上。这种安装方式常将过滤器安装在对杂质敏感的调速阀、伺服阀等元件之前，如图4-24b 所示。由于过滤器在高压下工作，要求滤芯有足够的强度。为了防止过滤器堵塞，可并联一旁通阀（溢流阀）或堵塞指示器，如图4-24c 所示。

3）安装在回油管路上。安装在回油路上的过滤器能使油液在流回油箱之前得到过滤，以控制整个液压系统的污染度，如图4-24d 所示。

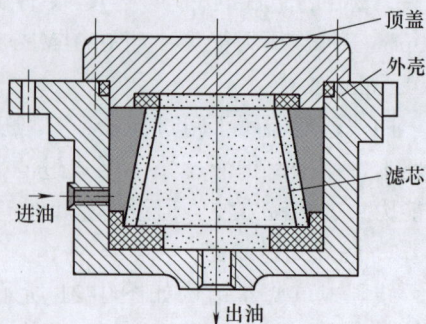

图4-24 过滤器的几种安装位置

▶ 情境链接

过滤器上的发信装置

多数精过滤器上都设置了堵塞发信装置，其结构原理图及实物图如图4-25所示。当过滤器滤芯堵塞严重，油液流经过滤器时产生的压差（$p_1 - p_2$）达到规定值时，活塞4和永久磁铁3即向右移动，把干簧管1的触头吸合，电路接通，指示灯2亮，发出信号，提醒操作人员更换滤芯，或实现自动停机保护。

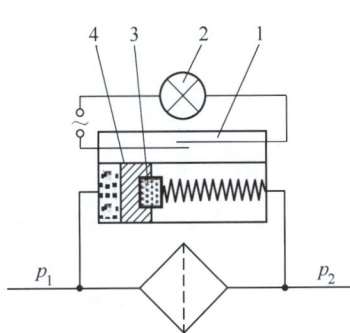

a) 结构原理图　　　　　　　　　　b) 实物图

图4-25　发信装置的结构原理及实物图

1—干簧管　2—指示灯　3—永久磁铁　4—活塞

4.6　热交换器

为提高液压系统工作的稳定性，应使系统在适宜的温度下工作。液压油温度一般希望保持在 30～50℃，最高不超过 65℃，最低不低于 15℃。为保证系统稳定地工作，这就需要使用热交换器（加热器或冷却器）。

1. 加热器

在冬季或寒冷地区，因油液温度较低，液压泵起动困难，需首先加热油液。工厂中常用管状电加热器加热油液。图4-26 为加热器及其图形符号。

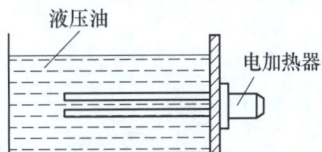

a) 示意图　　　　　　　　b) 图形符号

图4-26　加热器及其图形符号

2. 冷却器

液压系统在工作时，因各种能量损失，使液压油产生大量的热量，直接影响到系统的正常工作，这些热量只凭液压油箱散发是不够的，因此，需设置冷却设备，即冷却器。液压系统中冷却器的常用冷却方式有水冷和风冷两种。

图4-27a 为蛇管水冷式冷却器，冷却水从蛇形管中流过，带走大量的热量，使液压油冷却。图4-27b 为冷却器的图形符号。

在液压油温度升高不多，或水源不方便的地方，可以用风冷式冷却器。图4-28 所示为翅片管式（圆管、椭圆管）冷却器结构示意图（局部），油液从带有翅片的管中流过，管外壁嵌有大量的散热翅片，可同时使用风扇送风冷却。翅片一般用铜片或铝片制成，厚度为 0.2～0.3mm，散热面积是光管的 8～10 倍，而且体积和质量相对减小。这种冷却器结构简单紧凑、散热面积大、散热效率高、适应性好、运转费用较低。

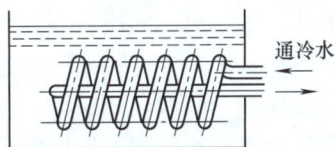

a) 蛇管水冷式冷却器　　　　b) 图形符号

图4-27　冷却器及其图形符号

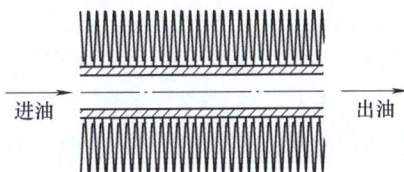

图4-28　翅片管式冷却器结构示意图（局部）

4.7 橡胶密封圈

1. O形密封圈

O形密封圈一般用耐油橡胶制成，其横截面呈圆形，如图4-29a所示。它具有良好的密封性能，内外侧和端面都能起密封作用，结构紧凑，制造容易，装拆方便，成本低，且高低压均可以用，所以在液压系统中得到广泛的应用。

O形密封圈的特点是结构简单，单圈即可对两个方向起密封作用，动摩擦阻力较小，对油液种类、压力和温度的适应性好，一般适用于工作压力10MPa以下的元件。当压力过高时，可设置多道密封圈，并应该在密封槽内设置密封挡圈，以防止O形圈从密封槽的间隙中挤出。

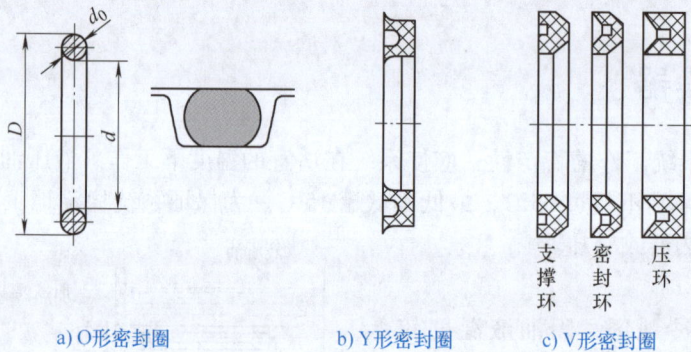

a) O形密封圈　　　　b) Y形密封圈　　　　c) V形密封圈

图4-29　橡胶密封圈

2. Y形密封圈

Y形密封圈一般用聚氨酯橡胶和丁腈橡胶制成，其截面形状呈Y形，如图4-29b所示。安装时Y形口对着压力高的一边。油压低时，靠预压缩密封；油压高时，受油压作用两唇张开，贴紧密封面，能主动补偿磨损量，油压越高，Y形口与密封件贴得越紧。双向受力时要成对使用。这种密封圈摩擦力较小，运动平稳，适用于高速、高压的动密封。

3. V形密封圈

V形密封圈由多层涂胶织物压制而成，其形状如图4-29c所示，由三种不同截面形状的压环、密封环和支撑环组成。压力小于10MPa时，使用一套三件已足够保证密封；压力更高时，可以增加中间密封环的个数。这种密封圈安装时应使密封环唇口面对压力油作用方向。

V形密封圈的接触面较长，密封性能好，耐高压（可达50MPa），寿命长，但摩擦力较大。

4.8 压力表

压力表用来测定和调整液压系统中各工作点的压力，常用于液压泵、减压阀出口等。压力表的种类很多，最常用的是弹簧管式压力表，其结构原理图如图4-30a所示。当液压油进入金属弯管5时，弯管变形而使得曲率半径加大，端部的位移通过连杆3使齿扇2摆动。与齿扇2啮合的小齿轮1就会带动指针4转动，此时就可以在刻度盘上读出所测定工作点的压力值。

图4-30b所示为压力表的实物图。

a) 结构原理图   b) 实物图

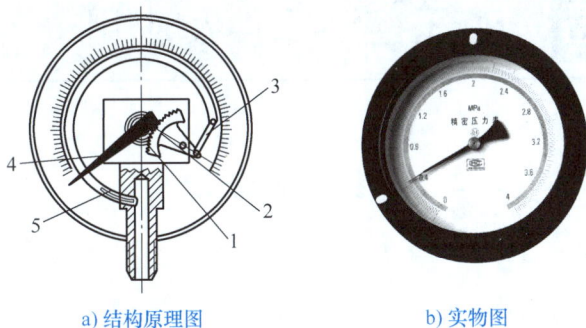

图4-30 弹簧管式压力表的结构原理图与实物图

1—小齿轮 2—齿扇 3—连杆 4—指针 5—金属弯管

习题与思考题

4-1 液压执行元件有哪些类型？用途如何？

4-2 双活塞杆式液压缸在缸筒固定和活塞杆固定时，工作台运动范围有何不同？运动方向和进油方向之间是什么关系？

4-3 什么叫液压缸的差动连接？适用于什么场合？

4-4 如图4-31所示，三个液压缸的缸筒和活塞杆直径都是 D 和 d，当输入压力油的油量都是 q 时，试说明各缸筒的移动速度、移动方向和活塞杆的受力情况。

图4-31 题4-4图

4-5 什么是液压马达的工作压力、额定压力、排量、理论流量和实际流量？

4-6 图4-32所示为差动连接液压缸，已知进油量 $q = 30L/min$，进油压力 $p = 40 \times 10^5 Pa$，要求活塞快进快退速度相等，且速度 v 均为 $6m/min$，试计算此液压缸筒内径 D 和活塞杆直径 d，并求出推力 F。

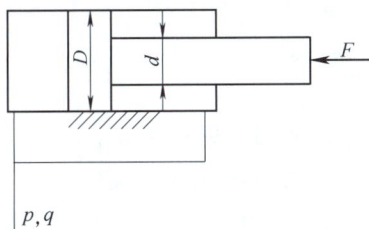

图4-32 题4-6图

4-7 过滤器分为哪些种类？绘图说明过滤器一般安装在液压系统中的什么位置？

4-8 液压油正常工作的温度范围是多少？是否所有的油箱都要设置冷却器和加热器？

知识目标

- 掌握各类方向控制阀的工作原理、性能特点及应用
- 掌握各类压力控制阀的工作原理、性能特点及应用
- 掌握各类流量控制阀的工作原理、性能特点及应用
- 掌握插装阀、比例阀、叠加阀的结构及工作原理
- 了解电液数字控制阀的结构及工作原理

技能目标

- 掌握方向控制阀的操作方法
- 掌握压力控制阀的压力控制和调节方法
- 掌握流量控制阀的流量控制和调节方法

液压控制元件用来控制液压系统中油液的流动方向或调节其压力和流量。本情境主要介绍液压控制阀，液压控制阀可分为方向控制阀、压力控制阀和流量控制阀三大类。随着液压技术的进步和发展，插装阀、比例阀、叠加阀和电液数字控制阀等新型液压元件越来越多地应用在现代液压设备中。

5.1 方向控制阀

方向控制阀用来控制液压系统或某一分支油路中流体的流动方向，改变液压系统中各油路之间液流通断关系，以满足液压缸、液压马达等执行元件不同的动作要求，它是直接影响液压系统工作过程和工作特性的重要元件。方向控制阀可分为单向阀和换向阀。

5.1.1 单向阀

1. 普通单向阀

(1) 基本功能 单向阀又称止回阀，只允许液流沿一个方向通过，反向液流被截止。对单向阀的主要性能要求是：正向液流通过时压力损失要小；反向截止时密封性要好；动作灵敏，工作时撞击和噪声小。

(2) 结构分析及工作原理 图5-1为单向阀的机构与图形符号，直通式单向阀的进油口和出油口在同一轴线上。图5-1a所示为钢球式直通单向阀，图5-1b所示为锥阀式直通单向阀。液流从进油口 P_1 流入，克服弹簧力而将阀芯顶开，再从出油口 P_2 流出。当液流反向流入时，由于阀芯被压紧在阀座密封面上，所以液流被截止。图5-1c所示为单向阀的图形符号。

单向阀中的弹簧主要用来克服摩擦力、阀芯的重力和惯性力，使阀芯在液流反向流动时

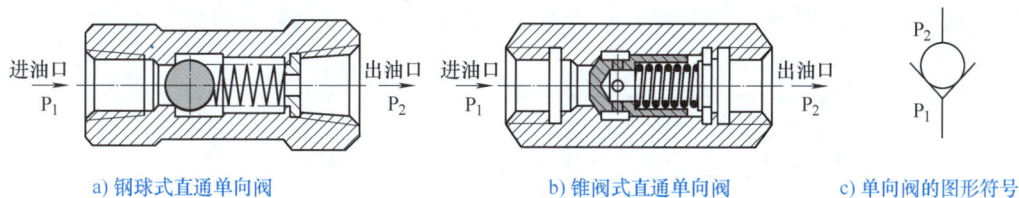

a) 钢球式直通单向阀　　　　　b) 锥阀式直通单向阀　　　　　c) 单向阀的图形符号

图 5-1　单向阀的机构与图形符号

能迅速关闭，所以单向阀中的弹簧较软。单向阀的开启压力一般为 0.03～0.05MPa，并可根据需要更换弹簧。如将单向阀中的软弹簧更换成合适的硬弹簧，就成为背压阀，这种阀通常安装在液压系统的回油路上，用以产生 0.3～0.5MPa 的背压。

（3）应用特点　钢球式单向阀的结构简单，但密封性不如锥阀式，并且由于钢球没有导向部分，工作时容易产生振动，一般用在流量较小的场合。锥阀式应用最多，虽然结构比钢球式复杂一些，但其导向性好，密封可靠。

单向阀常被安装在泵的出口，一方面防止系统的压力冲击影响泵的正常工作；另一方面在泵不工作时防止系统的油液经泵倒流回油箱。单向阀还被用来分隔油路以防止干扰，并与其他阀并联组成复合阀，如单向顺序阀、单向节流阀等。

2. 液控单向阀

（1）基本功能　液控单向阀既可以像普通单向阀那样完成正向流通，反向截止；同时在外部液压力的作用下，还可以实现正反向双向流通。

（2）结构分析及原理　图 5-2 所示为液控单向阀的结构及图形符号。当控制口 K 无液压油时，其工作原理与普通单向阀一样，液压油只能从进油口 P_1 流向出油口 P_2，反向流动被截止。当控制口 K 有控制压力 p_c 作用时，在液压力的作用下，控制活塞向右移动，顶开阀芯，使油口 P_2 和 P_1 相通，油液既可以从 P_1 口流向 P_2 口，也可以从 P_2 口流向 P_1 口。

当控制口接通控制压力时，液控单向阀是一种可以实现双向流通的特殊单向阀。在图 5-2a 所示形式的液控单向阀中，控制压力 p_c 最小为主油路压力的 30%～50%。

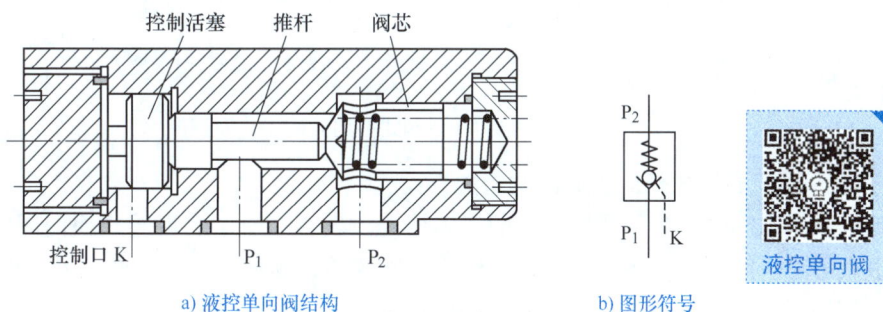

a) 液控单向阀结构　　　　　　　　b) 图形符号

图 5-2　液控单向阀的结构及图形符号

液控单向阀具有良好的单向密封性能，常用于执行元件需要较长时间保压、锁紧等情况，也用于防止立式液压缸停止时自动下滑及速度换接等回路中。

3. 双液控单向阀

如图 5-3a 所示，采用两个液控单向阀即可组成双液控单向阀，其图形符号如图 5-3b 所示。当液压油从 A_1 流向 B_1 时，控制活塞右移，推开右侧钢球，A_2 口与 B_2 口之间实现自由流通；反之亦然，当液压油从 A_2 流向 B_2 时，控制活塞左移，推开左侧钢球，A_1 口与 B_1 口之间实现自由流通。当 A_1 口和 A_2 口都没有液压油进入时，该阀处于自锁状态。

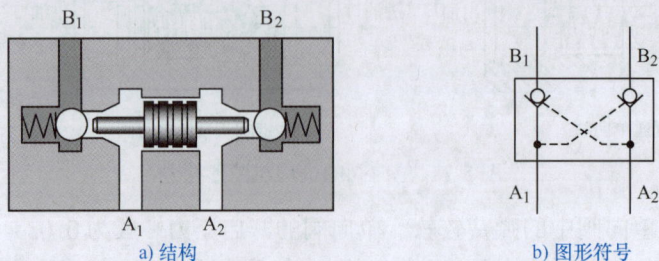

a) 结构　　　　　　　　　　　　　b) 图形符号

图5-3　双液控单向阀结构原理及图形符号

5.1.2　滑阀式换向阀

1. 滑阀式换向阀的工作原理

滑阀式换向阀是靠阀芯在阀体内做轴向滑动，使相应的油路接通或断开，从而改变液压系统中油液的流动方向，使执行元件的运动方向得以改变。

现以二位四通阀为例来说明滑阀式换向阀的工作原理，如图5-4所示。阀体上有四个通油口，其中P为进油口，T为回油口，A和B口通执行元件的两腔。阀芯在阀体中有左、右两个稳定的工作位置。当阀芯在左位时，通油口P和B相连，A和T相连，液压缸有杆腔进油，活塞向左运动，如图5-4a所示；当阀芯移到右位时，通油口P和A接通，B和T接通，液压缸无杆腔进油，活塞右移，如图5-4b所示。

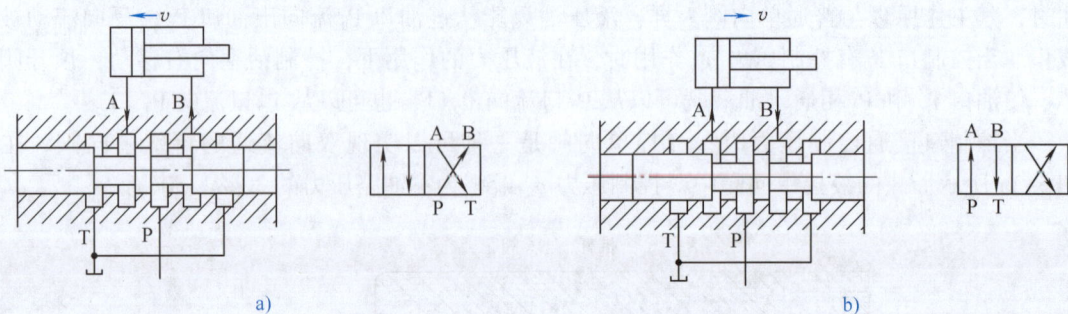

a)　　　　　　　　　　　　　　　　b)

图5-4　滑阀式换向阀的工作原理图

2. 滑阀式换向阀的主体结构型式

阀体和阀芯是滑阀式换向阀的主体结构，表5-1所示为滑阀式换向阀的主体结构型式。由表可见，阀体上有多个通口，各油口之间的通、断取决于阀芯的不同工作位置。阀芯在外力作用下移动可以停留在不同的工作位置上。

表5-1　滑阀式换向阀的主体结构型式

名称	结构原理图	图形符号	使用场合
二位二通阀			控制油路的接通与切断（相当于一个开关）

（续）

名称	结构原理图	图形符号	使用场合	
二位三通阀			控制液流方向（从一个方向变换成另一个方向）	
二位四通阀			不能使执行元件在任一位置上停止运动	执行元件正反向运动时回油方式相同
三位四通阀			能使执行元件在任一位置上停止运动	
二位五通阀			不能使执行元件在任一位置上停止运动	执行元件正反向运动时回油方式不同
三位五通阀			能使执行元件在任一位置上停止运动	

（控制执行元件换向：三位四通阀及以下各行中部列合并说明）

3. 换向阀的控制方式与图形符号的意义

（1）换向阀的控制方式（见图5-5）

a)手动　　b)机动　　c)电磁　　d)弹簧　　e)液动　　f)电液动

图5-5　换向阀的控制方式

（2）换向阀图形符号的意义　为改变油液的流动方向，换向阀阀芯的工作位置要变换，换向阀阀芯有几个工作位置，就称为几位阀。换向阀阀体上与外界通油的主油口数，通常简称为"通"，有几个主通油口，就称为几通阀。

根据阀芯可变动的位置数和阀体上的通路数，可组成×位×通阀（见图5-6）。其职能符号意义如下：

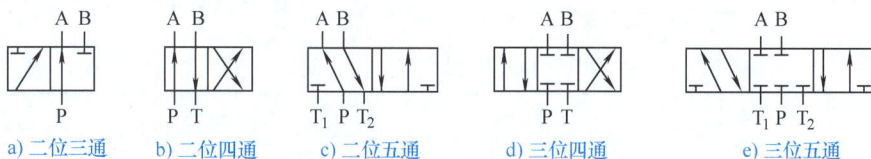

a)二位三通　　b)二位四通　　c)二位五通　　d)三位四通　　e)三位五通

图5-6　换向阀图形符号

1）换向阀的工作位置用方格表示，有几个方格即表示几位阀。

2）方格内的箭头符号表示两个油口连通，"⊥"表示油路关闭。

3）方格外的符号表示阀的控制方式，如手动、机动、电磁和液动等。

4. 三位换向阀的中位机能

换向阀处于常态位置时，其各油口的连通方式称为滑阀机能。三位换向阀的常态为中位时，三位换向阀的滑阀机能又称为中位机能，不同中位机能的三位阀，阀体通用，仅阀芯台肩结构、尺寸及内部通孔情况有差别。

表5-2列出了三位四通换向阀常用的五种中位机能。

表5-2 三位四通换向阀常用的五种中位机能

代号	结构简图	中位符号	中位油口状态和特点
O	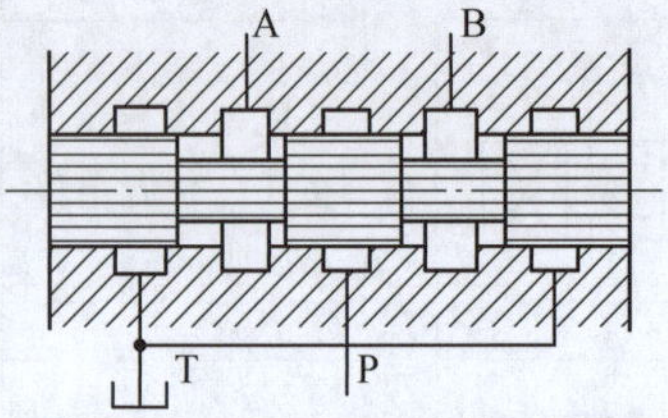	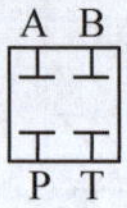	各油口全封闭，换向精度高，但有冲击，缸被锁紧，泵不卸荷，并联缸可运动
H	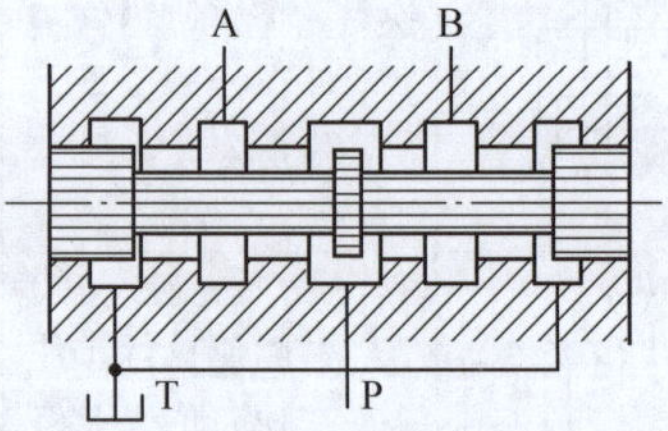	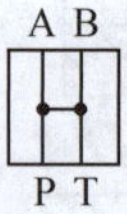	各油口全通，换向平稳，缸浮动，泵卸荷，其他缸不能并联使用
Y	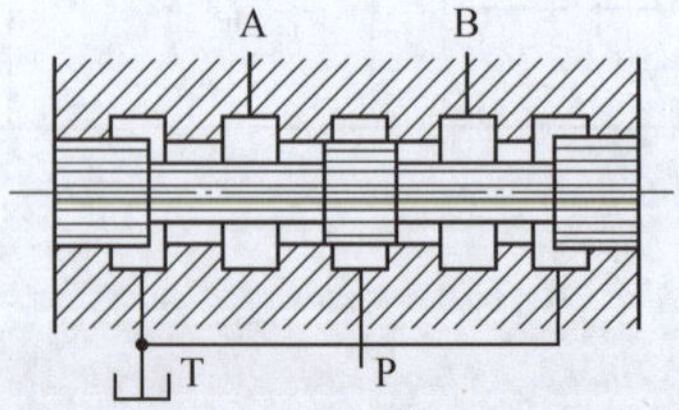		P口封闭，A、B、T口相通，换向较平稳，缸浮动，泵不卸荷，并联缸可运动
P	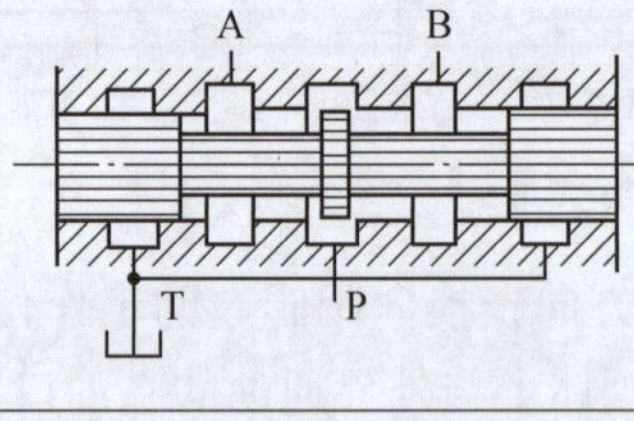	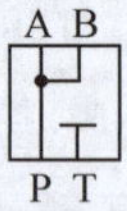	T口封闭，P、A、B口相通，换向最平稳，双杆缸浮动，单杆缸差动，泵不卸荷，并联缸可运动
M	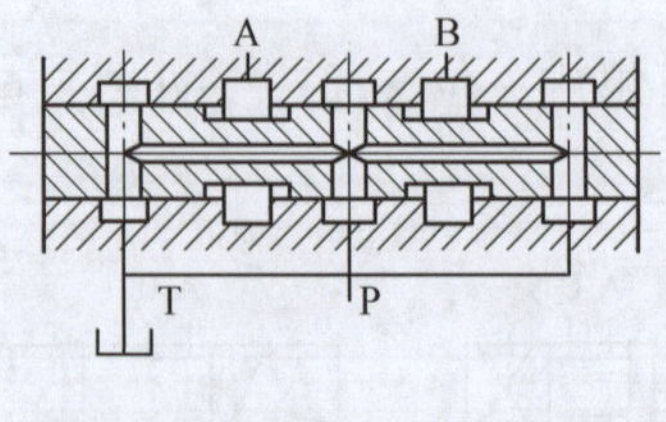	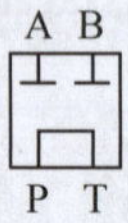	P、T口相通，A、B口封闭，换向精度高，但有冲击，缸被锁紧，泵卸荷，其他缸不能并联使用

5.1.3 常用的换向阀

1. 手动换向阀

（1）驱动方式 手动换向阀是利用手动杠杆等机构来改变阀芯和阀体的相对位置，从而实现换向的阀类。阀芯靠钢球、弹簧定位，使其保持确定的位置。

（2）结构及换向过程

1）弹簧自动复位式三位四通手动换向阀。图 5-7a 所示为弹簧自动复位式三位四通手动换向阀。向左或向右操纵手柄 1，通过杠杆使阀芯 2 在阀体内自图示位置向右或向左移动，以改变油路的连通形式或液压油流动的方向。松开操作手柄后，阀芯在弹簧 3 的作用下恢复到中位。

这种换向阀的阀芯不能在两端工作位置上定位，故称弹簧自动复位式手动换向阀。弹簧自动复位式手动换向阀操作比较安全，常用于动作频繁、工作持续时间较短的工程机械液压系统中。

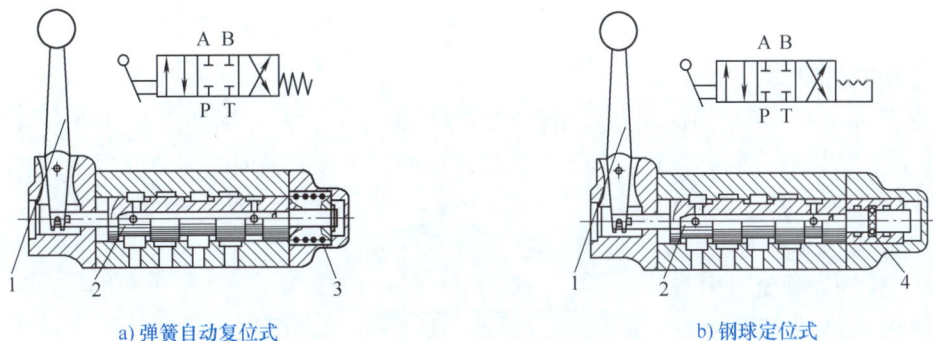

a) 弹簧自动复位式   b) 钢球定位式

图 5-7 三位四通手动换向阀及图形符号
1—手柄 2—阀芯 3—弹簧 4—钢球

2）钢球定位式三位四通手动换向阀。如果将图 5-7a 所示的弹簧自动复位结构改为图 5-7b 所示的钢球定位结构，当阀芯向左或向右移动后，就可借助钢球 4 使阀芯保持在左端或右端的工作位置上，故称钢球定位式手动换向阀。

钢球定位式手动换向阀适用于机床、液压机、船舶等需保持工作状态时间较长的液压系统中。

2. 电磁换向阀

（1）驱动方式 电磁换向阀又称为电动换向阀，它是利用电磁铁通电吸合后产生的吸力推动阀芯动作来改变阀的工作位置。

（2）结构及工作原理 图 5-8 所示为直流三位四通电磁换向阀。当两边电磁铁都不通电时，阀芯 3 在两边对中弹簧 4 的作用下处于中位，P、T、A、B 油口都不相通；当右边电磁铁通电时，推杆 2 将阀芯 3 推向左端，P 与 B 通，T 与 A 通；当左边电磁铁通电时，P 与 A 相通，T 与 B 相通。

电磁换向阀中的电磁铁是电气控制系统与液压系统之间的信号转换元件。电磁铁可借助按钮、行程开关、限位开关、压力继电器等发出的信号通过控制电路进行控制，控制布局方便、灵活，易于实现动作转换的自动化。但由于受到电磁铁吸力较小的限制，所以电磁换向阀广泛用于流量小于 63L/min 的液压系统中。

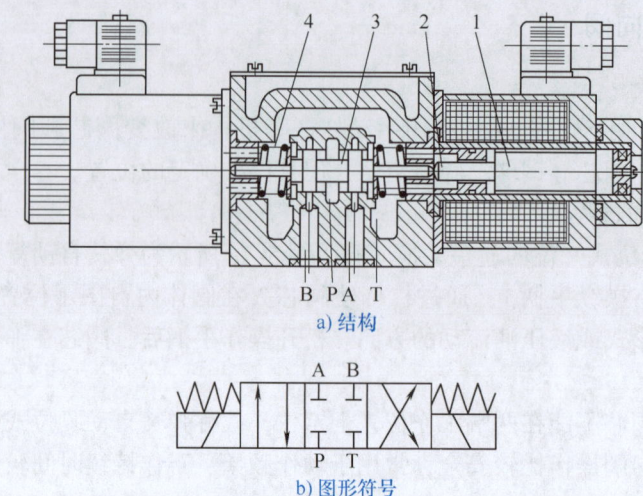

a) 结构

b) 图形符号

图 5-8　直流三位四通电磁换向阀的结构及图形符号
1—电磁铁动铁心　2—推杆　3—阀芯　4—弹簧

3. 液动换向阀

（1）驱动方式　液动换向阀是利用控制油路的液压油在阀芯端部所产生的作用力来推动阀芯移动，从而改变阀芯位置。对于三位换向阀而言，按其换向时间的可调性，液动换向阀分为可调式和不可调式两种。

（2）结构与工作原理

图 5-9 为三位四通弹簧对中型液动换向阀的结构及图形符号，阀芯两端分别接通控制油口 K_1 和 K_2。当控制油口 K_1 通液压油、K_2 回油时，阀芯右移，P 与 A 相通，T 与 B 相通；当 K_2 通液压油，K_1 回油时，阀芯左移，P 与 B 相通，T 与 A 相通；当 K_1、

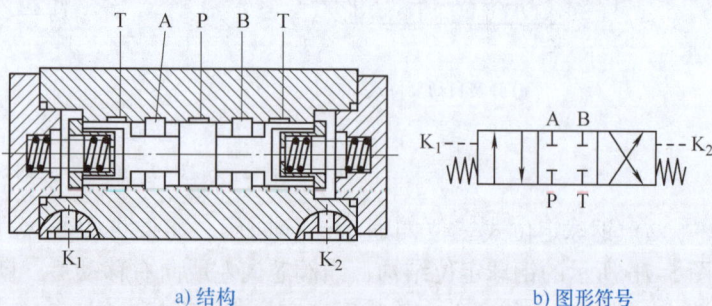

a) 结构　　　b) 图形符号

图 5-9　三位四通弹簧对中型液动换向阀的结构及图形符号

K_2 都不通液压油时（在图示位置），阀芯在两端弹簧的对中作用下处于中间位置，四个油口全部封闭。

由于液压驱动力可产生较大的推力，因此液动换向阀适用于高压、大流量的场合。

4. 电液动换向阀

（1）基本特征　电液动换向阀是由电磁换向阀和液动换向阀组成的复合阀。电磁换向阀为先导阀，它用以改变控制油路的方向；液动换向阀为主阀，它用以改变主油路的方向。图 5-10 为电液动换向阀的结构。

（2）结构及工作原理　图 5-11 为三位四通电液换向阀的工作原理和图形符号。当先导阀的电磁铁 1YA 和 2YA 都断电时，电磁阀芯在两端弹簧力作用下处于中位，控制油口 P′关闭。这时主阀芯两侧的油液经两个小节流阀及电磁换向阀的中位与油箱相通，因而主阀芯也在两端弹簧力的作用下处于中位，主油路中 P、A、B、T 互不相通。

图 5-10 电液动换向阀的结构

当 1YA 通电、2YA 断电时，电磁先导阀处于左位，控制液压油经过 P′→A′→单向阀→主阀芯左端油腔，而回油经过主阀芯右端油腔→节流阀→B′→T′→油箱。于是，主阀芯在左端液压推力的作用下换位，即主阀进入左位工作，主油路 P 通 A，B 通 T。

同样，当 2YA 通电、1YA 断电时，电磁先导阀处于右

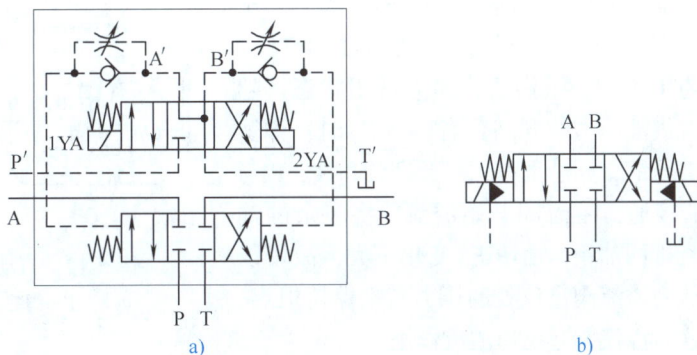

图 5-11 三位四通电液换向阀的工作原理和图形符号

位，主阀芯也切换到右位工作，主油路 P 通 B，A 通 T。电液动换向阀的换向速度可由两端节流阀调节，因而换向平稳，无冲击。

电液动换向阀综合了电磁阀和液动阀的优点，具有控制方便、流量大的特点，应用非常广泛。

5.2 压力控制阀

在液压系统中，控制油液压力高低的液压阀称为压力控制阀。这类阀的共同点是利用作用在阀芯上的液压力和弹簧力相平衡的原理工作。

在具体的液压系统中，根据工作需要的不同，对压力控制的要求是各不相同的：有的需要限制液压系统的最高压力，如安全阀；有的需要稳定液压系统中某处的压力值（或者压力差、压力比等），如溢流阀、减压阀等定压阀；还有的是利用液压力作为信号控制其动作，如顺序阀、压力继电器等。

5.2.1 溢流阀

溢流阀的主要作用是对液压系统定压或进行安全保护。几乎在所有的液压系统中都需要用到它，其性能好坏对整个液压系统的正常工作有很大影响。溢流阀在液压系统中的功用主

要有两个方面：一是起定压溢流作用，保持液压系统的压力恒定；二是起限压保护作用，防止液压系统过载。溢流阀通常接在液压泵的出口油路上。

根据结构和工作原理不同，溢流阀可分为直动式溢流阀和先导式溢流阀两类。

1. 直动式溢流阀

直动式溢流阀是依靠系统中的液压油直接作用在阀芯上而与弹簧力相平衡，以控制阀芯的启闭动作的溢流阀。

图 5-12a 所示是一种直动式溢流阀的结构，P 是进油口，T 是回油口，进口液压油经阀芯 1 中间的阻尼孔 a 作用在阀芯的底部端面上，阀芯的下端面受到压力为 p 的油液的作用，作用面积为 A，液压油作用于该端面上的力为 pA，调压弹簧 2 作用在阀芯上的预紧力为 F_s。当进油压力较小，即 $pA < F_s$ 时，阀芯处于下端（图示）位置，关闭回油口 T，P 与 T 不通，不溢流，即为常闭状态。随着进油压力的升高，当 $pA > F_s$ 时，弹簧被压缩，阀芯上移，打开回油口 T，P 与 T 接通，溢流阀开始溢流，将多余的油液排回油箱。由于 F_s 变化不大，故可以认为溢流阀进口处的压力基本保持恒定，这时溢流阀起定压溢流作用。

直动式溢流阀

a) 结构   b) 图形符号

图 5-12　直动式溢流阀的结构及图形符号

1—阀芯　2—弹簧　3—调压螺母

调节调压螺母 3 可以改变弹簧的预压缩量，这样也就调整了溢流阀进口处的油液压力 p。通道 b 使弹簧腔与回油口接通，以排掉泄入弹簧腔的油液，此泄油方式为内泄式。阀芯上阻尼孔 a 的作用是减小油压的脉动，提高阀工作的平稳性。

图 5-12b 所示为直动式溢流阀的图形符号。

直动式溢流阀结构简单，制造容易，成本低。但油液压力直接依靠弹簧力来平衡，所以压力稳定性较差，动作时有振动和噪声。此外，系统压力较高时，要求弹簧刚度大，使阀的开启性能变差。所以直动式溢流阀只用于低压液压系统，或作为先导阀使用，其最大调整压力为 2.5MPa。

> **重要提示**
>
> 溢流阀用于过载保护时，一般称之为安全阀。在正常工作时，安全阀关闭，不溢流，只有在系统发生故障，压力升至安全阀的调整值时，阀口才打开，使液压泵排出的油液经安全阀流回油箱，以保证液压系统的安全。

2. 先导式溢流阀

（1）结构特征　先导式溢流阀的结构如图 5-13 所示，由先导阀和主阀两部分组成。先导阀实际上是一个小流量的直动式溢流阀，阀芯是锥阀，用来调定压力；主阀阀芯是滑阀，用来实现溢流。

（2）工作原理　先导式溢流阀的液压油从 P 口进入，通过阻尼孔 a 后，进入主阀芯 1

底部油腔 A，并经节流小孔 b 进入上部油腔，再经通道 c 进入先导阀右侧油腔，给先导阀阀芯 3 以向左的作用力，调压弹簧 4 给先导阀阀芯以向右的弹簧力。当进油口压力 p 较低，先导阀上的液压作用力不足以克服先导阀左边的调压弹簧 4 的作用力时，先导阀关闭，没有油液流过阻尼孔 b，所以主阀芯 1 上下两端压力相等，在较软的主阀弹簧 2 作用下，主阀芯 1 处于最下端位置，溢流阀阀口 P 和 T 隔断，没有溢流。

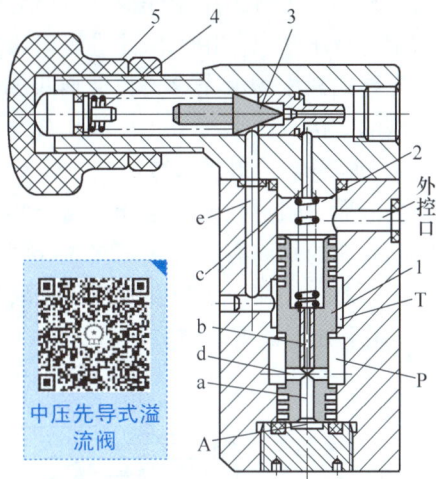

当油液压力 p 增大，升高到作用在先导阀上的液压力大于调压弹簧作用力时，先导阀打开，液压油就可通过阻尼孔，经先导阀流回油箱，由于阻尼孔的作用，使主阀芯上端的液压力 p_2 小于下端压力 p_1，当这个压力差作用在面积为 A 的主阀芯上的力等于或超过主阀弹簧力 F_s，并克服主阀芯自重和摩擦力时，主阀芯向上移动，于是油液从 P 口流入，经主阀阀口，由 T 口流回油箱，实现溢流。

图 5-13 先导式溢流阀的结构
1—主阀芯 2—主阀弹簧 3—先导阀阀芯
4—调压弹簧 5—调节螺母

由于主阀芯上腔有压力 p_1 存在，且它由先导阀弹簧调定，基本为定值；同时主阀芯上可用刚度较小的弹簧，且弹簧力 F_s 的变化也较小，所以先导式溢流阀的调定压力 p 在溢流量变化时变动仍较小。因此，先导式溢流阀克服了直动式溢流阀的缺点，具有压力稳定、波动小的特点，主要用于中、高压液压系统。图 5-14 为先导式溢流阀实物及图形符号。

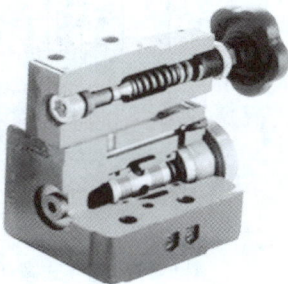
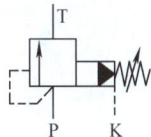

a) 实物　　　　b) 图形符号
图 5-14 先导式溢流阀的实物及图形符号

▶ 情境链接

先导式溢流阀远程调压

先导式溢流阀有一个远程控制口 K（外控口），如果将外控口用油管接到另一个远程调压阀（远程调压阀的结构和溢流阀的先导控制部分一样），调节远程调压阀的弹簧力，即可调节溢流阀主阀芯上端的液压力，从而对溢流阀的溢流压力实现远程调压。但是，远程调压阀所能调节的最高压力不得超过溢流阀本身先导阀的调定压力。

当远程控制口 K 通过二位二通阀接通油箱时，主阀芯上端的压力接近于零，主阀芯上移到最高位置，阀口开得很大。由于主阀弹簧较软，这时溢流阀 P 口处压力很低，系统的油液在低压下通过溢流阀流回油箱，实现卸荷。

5.2.2 减压阀

在液压系统中，减压阀是一种其出口压力低于进口压力的压力控制阀，其作用是降低液压系统中某一回路的油液压力，使用一个油源能同时实现多个不同的输出压力。按调节要求不同，减压阀可分为用于保证出口压力为定值的定压输出减压阀、用于保证进出口压力差不变的定差减压阀以及用于保证进出口压力成比例的定比减压阀。减压阀分先导式和直动式。

先导式减压阀由先导阀和主阀两部分组成，图5-15所示为液压系统广泛采用的先导式减压阀的结构及图形符号。该阀由先导阀调压，主阀减压。来自泵（或其他油路）的压力为 p_1 的油液从 P_1 口进入减压阀，经减压阀口降低为 p_2，从出口 P_2 流出。同时压力为 p_2 的控制油液通过阻尼孔 b 与主阀弹簧腔相通，作用在主阀芯 1 的上端面，再经过管道 c 进入先导阀阀芯 5 的阀座右腔，作用在先导阀阀芯 5 上。当出口压力 p_2 小于先导阀的调定压力时，先导阀阀芯 5 关闭，阻尼孔 b 中无油液流动，主阀芯 1 两端液压力相等，主阀芯在主阀弹簧 2 的作用下处于最下端位置，减压阀口全开，不起减压作用。

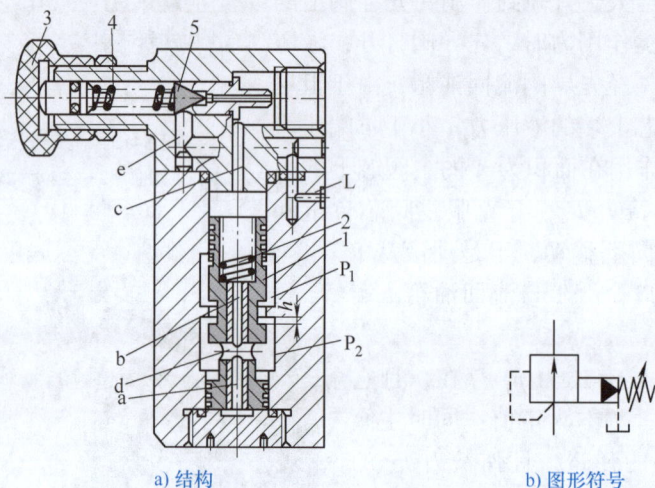

a) 结构   b) 图形符号

图5-15 先导式减压阀的结构及图形符号

1—主阀芯 2—主阀弹簧 3—调节螺母 4—调压弹簧 5—先导阀阀芯

当出口压力 p_2 大于先导阀的调定压力时，先导阀阀芯 5 打开，油液经阻尼孔 b、管道 c、先导阀弹簧腔、泄油管道 e、泄油口 L 流回油箱。由于阻尼孔 b 有油液通过，造成主阀芯 1 两端的压力不平衡，当此压差所产生的作用力大于主阀弹簧力时，主阀芯上移，因而造成减压阀口开度减小，使液压油液通过阀口时压降加大，减压作用增强，直至出口压力 p_2 稳定在先导阀所调定的压力值。

如果减压阀的出口压力 p_2 突然升高（或降低），破坏了主阀的平衡状态，使主阀芯上移（或下移）至一新的平衡位置，阀口开度减小（或增大），减压作用增大（或减小），以保持 p_2 的稳定。反之，如果某种原因使进口压力 p_1 发生变化，当减压阀口还没有来得及变化时，p_2 则相应发生变化，造成主阀芯 1 两端的受力状况发生变化，破坏了原来的平衡状态，使主阀芯上移（或下降）至一新平衡位置，阀口开度减小（或增大），减压作用增大（或减小），以保持 p_2 的稳定。通常为使减压阀稳定地工作，减压阀的进、出口压力差必须大于 0.5MPa。

减压阀在各种液压设备的夹紧系统、润滑系统和控制系统中应用较多。此外，当油液压力不稳定时，在回路中串入一个减压阀可得到一个稳定的较低的压力。

先导式减压阀与先导式溢流阀的主要差别：

1）减压阀保持出口压力基本不变，而溢流阀保持进口压力基本不变（减压阀的先导阀控制出口油液压力，而溢流阀的先导阀控制进口油液压力）。

2）减压阀常开，溢流阀常闭。

3）减压阀的泄漏油液单独接油箱，为外泄，而溢流阀的泄漏油液与主阀的出口相通，为内泄。

5.2.3　顺序阀

顺序阀是利用油液压力作为控制信号来实现油路的通断，以控制执行元件顺序动作的压力阀。根据控制压力的不同，顺序阀可分为内控式和外控式两种。前者用阀的进口压力控制阀芯的启闭，后者用外部液压油控制阀芯的启闭（即液控顺序阀）。依据结构形式的不同，顺序阀又可分为直动式、先导式和液控式。

1. 直动式顺序阀

图 5-16 所示为直动式顺序阀的结构及图形符号。阀芯为滑阀结构，其进油腔与下端控制活塞腔相通，外泄油口 L 单独接回油箱。液压油自进油口 P_1 进入阀体，经阀芯中间小孔流入阀芯底部油腔，对阀芯产生一个向上的液压作用力。

当油液的压力较低时，液压作用力小于阀芯上部的弹簧力，在弹簧力作用下，阀芯处于下端位置，P_1 和 P_2 两油口被隔断，处于闭合状态。当作用在阀芯下端的油液压力大于弹簧的预紧力时，阀芯向上移动，阀口打开，进油口 P_1 与出油口 P_2 相通，液压油自 P_2 口流出，从而推动另一执行元件或其他元件动作。

由图 5-16a 可见，直动式顺序阀和直动式溢流阀的结构基本相似，不同的只是顺序阀的出油口通向系统的另一液压油路，而溢流阀的出油口直接通油箱。

直动式顺序阀多应用于低压系统，用以实现多个执行元件的顺序动作。

2. 先导式顺序阀

先导式顺序阀也是由先导阀和主阀两部分组成。

图 5-17a 所示为先导式顺序阀的结构，P_1 为进油口，P_2 为出油口，其工作原理与先导式溢流阀相似，所不同的是顺序阀的出油口不接回油箱，而通向某一液压油路，因而其泄油口 L 必须单独接回油箱。图 5-17b 为先导式顺序阀的图形符号。

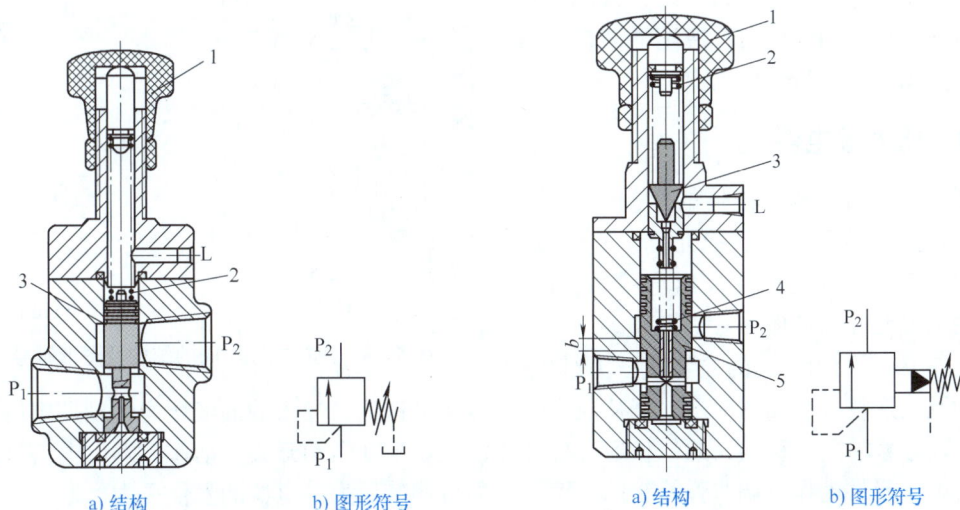

a) 结构　　　b) 图形符号

图 5-16　直动式顺序阀的结构及图形符号

1—调节螺母　2—调压弹簧　3—阀芯

a) 结构　　　b) 图形符号

图 5-17　先导式顺序阀的结构及图形符号

1—调节螺母　2—调压弹簧　3—先导阀阀芯　4—主阀弹簧　5—主阀芯

　　液压油从 P_1 口进入，通过阻尼孔进入主阀芯 5 的底部油腔，同时经节流小孔进入上部油腔，再经通道作用在先导阀阀芯 3 上，给先导阀阀芯 3 以向上的作用力，调压弹簧 2 给先导阀阀芯 3 以向下的弹簧力。当进油口 P_1 压力较低，先导阀下边的液压作用力不足以克服先导阀上边的调压弹簧 2 的作用力时，先导阀关闭，没有油液流过节流小孔，所以主阀芯 5 上下两端压力相等，在较软的主阀弹簧 4 的作用下，主阀芯 5 处于最下端位置，阀口 P_1 和 P_2 隔断。

　　当油液压力 p 增大，升高到作用在先导阀上的液压力大于先导阀弹簧作用力时，先导阀打开，液压油就可通过节流小孔，经先导阀流回油箱，由于节流小孔的作用，使主阀芯下端压力大于上端的液压力，当这个压力超过主阀弹簧力时，就会克服主阀芯自重和摩擦力，使主阀芯向上移动，油液从 P_1 口流入，P_2 口流出，先导式顺序阀导通。

　　先导式顺序阀的启闭特性要好于直动式顺序阀，所以直动式顺序阀多应用于低压系统，而先导式顺序阀多应用于中、高压系统。

> 💡**重要提示**
>
> 　　将先导式顺序阀和先导式溢流阀进行比较，它们之间有以下不同之处：
>
> 　　1）溢流阀的进口压力在通流状态下基本不变，而顺序阀在通流状态下其进口压力由出口压力而定。
>
> 　　2）溢流阀为内泄漏，而顺序阀需单独引出泄漏通道，为外泄漏。
>
> 　　3）溢流阀的出口必须回油箱，顺序阀出口可接负载。

3. 液控式顺序阀

　　液控式顺序阀和直动式顺序阀的差别仅仅在于其下部有一控制油口 K，阀芯的启闭是利用通入控制油口 K 的外部控制油压来控制的。图 5-18 为液控式顺序阀的结构及图形符号。

　　当控制油口 K 输入的控制液压油产生的作用力大于阀芯上端的弹簧力时，阀芯上移，阀口打开，P_1 与 P_2 相通，液压油液自 P_2 口流出，推动另一执行元件动作。

5.2.4　压力继电器

　　压力继电器是利用液体的压力信号来启闭电气触点的液压电气转换元件。它在油液压力达到其设定压力时，发出电信号，以控制相关电气元件的动作。

　　图 5-19 所示为常用的柱塞式压力继电器的结构及图形符号。如图所示，当从压力继电器下端进油口通入的油液压力达到调定压力值时，推动柱塞 1 向上移动，此位移通过杠杆 2 放大后推动微动开关 4 动作，发出电信号，控制相关电气元件动作。调节弹簧 3 的压缩量，即可调节压力继电器的发信压力。

　　压力继电器可以将油液的压力信号转换成电信号，自动接通或断开有关电路，以控制电磁铁、电磁离合器、继电器等元件动作，使油路卸压、换向，执行元件实现顺序动作，或关

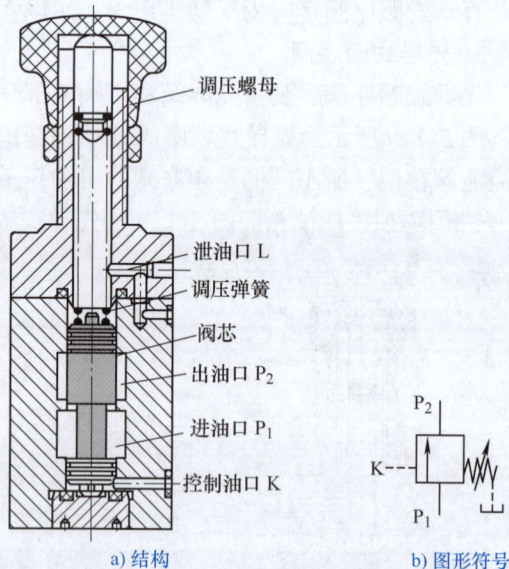

a) 结构　　　　　　b) 图形符号

图 5-18　液控式顺序阀的结构及图形符号

（图中标注：调压螺母、泄油口 L、调压弹簧、阀芯、出油口 P_2、进油口 P_1、控制油口 K）

闭电动机，使系统停止工作，起安全保护及联锁控制等功能。

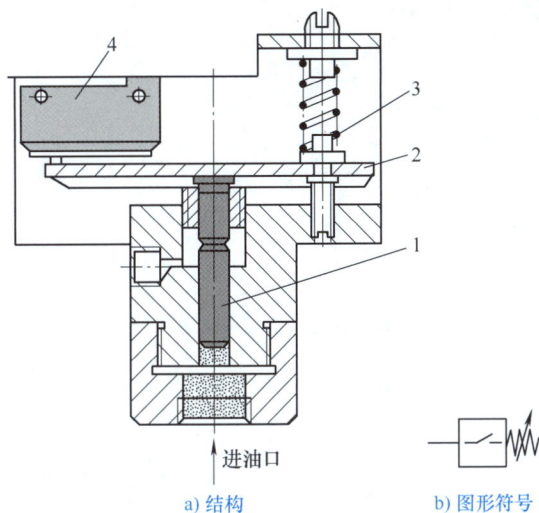

图 5-19　柱塞式压力继电器的结构及图形符号

1—柱塞　2—杠杆　3—弹簧　4—微动开关

> **💡重要提示**
>
> 　　在具体的液压系统中，不同的工作条件，系统对压力控制阀的要求是不相同的。
>
> 　　1）需要限制液压系统的最高压力时，就需设置安全阀。
>
> 　　2）需要稳定液压系统中某处的压力值（或者压力差、压力比等）时，就需设置溢流阀、减压阀等定压阀。
>
> 　　3）利用液压力作为信号控制阀类或执行元件的动作时，就需要设置顺序阀、压力继电器等。

5.3　流量控制阀

　　液压系统中执行元件运动速度的大小由输入执行元件油液流量的大小来确定。流量控制阀就是依靠改变阀口（节流口）的通流面积大小，或节流通道的长短，来达到控制流量大小的目的。常用的流量控制阀有节流阀、调速阀、溢流节流阀和分流集流阀等。下面只介绍节流阀和调速阀。

5.3.1　节流阀

1. 普通节流阀

　　（1）结构特征　图 5-20 所示为一种普通节流阀的结构及图形符号。这种节流阀的节流通道呈轴向三角槽式。

　　（2）工作原理　液压油从进油口流入，经阀芯左端的节流沟槽，从出油口流出。转动调节螺母，通过推杆使阀芯做横向移动，则可改变节流口的通流面积，实现流量的调节。阀芯在弹簧的作用下始终贴紧在推杆上，节流阀的进、出油口可互换。

　　这种节流阀结构简单，制造容易，体积小，但负载和温度的变化对流量的稳定性影响较

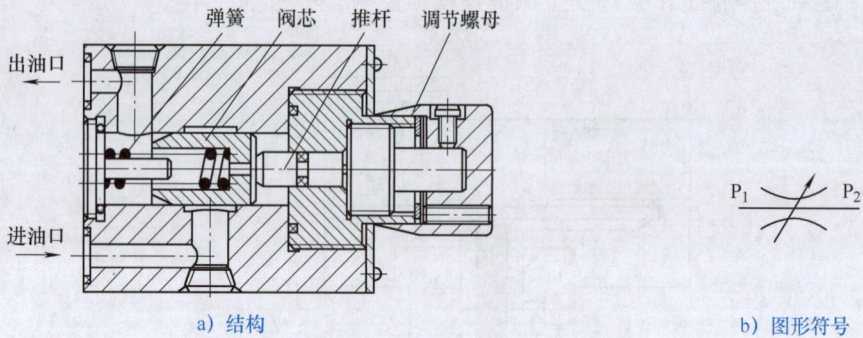

a) 结构   b) 图形符号

图 5-20   节流阀的结构及图形符号

大。因此，只适用于负载和温度变化不大或执行机构速度稳定性要求较低的液压系统。

2. 单向节流阀

图 5-21 为单向节流阀的结构
及图形符号。从功能上来理解，
单向节流阀是节流阀和单向阀的
组合，在结构上是利用一个阀芯
同时起节流阀和单向阀的两种
作用。

当液压油从油口 P_1 流入时，
油液经阀芯上的轴向三角槽节流
口从油口 P_2 流出，旋转螺母可改
变节流口通流面积大小而调节流

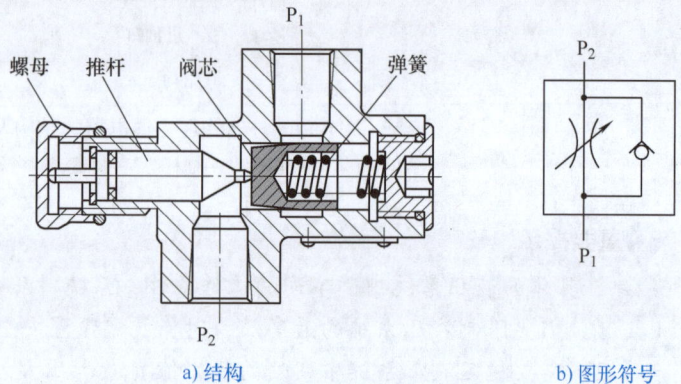

a) 结构   b) 图形符号

图 5-21   单向节流阀的结构及图形符号

量。当液压油从油口 P_2 流入时，在油压作用力作用下，阀芯右移，液压油从油口 P_1 流出，
起单向阀作用。

单向节流阀通常应用于运动元件（如液压缸、液压马达、电液换向阀等）的单向调速
的回路中。

5.3.2   调速阀

1. 结构特征

调速阀由定差减压阀和节流阀串联组合而成。节流阀用来调节通过阀的流量，定差减压
阀用来保证节流阀进、出口的压力差 Δp 不受负载变化的影响，从而使通过节流阀的流量保
持恒定。图 5-22 为调速阀的结构原理图及图形符号。

2. 工作原理

图 5-22a 中，定差减压阀与节流阀串联，定差减压阀进口压力为 p_1，出口压力为 p_2，节
流阀出口压力为 p_3，则减压阀 b 腔的油压为 p_3，c 腔、d 腔的油压为 p_2；若 b 腔、c 腔、d
腔的有效工作面积分别为 A_1、A_2、A_3，则有 $A_1 = A_2 + A_3$。因为定差减压阀阀芯弹簧很软
（刚度很低），当阀芯上下移动时，其弹簧作用力 F_s 变化不大，所以节流阀前后的压力差
（$\Delta p = p_2 - p_3$）基本上不变即为一常量。也就是说当负载变化时，通过调速阀的油液流量基

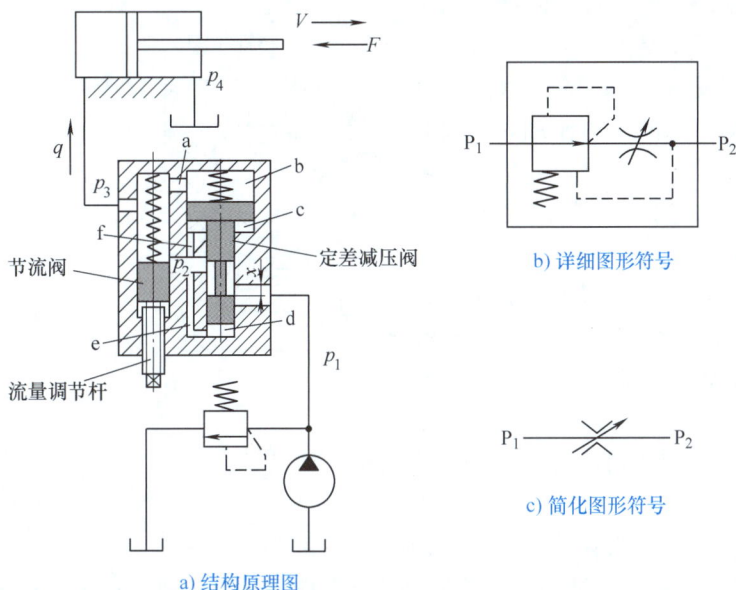

图 5-22　调速阀的结构原理图及图形符号

本不变，液压系统执行元件的运动速度保持稳定。

若负载增加，使 p_3 增大的瞬间，定差减压阀向下推力增大，使阀芯下移，阀口开大，阀口液阻减小，使 p_2 也增大，其差值（$\Delta p = p_2 - p_3$）基本保持不变。同理，当负载减小，p_3 减小时，减压阀阀芯上移，p_2 也减小，其差值也不变。因此，调速阀适用于负载变化较大、速度平稳性要求较高的液压系统。

3. 流量特性

调速阀的流量特性如图 5-23 所示。当调速阀进、出口压差大于一定数值（Δp_{min}）后，通过调速阀的流量不随压差的改变而变化。而当其压差小于 Δp_{min} 时，由于压力差对阀芯产生的作用力不足以克服阀芯上的弹簧力，此时阀芯仍处于左端，阀口完全打开，减压阀不起减压作用，故其特性曲线与节流阀特性曲线重合。因此，欲使调速阀正常工作，就必须保证其有一最小压差（一般为 0.5MPa）。

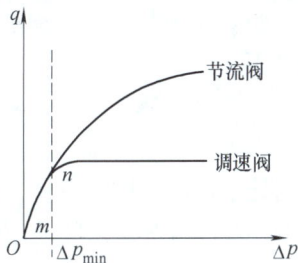

图 5-23　调速阀的流量特性

5.4　插装阀

5.4.1　插装阀的基本结构与工作原理

1. 基本结构

插装阀也称插装式锥阀或逻辑阀。插装阀的基本结构及图形符号如图 5-24 所示，它由控制盖板 4 和锥阀组件组成。锥阀组件包括阀套 1、阀芯 2、弹簧 3 及若干密封件组成。

2. 工作原理

插装阀在工作原理上相当于一个液控单向阀。

图中 A 和 B 为主油路的两个工作油口，K 为控制油口（与先导阀相接）。当 K 口无液压力作用时，阀芯 2 受到的向上的液压力大于弹簧力，阀芯 2 开启，A 与 B 相通，至于液流的方向，视 A、B 口的压力大小而定。反之，当 K 口有液压力作用时，而且只有 K 口的油液压力大于 A 和 B 口的油液压力，才能保证 A 与 B 口之间的关闭。

3. 性能特点

1）插装式元件一阀多机能，易于实现元件和系统的标准化、系列化和集成化。将几个插装阀单元组合到一起便可构成复合阀。

2）通油能力大，特别适用于大流量的场合。

a) 结构　　　　　　b) 图形符号

图 5-24　插装阀的基本结构及图形符号

1—阀套　2—阀芯　3—弹簧　4—控制盖板

3）动作速度快，因为它靠锥面密封而切断油路，阀芯稍一抬起，油路立即接通。此外，阀芯行程较短，且比滑阀阀芯轻，因此动作灵敏，特别适合于高速开启的场合。

4）密封性好，泄漏小。

5）结构简单，制造容易，工作可靠，不易堵塞。

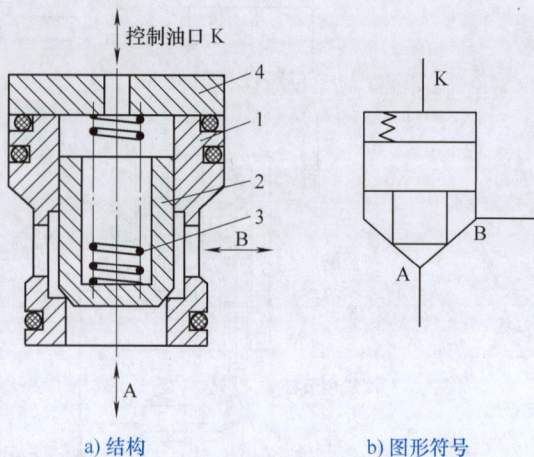

5.4.2　方向控制插装阀

1. 基本组成

方向控制插装阀如图 5-25 所示，它由阀体、锥阀组件（阀套、阀芯、弹簧及密封件）、控制盖板和先导控制阀组成。

2. 工作原理

当先导控制阀 6（二位三通电磁换向阀）断电时，换向阀处于左位，控制油口 K 有液压力作用，阀芯 3 处于最下端，A 口与 B 口之间的通路关闭。

当先导控制阀 6 通电时，换向阀处于右位，K 口和 T 口（即油箱）接通，K 口没有液压力作用。此时，若压力油液从 A 口或 B 口流入，则阀芯受到的向上的液压力将大于弹簧力，阀芯 3 开启，A 口与 B 口相通。

该插装阀在功能上相当于一个二位二通电磁换向阀。

图 5-25　方向控制插装阀

1—阀体　2—阀套　3—阀芯　4—弹簧　5—控制盖板　6—先导控制阀

5.4.3　流量控制插装阀

流量控制插装阀的结构及图形符号如图 5-26 所示。在插装阀的控制盖板上有阀芯行程调节器，用来调节阀芯开度，从而可以调节阀的流量，起到流量控制阀的作用。若在流量控制插装阀前串联一个定差减压阀，则可组成二通插装调速阀；若用比例电磁铁取代流量控制插装阀的手调装置，则可以组成二通插装比例节流阀。图中阀芯上带有三角槽，以便于调节其开口的大小。

5.5　比例阀

电液比例阀简称比例阀，它可以把输入的电信号按比例地转换成力或位移，从而对方向、压力、流量等参数进行连续的控制。

比例阀的构成，相当于在普通液压阀上安装一个比例电磁铁，以代替原有的控制部分。比例阀由直流比例电磁铁与液压阀两部分组成。其液压阀部分与一般液压阀差别不大，而直流比例电磁铁和一般电磁阀所用的电磁铁不同，比例电磁铁要求吸力（或位移）与输入电流成比例。

a) 结构　　　　　　　　　　b) 图形符号

图 5-26　流量控制插装阀的结构及图形符号

比例阀按用途和结构不同可分为比例压力控制阀、比例流量控制阀和比例方向控制阀三大类。

图 5-27a 所示为先导式比例溢流阀（比例压力控制阀）的结构。当线圈 2 输入电信号时，比例电磁铁 1 便产生一个相应的电磁力，它通过推杆 3 和弹簧作用于先导阀芯 4 ，从而使先导阀的控制压力与电磁力成比例，即与输入电流信号成比例。

a) 结构　　　　　　　　　　b) 图形符号

图 5-27　先导式比例溢流阀的结构及图形符号

1—比例电磁铁　2—线圈　3—推杆　4—先导阀芯　5—溢流阀主阀芯

当油液压力 p 增大，增大到作用在先导阀上的液压力大于先导阀弹簧电磁力时，先导阀打开，液压油就可通过阻尼孔，经先导阀和溢流阀主阀芯 5 中间孔流回油箱，由于阻尼孔的作用，使溢流阀主阀芯与左端的液压力小于右端压力 p，由于这个压力差的作用，主阀芯克服弹簧力和摩擦力，溢流阀主阀芯向左移动。于是油液从 P 口流入，经主阀阀口，由 T 口流回油箱，实现溢流。

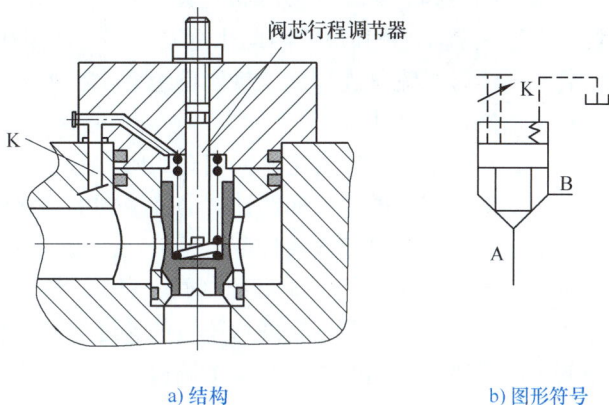

由溢流阀主阀芯 5 上受力分析可知，进油口压力和控制压力、弹簧力等相平衡（其受力情况与普通溢流阀相似），因此比例溢流阀进油口压力的变化与输入信号电流的大小成比例。若输入信号电流是连续地、按比例地变化，则比例溢流阀所调节的系统压力，也是连续地、按比例地进行变化。

图 5-27b 所示为先导式比例溢流阀的图形符号。

利用比例溢流阀的调压回路比普通溢流阀的多级调压回路所用液压元件数量少，回路简单，且能对系统压力进行连续控制。

利用比例调速阀（比例流量控制阀）的调速回路，改变比例调速阀的输入电流即可改变输入液压缸的流量，便于实现远距离的速度控制，使液压缸获得所需的运动速度。比例调速阀可在多级调速回路中代替多个调速阀。

▶ **情境链接**

电子变量泵中的比例阀与传感器

高端液压泵的电液一体化依赖于比例阀和传感器技术的发展，电子变量泵的原理图如图 5-28 所示。从普通变量泵发展到数字控制液压变量泵，在比例阀控制中必须采用数字电/液转换器。目前采用的比例阀形式较多，主要是用来控制泵的变量活塞。

电子变量泵的传感器作为反馈，可以提高频率响应速度。然而，随着数字控制的发展，在控制部分的驱动放大之前加入了微处理器，这时传感器就不仅仅是作为反馈提高频率响应速度，还有作为元件本身状态的认知功能，对判断元件的故障起到新的作用。这些传感器有压力传感器、流量传感器、电功率传感器、转速传感器、温度传感器、位移传感器等。

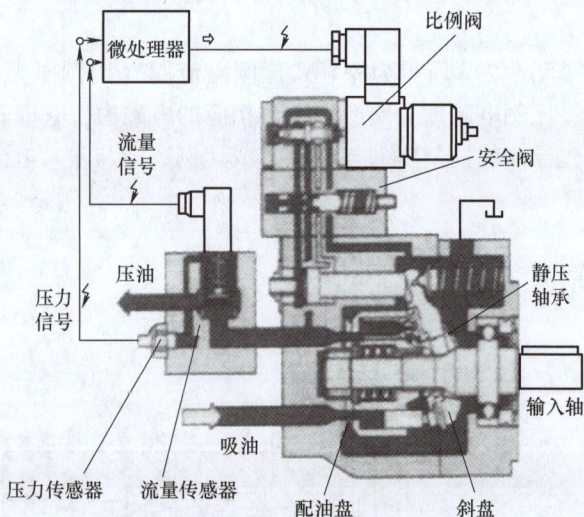

图 5-28　电子变量泵的原理图

5.6　叠加阀

1. 基本特征

叠加阀是在板式阀集成化基础上发展起来的新型液压元件。叠加阀阀体本身既是元件又是具有油路通道的连接体，从而能用其上、下安装面呈叠加式无管连接。选择同一通径系列的叠加阀，叠合在一起用螺栓紧固，即可组成所需的液压传动系统。

2. 叠加阀的组装

叠加阀自成体系，每一种通径系列的叠加阀，其主油路通道和螺钉孔的大小、位置、数量都与相应通径的板式换向阀相同。因此，将同一通径系列的叠加阀互相叠加，可直接连接组成集成化液压系统。

图 5-29 为叠加式液压装置示意图。最下面的是底板，底板上有进油孔、回油孔和通向液压执行元件的油孔，底板上面第一个元件一般是压力表开关，然后依次向上叠加压力控制阀和流量控制阀，最上层为换向阀，用螺栓将它们紧固成一个阀组。一般一个叠加阀组控制一个执行元件。如果液压系统有几个需要集中控制的液压元件，则用多联底板，并排在上面组成相应的几个叠加阀组。

3. 型号和规格

叠加阀现有五个通径系列：$\phi 6mm$、$\phi 10mm$、$\phi 16mm$、$\phi 20mm$、$\phi 32mm$，额定压力为 20MPa，额定流量为 $10 \sim 200L/min$。

例如 Y_1-F10D-P/T 为一种先导式叠加溢流阀，其型号含义是：Y 表示溢流阀，F 表示压力等级（20MPa），10 表示 $\phi 10mm$ 通径系列，D 表示叠加阀，

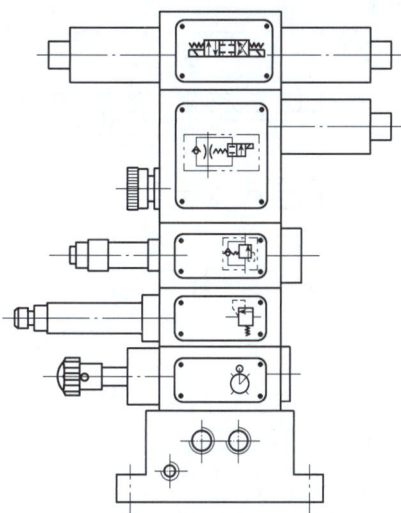

图 5-29 叠加式液压装置示意图

P/T 表示进油口为 P、回油口为 T。它由先导阀和主阀两部分组成，先导阀为锥阀，主阀相当于锥阀式的单向阀。

4. 性能特点

1）用叠加阀组成的液压系统结构紧凑，体积小，质量轻，外形整齐美观。

2）元件之间可实现无管连接，不仅省掉大量管件，减少了产生压力损失、泄漏和振动的环节。

3）标准化、通用化、集成化程度高，设计、加工、装配周期短。

4）叠加阀可集中配置在液压站上，也可分散安装在设备上，配置形式灵活。系统变化时，元件重新组合叠装方便、迅速。

5.7 电液数字控制阀

5.7.1 电液数字控制的实现方式

计算机具有运算速度快，记忆功能强大，逻辑运算准确等优势，所以，用计算机对液压系统进行控制，是液压技术发展的必然趋势。由于电液比例阀能接受的信号是模拟信号，所以计算机输出的数字信号须进行"数/模"转换，才能实现对电液比例阀的控制。这样就导致设备复杂、成本提高、可能性降低、使用维护困难等一系列问题。

电液数字控制阀可以非常容易地解决这些问题。电液数字控制阀具有与计算机连接容易、可靠性高、重复性好、价格低等优点，在多变量控制以及自适应控制等系统中得到了广泛应用。

电液数字控制阀是利用数字信息直接控制阀口的启闭，从而控制液流压力、流量、方向的液压控制阀。

电液数字控制阀包括电液数字流量控制阀、电液数字压力控制阀等多种类型。电液数字流量控制阀如图 5-30 所示。计算机发出信号后，步进电动机转动，通过滚珠丝杠转化为轴

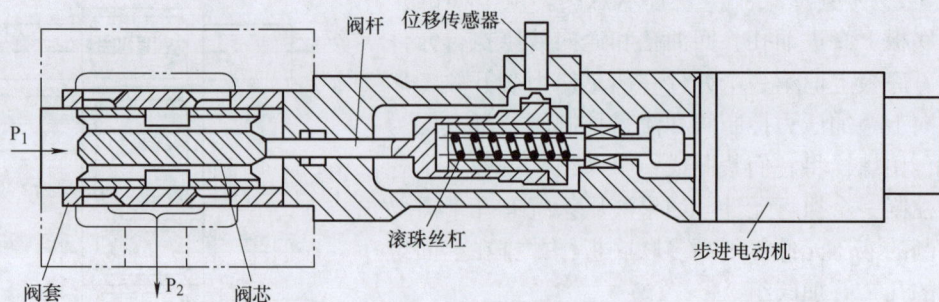

图 5-30　电液数字流量控制阀

向位移，带动节流阀阀芯移动，开启阀口。步进电动机控制阀口的开度，从而实现流量控制。该阀有两个节流口，其中右节流口由于阀杆的存在为非全周节流口，阀口较小；继续移动节流阀阀芯，则打开左边的全周节流口，阀口较大。这种节流口开口大小分两段调节的形式，可改善小流量时的调节性能。该阀无反馈功能，但装有位移传感器，在每个控制周期终了，阀芯可在位移传感器控制下回到零位。以保证每个周期都在相同的位置开始，提高阀的重复精度。

5.7.2　增量式数字阀

有控制性的数字式电脉冲信号称为脉数调制数字（Pulse Number Modulation，PNM）信号。将 PNM 信号转化成与之相对应的角位移或直线位移，输入一个脉冲信号就得到一个规定的位置增量，这就是增量位置控制系统。与传统的直流控制系统相比，其成本明显降低，几乎不必进行系统调整。步进电动机的角位移量与输入的脉冲个数严格成正比，而且在时间上与脉冲同步。因而，只要控制脉冲的数量、频率和电动机绕组的相序，即可获得所需的转角、速度和方向，这种方法称为增量式数字控制方法，如图 5-31 所示。

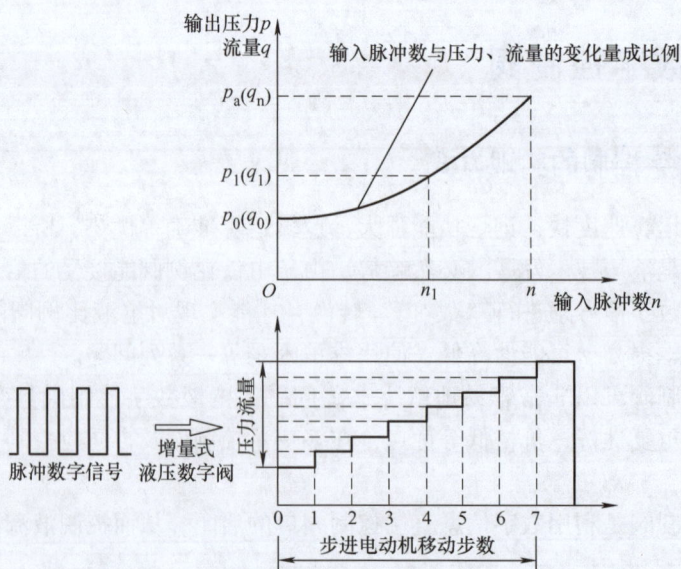

图 5-31　脉数调制数字信号的增量式数字控制方法

增量式数字阀采用由脉冲数字调制演变而成的增量式数字控制方式，以步进电动机作为电/机转换器，驱动阀芯工作。

步进电动机顾名思义是一步一步行进的电动机，是在脉数（PNM）信号的基础上，使每个采样周期的步数在前一采样周期步数的基础上增加或减少一些步数，从而达到需要的幅值。这种在原有步数的基础上增加或减少一些步数以达到控制目的的方法称为增量法。因此，对步进式液压数字阀的控制从本质上来说就是对步进电动机的控制。

图5-32为增量式数字阀控制的电液系统框图。由计算机发出需要的脉冲序列，经驱动电源放大后使步进电动机按信号动作。当步进电动机得到一个脉冲时，它便沿着控制信号给定的方向转一步。每个脉冲将使电动机转动一个固定的步距角。步进电动机转动时带动螺纹或凸轮等机构，使旋转角度 $\Delta\theta$ 转换成位移量 Δx，从而带动数字阀阀芯移动一定的位移，步进电动机输出的角位移与脉冲数成正比。因此根据步进电动机原有的位置和实际走的步数，可得到数字阀的开度，计算机可按此要求控制液压缸或液压马达。

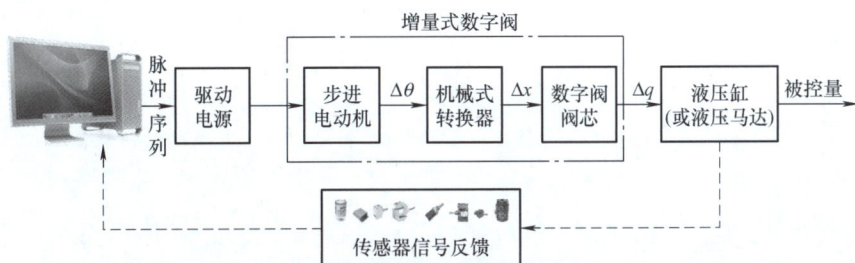

图5-32 增量式数字阀控制的电液系统框图

由于步进电动机的控制方式为步进式，对输入脉数有记忆作用，实际情况是每一采样周期的步数是在原有采样周期步数的基础上增加或减小一些脉冲数来实现，属于增量控制方式，因此称之为增量式数字阀控制系统。步进电动机作为数控执行元件可以由计算机、单片机发出的数字信号直接控制，而无须经 D/A 转换。特别是随着单片机的发展与应用，步进电动机控制的脉冲分配可以采用软件实现，实现脉冲分配的方式更具灵活性。

习题与思考题

5-1 什么是换向阀的"位"和"通"？换向阀有几种控制方式？

5-2 能否用两个二位三通换向阀代替一个二位四通换向阀实现液压缸左、右换向，绘图予以说明。

5-3 在图5-33所示的回路中，任一电磁铁通电，液压缸都不动作，试分析原因？如何解决？

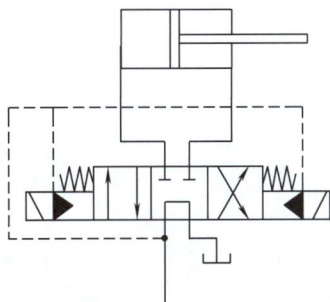

图5-33 题5-3图

5-4 若误将先导式溢流阀的外控口当成泄漏口接回油箱，系统会出现什么问题？

5-5 减压阀的出口压力取决于什么？其出口压力为定值的条件是什么？

5-6 当减压阀的进、出口接反了会出现什么问题？

5-7 顺序阀的调定压力与进、出口压力之间有何关系？

5-8 压力继电器的功用是什么？压力继电器在液压系统中应安装在什么位置？

教学目标

知识目标

- 掌握调压回路的调压原理及其分类
- 掌握减压回路的减压原理
- 掌握增压回路的增压方法及其增压原理
- 掌握常见卸荷回路的卸荷方式
- 了解常见保压回路的保压方式
- 了解平衡回路的工作原理
- 掌握换向回路的换向方法及其换向原理
- 掌握锁紧回路的锁紧原理
- 掌握调速回路的调速原理及其分类
- 掌握快速运动回路的工作原理及其分类
- 掌握速度切换回路的工作原理及其分类
- 掌握同步回路的控制方式及其工作原理

技能目标

- 了解调速回路的选择依据
- 熟练组装液压基本回路
- 掌握设计和仿真液压回路的方法

情境链接

智能化无人驾驶液压工程机械

工程机械通常由人来操作，以挖掘机的操作为例，操作包括装车、挖掘、破碎、爬坡、下坡、挖沟、挖槽等，由此可见，操作相当复杂。因此，工程机械无人化与远距离操控的"液压工程机器人"对智能化的要求是非常多的，涉及面也很广。

挖掘机单机一体化操作和智能管理技术分为智能换档技术、负荷传感系统、运动耦合控制系统和无人驾驶技术。

智能换档技术在工程机械智能化领域应用广泛且重要，该技术在提高工程机械的利用效率及作业质量方面有着非常明显的优势（见图6-1）。智能换档技术主要是将车轮行驶中的内部参数通过智能化技术转换成液压信息或者电-液转换信息，该信息自动输送到换档液压阀来实现智能转换档位。先导阀电液控制模块PVE（Proportional Valve Electro-hydraulic actuators）的结构由高速电磁开关阀和集成电路板组成。PVE电控模块接收位移传感器的信号，可实现精确的数字转向阀阀芯位置的闭环控制。

总体来说，电液式智能换档技术可以适应工程机械智能化操作的需求，也是机电液一体化操作和智能管理技术发展的重要方向。

无人驾驶技术同样是工程机械智能发展的趋势，该技术需要使用遥控装备及高智能且集成化的工程机械装备，易塌方、辐射性强、易爆地区，危险矿区，深海作业区等都十分需要。

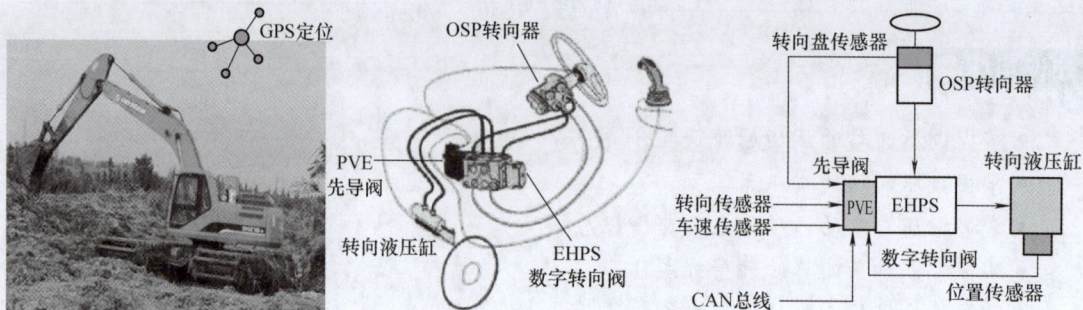

图 6-1 GPS 通过电液转向器 EHPS 使工程机械车辆转向

液压基本回路是构成液压传动系统最基本的结构和功能单元。液压传动系统有时会很复杂，但都是由一些液压基本回路组成的。如用来改变执行元件运动方向的方向控制回路；用来控制系统中液体压力的压力控制回路；用来调节执行元件运动速度的调速回路等；此外，还有快速运动回路、顺序动作回路和速度切换回路，这些都是液压系统中常用的液压基本回路。熟悉液压基本回路是分析和设计液压传动系统的重要基础。

6.1 压力控制回路

压力控制回路是用压力阀来控制和调节液压系统主油路或某一支路的压力，以满足执行元件所需压力的要求。利用压力控制回路可以对系统进行调压、减压、增压、卸荷、保压和平衡等各种控制。

6.1.1 调压回路

1. 单级调压回路

如图 6-2a 所示，溢流阀并联在定量泵的出口，与节流阀和单活塞杆液压缸组合构成单级调压回路。调节溢流阀可以改变泵的输出压力。当溢流阀的调定压力确定后，液压泵就在溢流阀的调定压力下工作。节流阀调节进入液压缸的流量，定量泵提供的多余的油液经溢流阀流回油箱，溢流阀起定压溢流作用，以保持系统压力稳定，且不受负载变化的影响。从而实现了对液压系统进行调压和稳压控制。

如果将液压泵改换为变量泵，这时溢流阀将作为安全阀来使用，液压泵的工作压力低于溢流阀的调定压力，这时溢流阀不工作，当系统出现故障，液压泵的工作压力上升时，一旦压力达到溢流阀的调定压力，溢流阀将开启，并将液压泵的工作压力限制在溢流阀的调定压力下，使液压系统不致因压力过高而受到破坏，从而保护了液压系统。

图 6-2b 为远程调压阀和先导式溢流阀组成的单级调压回路，远程调压阀的进油口接先导式溢流阀的外控口，泵的出口压力由远程调压阀调定。

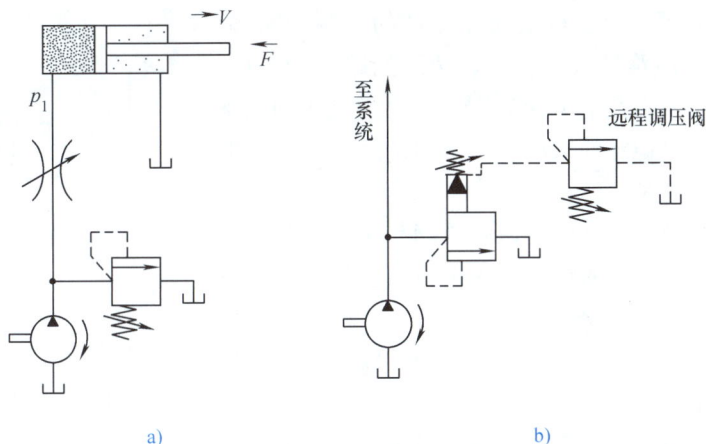

图 6-2 单级调压回路

> 💡重要提示
>
> 　　溢流阀的调压值是根据系统最大负载和管路总的压力损失来确定的，调定太高，会增大功率消耗及使油液发热，经验推荐，溢流阀调定压力一般为系统最高压力的 1.05 ~ 1.10 倍。

2. 三级调压回路

图 6-3 所示为三级调压回路，三级压力分别由溢流阀 1、2、3 调定，先导式溢流阀 1 的远程控制口通过换向阀分别接远程调压阀 2 和 3。在图示状态下，泵的出口压力由先导式溢流阀调定为最高压力 p_1，当电磁换向阀的左位和右位电磁铁通电时，由于两个溢流阀的调定压力不同，又可以分别获得 p_2 和 p_3 两种压力。这样通过换向阀的切换可以得到三种不同压力值。但是远程调压阀 2 和 3 的调定压力值必须低于先导式溢流阀 1 的调定压力值。而阀 2 和阀 3 的调定压力之间没有什么一定的关系。当阀 2 或阀 3 工作时，阀 2 或阀 3 相当于阀 1 上的另一个先导阀。

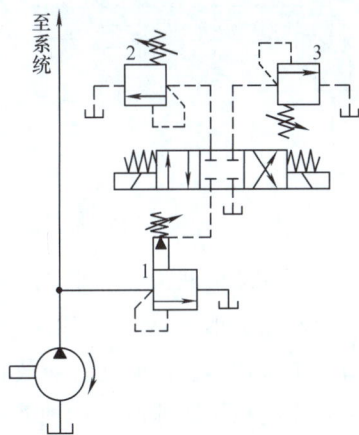

图 6-3 三级调压回路

3. 多级调压回路

为了降低功率消耗，合理地利用能源，减少油液发热，提高执行元件运动的平稳性，当系统在不同的工作阶段需要有不同的工作压力时，可采用多级调压回路。

✏️ **【知识拓展】**

无级调压回路

无级调压回路如图 6-4 所示，改变比例溢流阀的输入电流，即可实现无级调压。这种调压方式容易实现远距离控制和计算机控制，而且压力切换平稳。

6.1.2　减压回路

当系统压力较高，而局部回路或支路要求较低压力时，可以采用减压回路，如机床液压系统中的定位、夹紧回路，以及液压元件的控制油路等，它们往往要求比主油路较低的压力。减压回路较为简单，一般是在所需低压的支路上串接减压阀。采用减压回路虽能方便地获得某支路稳定的低压，但压力油经减压阀口时要产生压力损失，这是它的缺点。

最常见的单级减压回路由定值减压阀与主油路相连构成，如图 6-5 所示。压力油经减压阀出口可获得一较低的压力值。

当减压回路上的执行元件需要调速时，流量控制阀应装在减压阀的下游。

减压回路中也可以采用类似二级或多级调压的方法获得二级或多级减压。图 6-6 所示为二次减压回路，利用先导式减压阀 2 的外控口（通过换向阀 4）接一远程调压阀 3，则可由阀 2、阀 3 各调得一种低压数值。要注意，阀 3 的调定压力值一定要低于阀 2 的调定减压值。

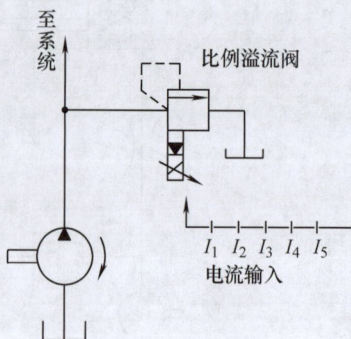

图 6-4　无级调压回路

图 6-5　单级减压回路

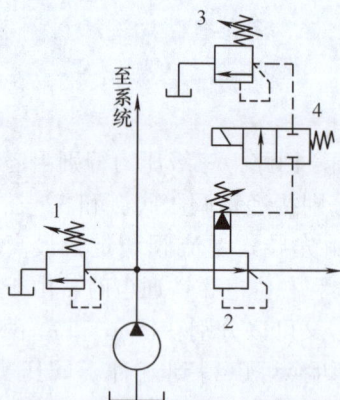

图 6-6　二级减压回路

为了使减压回路工作可靠，减压阀的最低调整压力不应小于0.5MPa，最高调整压力至少应比系统压力小0.5MPa。当减压回路中的执行元件需要调速时，调速元件应放在减压阀的后面，以避免减压阀泄漏（指油液由减压阀泄油口流回油箱）对执行元件的速度产生影响。

6.1.3　增压回路

如果液压系统或液压系统的某一支路需要压力较高但流量又不大的液压油，而采用高压泵又不经济，或者根本就没有必要增设高压力的液压泵时，常采用增压回路，这样不仅易于选择液压泵，而且系统工作较可靠，噪声小。

增压回路中提高压力的主要元件是增压器。图 6-7 所示为使用增压器的增压回路，当

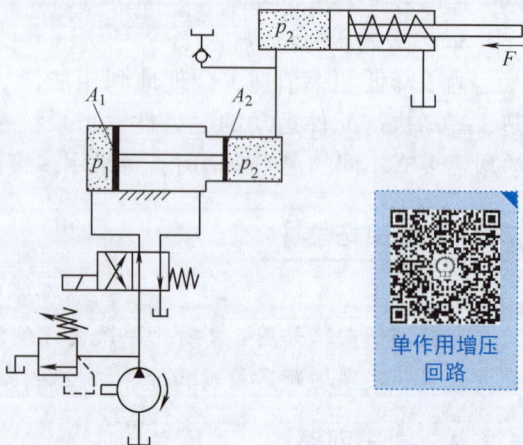

图 6-7　增压回路

系统在图示位置工作时，系统的供油压力 p_1 进入增压器的大活塞腔，由于增压器的两个活塞腔的面积不相等，此时在小活塞腔即可得到所需的较高压力 p_2。

当二位四腔通电磁换向阀左位接入系统时，增压器返回，辅助油箱中的油液经单向阀补入增压器小活塞腔。液压缸活塞在弹簧力的作用下返回。

6.1.4　卸荷回路

在液压系统工作中，有时执行元件会短时间停止工作，或者执行元件在某段工作时间内保持一定的力，而运动速度极慢，甚至停止运动。在这种情况下，不需要消耗液压系统功率，为此，需要采用卸荷回路，即在液压泵驱动电动机不频繁启闭的情况下，使液压泵在功率输出接近于零的情况下运转，以减少功率损耗，降低系统发热，延长泵和电动机的寿命。

液压泵的输出功率为其流量和压力的乘积，因而，两者任一数值近似为零，功率损耗即近似为零。因此液压泵的卸荷有流量卸荷和压力卸荷两种方式。

1）流量卸荷主要是使用变量泵，使变量泵仅为补偿泄漏而以最小流量运转，此方法比较简单，但泵仍处在高压状态下运行，磨损比较严重。

2）压力卸荷的方法是使泵在接近零压下运转，即液压泵在功率输出接近于零的情况下运转。通常压力卸荷的方法有利用换向阀的卸荷回路和利用先导式溢流阀的卸荷回路。

1. 换向阀卸荷回路

中位机能为 M 和 H 型的三位换向阀，处于中位机能时，泵即卸荷。

图6-8 所示分别为采用 M、H 型中位机能电磁换向阀的卸荷回路，这种回路切换时压力冲击小。

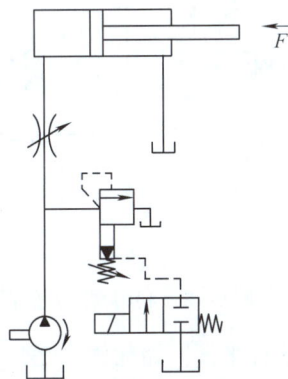

2. 采用先导式溢流阀的卸荷回路

使先导式溢流阀的外控口直接与二位二通电磁阀相连，便构成一种卸荷回路（见图6-9），当电磁阀通电时，溢流阀的外控口与油箱相通，即先导式溢流阀主阀上腔直通油箱，液压泵输出的液压油将以很低的压力开启溢流阀的溢流口而流回油箱，实现卸荷，此时溢流阀处于全开状态。卸荷压力的高低取决于溢流阀主阀弹簧刚度的大小。

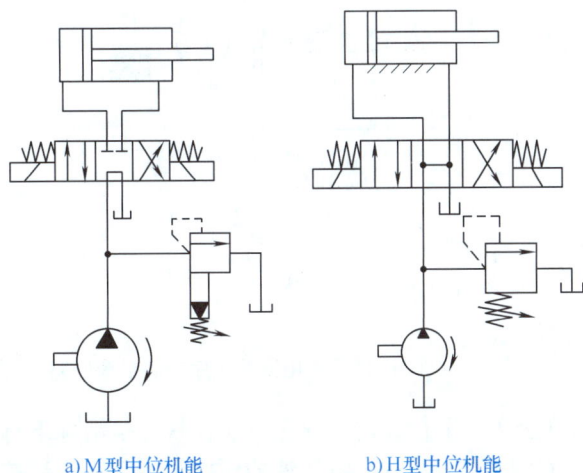

a)M型中位机能　　b)H型中位机能

图6-8　采用M、H型中位机能电磁换向阀的卸荷回路　　图6-9　采用先导式溢流阀的卸荷回路

当停止卸荷时，系统重新开始工作，这种卸荷回路卸荷压力小，切换时冲击也小。所以，特别适用于高压大流量系统。

通过二位二通电磁换向阀的流量只是溢流阀控制油路中的流量，所以只需采用小流量的换向阀来进行控制即可。

6.1.5 保压回路

在液压系统中，常要求液压执行元件在一定的位置上停止运动时，可以稳定地保持规定的压力，这就要采用保压回路。

图6-10所示为利用蓄能器的保压回路。当系统工作时，电磁阀1YA通电，主换向阀左位接入系统，液压泵向蓄能器和液压缸左腔供油，并推动活塞右移，压紧（或夹紧）工件后，进油路压力升高，当升至压力继电器调定值时，压力继电器发出信号使二通阀3YA通电，通过先导式溢流阀使泵卸荷，单向阀自动关闭，液压缸则由蓄能器保压。

当蓄能器的压力不足时，压力继电器复位使泵起动。保压时间的长短取决于蓄能器的容量。这种回路既能满足保压工作需要，又能节省功率，减少系统发热。

6.1.6 平衡回路

为了防止垂直放置或倾斜放置的液压缸和与之相连的工作部件因自重而自行下落，或在下行运动中因自重造成的失控、失速，可使用平衡回路。平衡回路通常用单向顺序阀或液控单向阀来实现平衡控制。

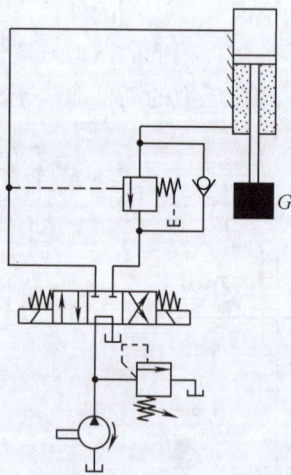

图6-11为采用液控顺序阀的平衡回路。当活塞下行时，控制液压油打开液控顺序阀，背压消失，因而回路效率较高；当停止工作时，液控顺序阀关闭以防止活塞和工作部件因自重而下降。

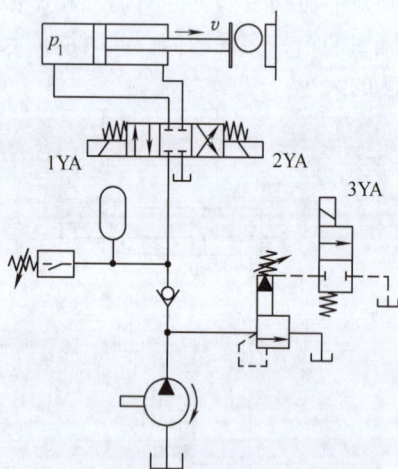

图6-10　利用蓄能器的保压回路　　　图6-11　采用液控顺序阀的平衡回路

这种平衡回路的优点是只有上腔进油时活塞才下行，比较安全可靠；缺点是活塞下行时平稳性较差。这是因为活塞下行时，液压缸上腔油压降低，将使液控顺序阀关闭。当液控顺序阀关闭时，因活塞停止下行，使液压缸上腔油压升高，又打开液控顺序阀。因此液控顺序阀始终工作于启闭的过渡状态，从而影响工作的平稳性。这种回路适用于运动部件重量不很大、停留时间较短的液压系统中。

> **💡重要提示**
>
> 若在此控制油路（虚线部分）加一节流阀（阻尼小孔），则液控顺序阀的开启和关闭状态不再频繁变化，活塞下行的平稳性大大改善。

6.2 方向控制回路

在液压系统中，方向控制回路的作用是实现执行元件的起动、停止或改变运动方向，即利用各种方向控制阀来控制系统中各油路油液的接通、断开及变向。方向控制回路主要有换向回路和锁紧回路两类。

图6-12 采用三位四通
电磁换向阀的换向回路

6.2.1 换向回路

图6-12所示的是采用三位四通电磁换向阀的换向回路。当阀处于中位时，M型滑阀机能使泵卸荷，液压缸两腔油路封闭，活塞停止。

当1YA通电时，换向阀切换至左位，液压缸左腔进油，活塞向右移动；当滑块触动行程开关ST2时，2YA通电，换向阀切换至右位工作，液压缸右腔进油，活塞向左移动。当滑块触动行程开关ST1时，1YA又通电，换向阀切换至左位工作，液压缸左腔进油，活塞向又右移动。

由于两个行程开关的作用，此回路可以使执行元件完成连续的自动往复运动。

6.2.2 锁紧回路

为了使液压执行元件能在任意位置上停留，或者在停止工作时，切断其进、出油路，使之不因外力的作用而发生移动或窜动，准确地停留在原定位置上，可以采用锁紧回路。

1. 用换向阀中位机能锁紧

图6-13所示采用O型和M型三位四通换向阀中位机能的锁紧回路，当阀芯处于中位时，液压缸的进、出油口都被封闭，可以将活塞锁紧，这种锁紧回路结构简单，但由于换向滑阀的环形间隙泄漏较大，故一般只用于锁紧要求不太高或只需短暂锁紧的场合。受到滑阀泄漏的影响，锁紧效果较差。

2. 采用液控单向阀的锁紧回路

图6-14为采用液控单向阀的锁紧回路。在液压缸的进、回油路中都串接液控单向阀（又称液压锁），换向阀处于中间位置时，液压泵卸荷，输出油液经换向阀回油箱，由于系统无压力，液控单向阀A和B关闭，液压缸左右两腔的油

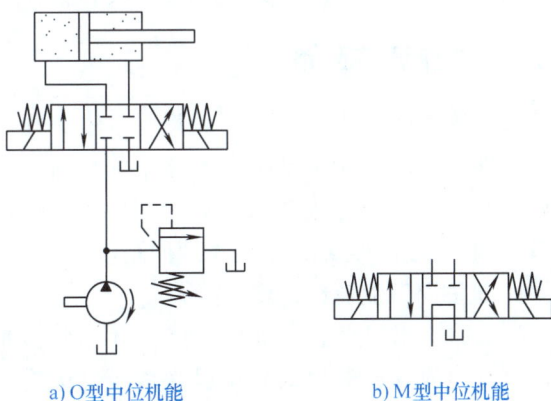

a) O型中位机能   b) M型中位机能

图6-13 采用O型和M型三位四通
换向阀中位机能的锁紧回路

液均不能流动，活塞被双向闭锁。

当左边电磁铁通电时，换向阀切换至左位，液压油经单向阀A进入液压缸左腔，同时进入单向阀B的控制油口，单向阀B导通，液压缸右腔的油液可经单向阀B回油箱，活塞向右运动。同样，当右边电磁铁通电时，换向阀切换至右位，液压油经单向阀B进入液压缸右腔，同时进入单向阀A的控制油口，单向阀A导通，液压缸左腔的油液可经单向阀A回油箱，活塞向左运动。

液压缸活塞可以在任何位置锁紧，由于液控单向阀有良好的密封性，闭锁效果较好。这种回路广泛应用于工程机械、起重运输机械等有较高锁紧要求的场合。

采用液控单向阀（液压锁）的锁紧回路，换向阀的中位机能应使液控单向阀的控制油液卸压，即换向阀只宜采用H型或M型中位机能。

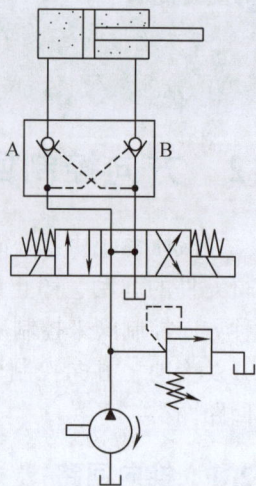

图6-14　采用液控单向阀的锁紧回路

6.3　调速回路

在液压传动系统中，调速回路主要是用来调节执行元件工作速度。调速回路对系统的工作性能起着决定性的影响。

1. 调速原理

液压马达的转速 n_M 由输入流量 q 和液压马达的排量 V_M 决定，即 $n_M = q/V_M$；液压缸的运动速度 v 由输入流量 q 和液压缸的有效作用面积 A 决定，即 $v = q/A$。

所以，要想调节液压马达的转速 n_M 或液压缸的运动速度 v，可通过改变输入流量 q、液压马达的排量 V_M 等方法来实现。由于液压缸的有效面积 A 是定值，只有改变输入流量 q 的大小来实现调速。

2. 调速方式

1）节流调速回路：采用定量泵供油，调节流量阀改变进入执行元件的流量以实现调速。

2）容积调速回路：采用调节变量泵或变量马达的排量来实现调速。

3）容积节流调速回路：采用变量泵和流量阀联合调速。

6.3.1　节流调速回路

节流调速回路由定量泵、流量阀、溢流阀和执行元件组成。根据流量阀在回路中的位置，节流调速回路可以分为进油路节流调速回路、回油路节流调速回路和旁油路节流调速回路。

1. 进油路节流调速回路

进油路节流调速回路如图6-15所示，将流量控制阀（节流阀或调速阀）串联在液压缸的进油路上，用定量泵供油，且并联一个溢流阀。

该回路结构简单，成本低，使用维修方便，但它的能量损失大，效率低，发热大。进油路节

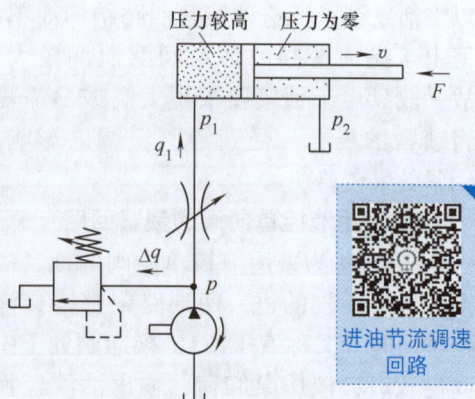

图6-15　进油路节流调速回路

流调速回路适用于轻载、低速、负载变化不大和对速度稳定性要求不高的小功率场合。

2. 回油路节流调速回路

如图6-16所示，回油路节流调速回路是将节流阀串接在液压缸的回油路上，定量泵的供油压力由溢流阀调定并基本上保持恒定不变。回油路节流调速回路广泛应用于功率不大、负载变化较大或运动平稳性要求较高的液压系统中。

回油路节流调速回路的优点：

1）节流阀装在回油路上，回油路上有较大的背压，因此在外界负载变化时可起缓冲作用，运动的平稳性比进油路节流调速回路要好。

2）回油路节流调速回路中，经节流阀后压力损耗而发热，导致温度升高的油液直接流回油箱，容易散热。

3. 旁油路节流调速回路

旁油路节流调速回路由定量泵、安全阀、液压缸和节流阀组成，节流阀接在与执行元件并联的旁油路上，如图6-17所示。

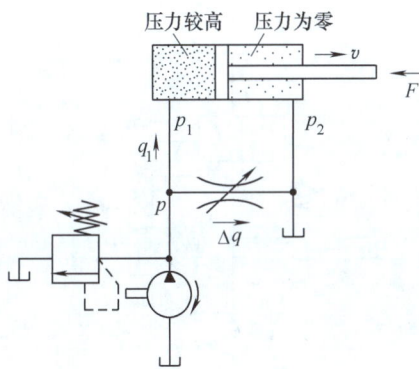

图6-16 回油路节流调速回路　　　　图6-17 旁油路节流调速回路

通过调节节流阀的通流面积 A，控制了定量泵流回油箱的流量，即可调节进入液压缸的流量，实现调速。溢流阀作安全阀用，正常工作时关闭，过载时才打开，其调定压力为最大工作压力的 1.1~1.2 倍。在工作过程中，定量泵的压力随负载的变化而变化。

实际上，节流阀控制了定量泵正常工作时流回油箱的溢流量，溢流阀作安全阀用，只有过载时才溢流。

这种回路只有节流损失而无溢流损失。泵的压力随负载的变化而变化，节流损失和输入功率也随负载变化而变化。因此，本回路比前两种回路效率高。但是，本回路低速承载能力差，应用比前两种回路少，只适用于高速、重载、对速度平稳性要求不高的较大功率系统，如牛头刨床主运动系统、输送机械液压系统等。

6.3.2 容积调速回路

容积调速回路是通过改变回路中液压泵或液压马达的排量来实现调速的。其主要优点是没有溢流损失和节流损失，功率损失小；且其工作压力随负载变化而变化，所以效率高，系统温升小，适用于高速、大功率系统。

1. 变量泵与液压缸组成的容积调速回路

图6-18所示为变量泵和液压缸组成的容积调速回路（开式），液压缸为定量执行元件。

当1YA通电时，换向阀3切换至右位，液压缸右腔进油，活塞向左移动。改变变量泵的排量即可调节液压缸的运动速度；图中的溢流阀2起安全阀作用，用于防止系统过载；溢流阀5起背压阀作用。

当安全阀2的调定压力不变时，在调速范围内，液压缸4的最大输出推力是不变的，即液压缸的最大推力与泵的排量无关，不会因调速而发生变化，故此回路又称为恒推力调速回路。而最大输出功率是随速度的上升而增加的。

根据油液的循环方式不同，此回路属于开式回路，即变量泵从油箱吸油，执行机构的回油直接回到油箱，油箱容积大，油液能得到较充分冷却，而且便于沉淀杂质和析出气体。

2. 变量泵和定量马达组成的容积调速回路

图6-19所示为变量泵和定量马达组成的容积调速回路（闭式）。改变变量泵的排量即可调节液压马达的转速。图中的溢流阀5起安全阀作用，用于防止系统过载；单向阀2用来防止停机时油液倒流入油箱和空气进入液压系统。

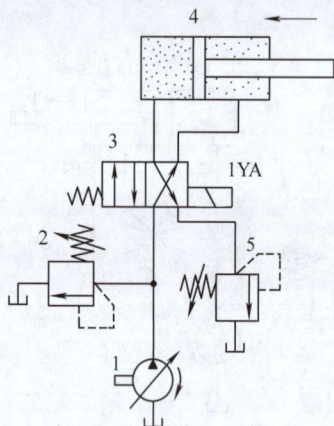

图6-18 变量泵与液压缸
组成的容积调速回路（开式）

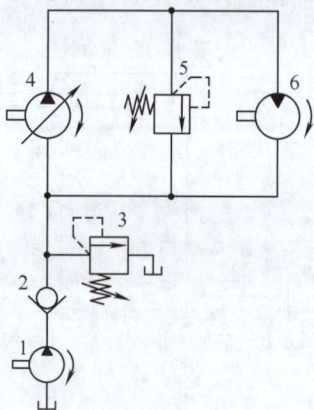

图6-19 变量泵和定量马达
组成的容积调速回路（闭式）

为了补偿变量泵4和定量马达6的泄漏，增加了补油泵1。补油泵1将冷却后的油液送入回路，而从溢流阀3溢出回路中多余的热油，进入油箱冷却。补油泵的工作压力由溢流阀3来调节。补油泵的流量为主泵的10%～15%，工作压力为0.5～1.4MPa。此回路结构紧凑，只需很小的补油箱，但冷却条件差。

当安全阀5的调定压力不变时，在调速范围内，执行元件（定量马达6）的最大输出转矩是不变的。即马达的最大输出转矩与泵的排量无关，不会因调速而发生变化，故此回路又称为恒转矩调速回路。而最大输出功率是随速度的上升而增加的。

变量泵4将油输入定量马达6的进油腔，定量马达6回油腔的油液随后又被液压泵4吸入，所以，此回路属于闭式回路。为了补偿回路中的泄漏，并进行换油和冷却，需附设补油泵1。

3. 变量泵和变量马达组成的容积调速回路

图6-20所示为采用双向变量泵和双向变量马达组成的容积调速回路。这种调速回路实际上是上述两种容积调速回路的组合，属于闭式回路。

图中单向阀4和5用于使辅助补油泵7能双向补油，而单向阀2和3使安全阀9在两个方向都能起过载保护作用。

变量泵和变量
马达容积调速
回路

由于泵和变量马达的排量均可改变，故增大了调速范围，所以此回路既可以通过调节变量马达的排量 V_m 来实现调速，也可以通过调节变量泵的排量 V_p 来实现调速。

双向变量泵和双向变量马达可以组成液压无级变速器。液压泵、液压马达与控制阀构成一体化的液压无级变速器，其结构紧凑、体积小、质量轻、布局灵活、操作使用方便，简化了传动装置的结构，改善了各种装备的质量，因此广泛应用于汽车、农业机械等领域中。如图6-21所示为液压式无级变速器实物图。

液压式无级变速器工作原理为液压传动的容积调速，液压传动的功率、速度和扭矩调节的方式有变量泵和定量马达、定量泵和变量马达、变量泵和变量马

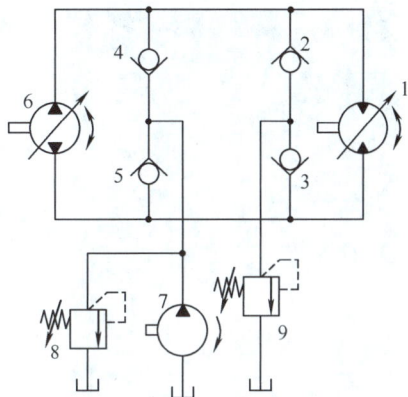

图6-20 采用双向变量泵和双向变量马达组成的容积调速回路

达三种，根据不同的场合选择不同的调节方式。液压式无级变速器的工作原理图如图6-22所示。

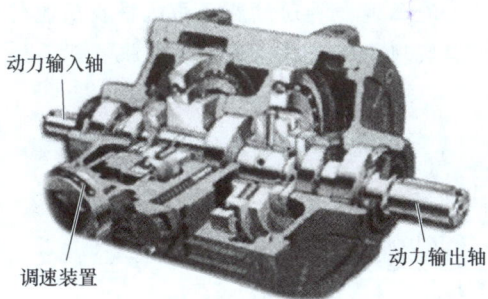

图6-21 液压式无级变速器实物图

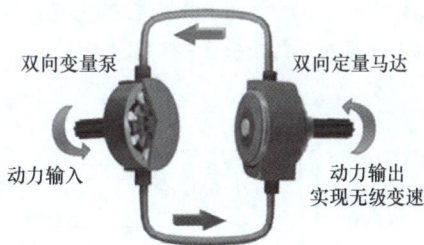

图6-22 液压无级变速器的工作原理图

▶ 情境链接

风力发电机的液压系统

风力发电塔是祖国秀美山川上的一道亮丽风景线……

近年来在国家政策支持和能源供应紧张的背景下，我国的风电产业特别是风电设备制造业迅速崛起，已经成为全球风电最大市场。

风力发电机是将风能转换为机械能，从而带动转子旋转，最终输出交流电的电力设备。风力发电机一般包括叶片、塔架、同步发电机、风速计与风向标、偏航控制装置、变桨控制装置、液压系统和控制柜等构件，风力发电机及其结构如图6-23所示。

（1）叶片 将风能转换为机械能，将风力传送到叶片转子轴。现代600kW风机叶片的长度大约为20m，大型风机叶片长度可达80m，而且被设计得很像飞机的机翼。

（2）偏航控制装置 在风向改变时，风速传感器可通过风向标来感知风向，偏航控制装置就会转动机舱使叶片和转子正对着风向，风力发电机自动实现偏转。

（3）变桨控制装置 用来控制叶片相对于旋转平面的位置角度。变桨控制装置是随着风速的变化调节叶片节距角，稳定叶片转速以及发电机的输出功率。

（4）液压系统 液压系统通过执行机构驱动叶片转动，改变叶片节距角。

叶片　变桨控制装置　液压系统　风速计与风向标

偏航控制装置　塔架　控制柜　同步发电机

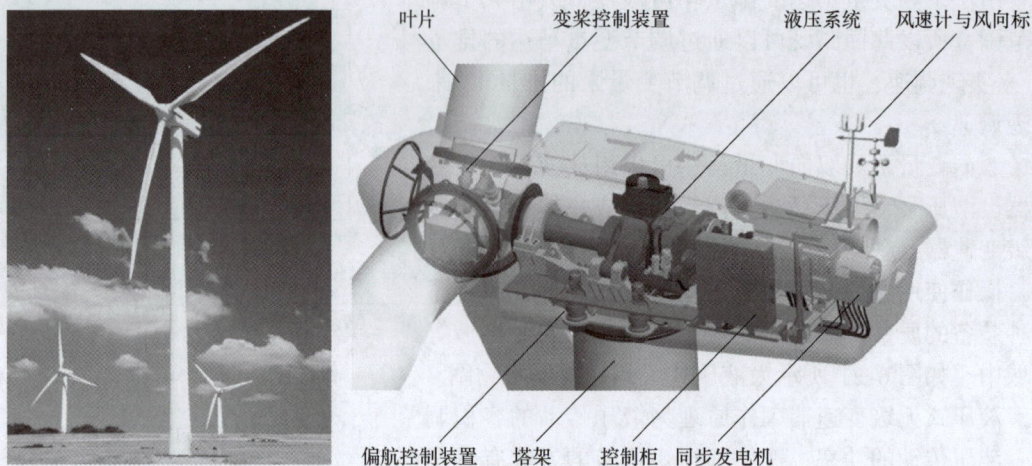

图 6-23　风力发电机及其结构

　　风力发电机的液压系统属于风力发电机的一种动力系统，可以为风力发电机上一切使用液压作为驱动力的装置提供动力，实现风力发电机组的转速、功率控制和制动控制。

　　风力发电机叶片通过驱动液压泵将机械能转变为液压能，再通过液压马达将液压能转变为机械能，从而驱动同步发电机发电。液压系统可以实现无级变速，风力发电机液压系统工作原理如图 6-24 所示。

图 6-24　风力发电机液压系统工作原理

　　风力发电机的工作原理比较简单，叶片在风力的作用下旋转，它把风的动能转变为叶片轴的机械能，发电机在叶片轴的带动下旋转发电。

　　中国新能源战略已经将发展风力发电设为重点战略。目前中国风力发电总装机容量世界排名第一、美国第二、德国第三、印度第四。风力发电正在世界上形成一股热潮。

6.3.3 容积节流调速回路

双泵快速回路

容积节流调速回路如图 6-25 所示，调节调速阀节流口的开口大小，就改变了进入液压缸的流量，从而改变液压缸活塞的运动速度。

如果限压式变量泵的流量大于调速阀调定的流量，由于系统中没有设置溢流阀，多余的油液没有排油通路，势必使变量泵和调速阀之间油路的油液压力升高，但是当限压式变量泵的工作压力增大到预先调定的数值后，泵的流量会随工作压力的升高而自动减小。

在这种回路中，泵的输出流量与通过调速阀的流量是相适应的，因此效率高，发热量小。同时，因为采用调速阀，液压缸的运动速度基本不受负载变化的影响，即使在较低的运动速度下工作，运动也较稳定。

限压式变量泵与调速阀等组成的容积节流调速回路，具有效率较高、调速较稳定、结构较简单等优点。目前已广泛应用于负载变化不大的中、小功率组合机床的液压系统中。

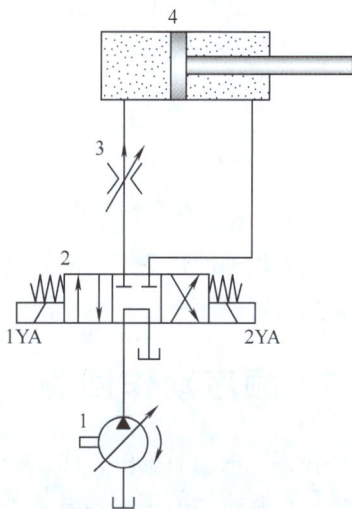

图 6-25 容积节流调速回路

6.4 快速运动回路

一个工作循环的不同阶段，要求执行元件有不同的运动速度，承受不同的负载。执行元件在工作进给阶段输出的作用力较大，一般速度较低，但在空程阶段负载很小，需要其有较高的运动速度，为了提高生产效率，需要采用快速回路。

1. 差动连接的快速运动回路

图 6-26 所示的快速运动回路是利用差动液压缸的差动连接来实现的。当电磁铁吸合时，二位三通电磁换向阀处于左位，液压缸回油直接回油箱，此时，执行元件可以承受较大的负载，运动速度较低。当电磁铁断电时，二位三通电磁换向阀处于右位，液压缸形成差动连接，液压缸的有效工作面积实际上等于活塞杆的面积，从而实现了活塞的快速运动。

当液压缸无杆腔有效工作面积等于有杆腔有效工作面积的两倍时，差动快进的速度等于非差动快退的速度。这种回路比较简单、经济。可以选择流量规格小一些的泵，这样能提高效率，因此应用较多。

2. 双泵供油的快速运动回路

双泵供油的快速运动回路利用低压大流量泵和高压小流量泵并联为系统供油，如图 6-27 所示。图中，1 为高压小流量泵，用以实现工作进给运动；2 为低压大流量泵，用以实现快速运动。在快速运动时，液压泵 2 输出的油经单向阀 4 和液压泵 1 输出的油共同向系统供油。在工作进给时，系统压力升高，打开液控顺序阀（卸荷阀）3 使液压泵 2 卸荷，此时单向阀 4 关闭，由液压泵 1 单独向系统供油。

溢流阀 5 控制液压泵 1 的供油压力。卸荷阀 3 使液压泵 2 在快速运动时供油，在工作进给时卸荷，因此它的调整压力应比快速运动时系统所需的压力要高，但比溢流阀 5 的调整压力低。

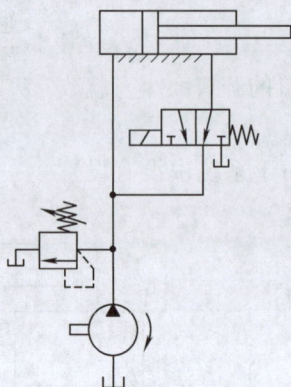

图6-26 差动连接的快速运动回路

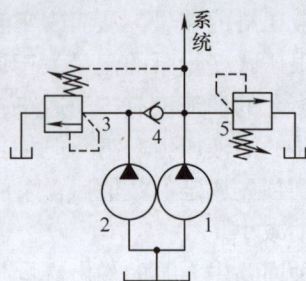

图6-27 双泵供油的快速运动回路

双泵供油的快速运动回路功率利用合理、效率高，并且速度换接较平稳，在快、慢速度相差较大的机床中应用很广泛；缺点是要用一个双联泵，油路系统也稍复杂。

6.5 顺序动作回路

在多缸液压系统中，往往需要按照一定的要求顺序动作。如自动车床中刀架的纵、横向运动，夹紧机构的定位和夹紧等。顺序动作回路的功能是使多个执行元件按预定顺序依次动作。按控制方式可分为行程控制、压力控制和时间控制三种。

行程开关控制的顺序动作回路

6.5.1 行程控制的顺序动作回路

在图6-28所示状态下，A、B两液压缸的活塞均在右端。当电磁换向阀1YA通电换向时，液压缸A活塞杆左行完成动作①；到达预定位置时，液压缸A的挡块触动行程开关ST1，使2YA通电换向，液压缸B活塞杆左行完成动作②。

当液压缸B活塞杆左行到达预定位置时，触动行程开关ST2，使1YA断电，液压缸A活塞杆返回，实现动作③；当液压缸A活塞杆右行到达预定位置时，液压缸A的挡块触动行程开关ST3，使2YA断电换向，液压缸B完成动作④；当液压缸B挡块触动行程开关ST4时，行程开关ST4发出信号，使泵卸荷或引起其他动作，完成一个工作循环。

6.5.2 压力控制的顺序动作回路

压力控制就是利用管道本身压力的变化来控制阀口的启闭，使执行元件实现顺序动作，其主要控制元件是顺序阀和压力继电器。

1. 采用顺序阀控制的顺序动作回路

图6-29为采用顺序阀控制的顺序动作回路。系统中有两个执行元件：夹紧液压缸A和加工液压缸B，阀1和阀2是单向顺序阀。两液压缸按夹紧→工作进给→快退→松开的顺序

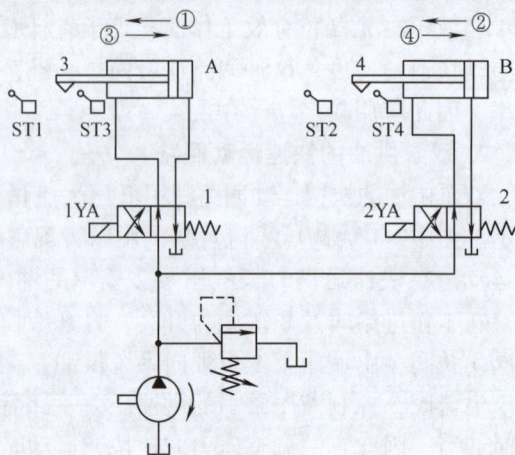

图6-28 行程控制的顺序动作回路

动作。

工作过程如下：

1）二位四通电磁阀通电，阀切换到左位，液压油进入夹紧液压缸 A 左腔，由于系统压力低于单向顺序阀1的调定压力，顺序阀未开启，液压缸 A 活塞向右运动实现夹紧，完成动作①，回油经单向顺序阀2流回油箱。

2）当液压缸 A 活塞右移到达终点时，工件被夹紧，系统压力升高。此时，单向顺序阀1 开启，液压油进入加工液压缸 B 左腔，活塞向右运动进行加工，回油经换向阀回油箱，完成动作②。

3）加工完毕后，二位四通电磁阀断电，右位接入系统，液压油液进入液压缸 B 右腔，回油经单向顺序阀1流回油箱，活塞向左快速运动实现快退，完成动作③。

4）动作③到达终点后，油压升高，使单向顺序阀2开启，液压油液进入液压缸 A 右腔，回油经换向阀回油箱，活塞向左运动松开工件，完成动作④。

这种顺序动作回路适用于液压缸数量不多、负载阻力变化不大的液压系统。

2. 采用压力继电器控制的顺序动作回路

图 6-30 是采用压力继电器控制的顺序动作回路。当2YA 通电时，换向阀切换至左位，液压缸 A 左腔进油，活塞向右运动，回油经换向阀流回油箱，完成动作①；当活塞碰上定位挡铁时，系统压力升高，使安装在液压缸 A 进油路上的压力继电器动作，发出电信号，使2YA 通电，液压油液进入液压缸 B 左腔，推动活塞向右运动，完成动作②；实现液压缸 A、B 的先后顺序动作。

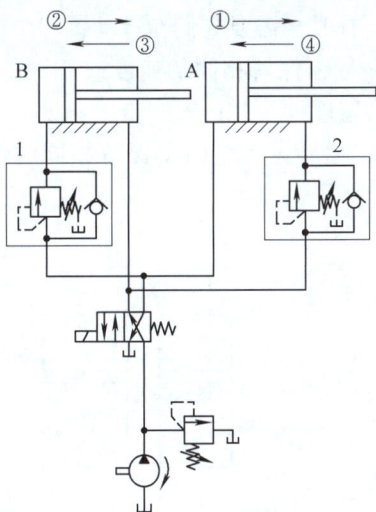

图 6-29 采用顺序阀控制的顺序动作回路

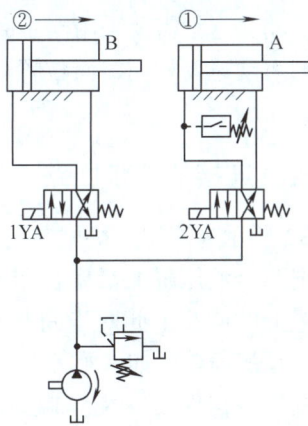

图 6-30 采用压力继电器控制的顺序动作回路

6.6 速度切换回路

液压系统的执行机构往往需要在工作行程中的不同阶段有不同的运动速度，这时可以采用速度切换回路。速度切换回路的作用就是将一种运动速度转换成另外一种运动速度。

图 6-31 所示为采用行程换向阀（简称行程阀）实现的速度切换回路。行程换向阀是一种被执行元件，滑块触动以实现换向的机动换向阀。这一回路可使执行元件完成"快进→工进→

快退→停止"这一自动工作循环。在图示位置，手动换向阀 2 处在右位，液压缸 1 快进，此时，溢流阀 4 处于关闭状态。当活塞杆所连接的滑块压下行程阀 7 时，行程阀 7 关闭，液压缸右腔的油液必须通过调速阀 5 才能流回油箱，活塞运动速度转变为慢速工进。此时，溢流阀 4 处于溢流稳压状态。当手动换向阀 2 处于左位时，液压油经单向阀 6 进入液压缸右腔，液压缸左腔的油液直接流回油箱，活塞快速退回。

这种回路的快速与慢速的切换过程比较平稳，切换点的位置比较准确。缺点是行程阀必须安装在装备上，管路连接较复杂。

回路的改进措施：

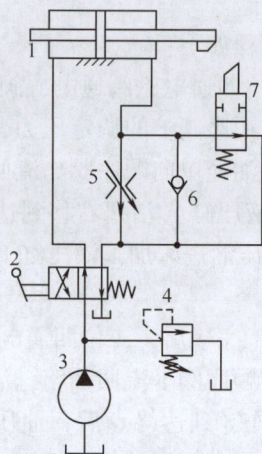

图 6-31　采用行程换向阀实现的速度切换回路

该回路中若将行程阀 7 改为行程开关，手动换向阀 2 改为电磁换向阀，由行程开关发出信号控制电磁换向阀的换向，这种安装比较方便，除行程开关需装在机械设备上外，其他液压元件可集中安装在液压站中，但速度切换时平稳性以及换向精度较差，当快进速度与工进速度相差很大时，回路效率很低。

6.7 　同步回路

在两个或两个以上液压缸同时动作的液压系统中，有时会需要它们在运动过程中，能够克服负载、泄漏、摩擦、制造误差以及结构变形上的差异，保持相同的速度或相同的位移，实现同步运动，这就需要采用同步回路。同步回路分为速度同步和位置同步，速度同步是指运动部件的运动速度相同，而位置同步是指运动部件在运动过程中时刻保持相同的位置和位移。

6.7.1 　机械连接的同步回路

图 6-32 所示为液压缸机械连接的同步回路，这种同步回路是把两个液压缸的活塞杆用刚性结构件刚性连接以实现位置上的同步，此同步同路基本上能保证位置同步的要求，经济简单，如水闸等。

由于刚性结构件在安装、制造上的误差，同步精度不高；同时，两个液压缸之间的距离不宜过大，负载差异也不宜过大，否则会造成卡死现象。液压缸垂直放置时，由于刚性结构件的自重作用，下腔油液压力可能很高，这就需要在回油路上增加平衡阀。

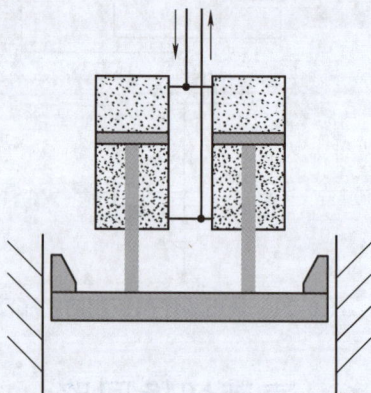

图 6-32　液压缸机械连接的同步回路

6.7.2 　采用调速阀控制的同步回路

图 6-33 所示是两个并联的液压缸，两个调速阀分别串联在两液压缸的进油路上（也可安装在回油路上）。两个调速阀分别调节两液压缸活塞的运动速度。由于调速阀具有当外负

载变化时仍然能够保持流量稳定这一特点，所以只要仔细调整两个调速阀开口的大小，就能使两个液压缸保持同步。

用调速阀控制的同步回路，结构简单，并且同步运动的速度可以调节。由于受到油温变化以及调速阀性能差异等影响，此回路同步精度较低，一般在 5% ~ 10%。

6.7.3　采用分流阀控制的同步回路

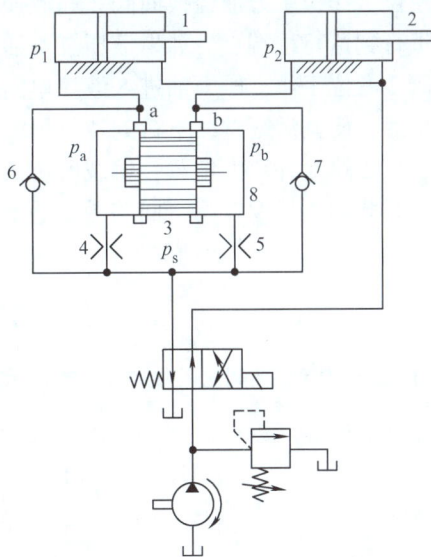

图 6-34 所示是采用分流阀控制的同步回路。液压缸 1 和 2 的有效工作面积相同，阀 8 为分流阀，分流阀阀口的入口处有两个尺寸相同的固定节流器 4 和 5，分流阀的出口 a 和 b 分别接在两个液压缸的入口处，固定节流器与液压缸出口连接，分流阀阀体并联了单向阀 6 和 7。阀口 a 和 b 是两个可变节流孔。当二位四通电磁阀断电时，液压缸 1 和 2 活塞处于最左端。当二位四通电磁阀通电时，阀处于右位，压力为 p_s 的压力油经过固定节流器，再经过分流阀上的 a 和 b 两个可变节流孔，进入液压缸 1 和 2 的无杆腔，两液压缸的活塞向右运动。当作用在两液压缸的负载相等时，分流阀 8 的阀芯 3 处于某一平衡位置不动，阀芯两端压力相等，即 $p_a = p_b$，固定节流器上的压降保持相等，进入液压缸 1 和 2 的流量相等，所以液压缸 1 和 2 以相同的速度向右运动。如果液压缸 1 上的负载增大，分流阀左端的压力 p_a 上升，阀芯 3 右移，a 孔加大，b 孔减小，使压力 p_a 下降，p_b 上升，直到达到一个新的平衡位置时，即 $p_a = p_b$，阀芯不再运动，此时固定节流器 4 和 5 上的压降保持相等，液压缸 1 和 2 仍然以相同的速度运动。

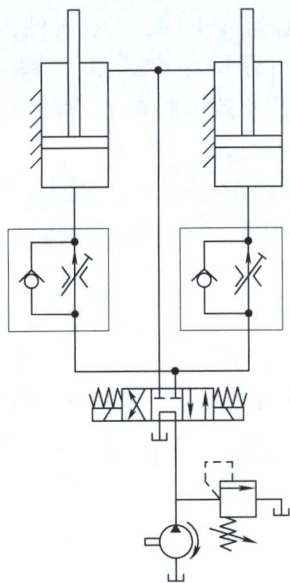

图 6-33　调速阀并联的同步回路　　　图 6-34　采用分流阀控制的同步回路

通过分流阀阀芯的移动，可以保持固定节流器 4 和 5 上下游的压降相等，即进入液压缸 1 和 2 的流量相等，从而保证速度的同步。

分流阀只能实现速度同步。若某液压缸先到达行程终点，则可经阀内节流孔窜油，使各液压缸都能到达终点，从而消除积累误差。分流阀的同步回路简单、经济，纠偏能力大，同步精度可达 2% ~ 5%。这种同步回路较好地解决了同步效果不能调整或不易调整的问题。

但分流阀的压力损失大，效率低，不适用于低压系统，而且其流量范围较窄。当流量过多低于分流阀的公称流量时，分流精度显著降低。

6.7.4 串联液压缸的同步回路

图 6-35 所示为带有补偿装置的串联液压缸的同步回路。图中液压缸 5 下腔排出的油液，又被送入液压缸 4 的上腔。如果串联液压缸活塞的有效面积相等（即 $A_1 = A_2$），便可实现同步运动。这种回路两缸能承受不同的负载，但泵的供油压力要大于两缸工作压力之和。

由于泄漏和制造误差，影响了串联液压缸的同步精度，当活塞往复多次后，会产生严重的失调现象，为此要采取补偿措施。

当两缸同时下行时，若液压缸 5 活塞先到达行程终点，则挡块压下行程开关 ST1，电磁铁 3YA 通电，换向

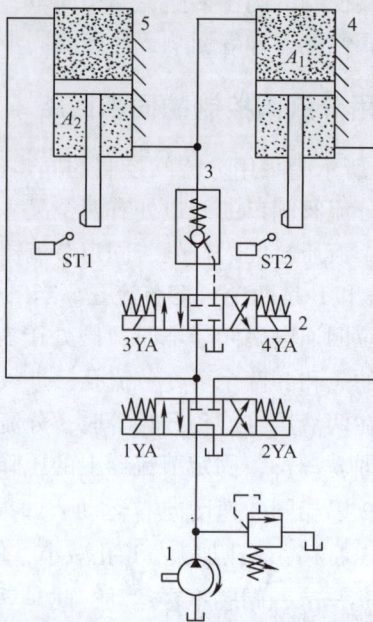

图 6-35 带有补偿装置的串联液压缸的同步回路

阀 2 左位工作，压力油经换向阀 2 和液控单向阀 3 进入液压缸 4 上腔，进行补油，使其活塞继续下行到达行程端点。如果液压缸 4 活塞先到达终点，行程开关 ST2 使电磁铁 4YA 通电，换向阀 2 右位工作，压力油进入液控单向阀 3 控制腔，打开液控单向阀 3，液压缸 5 下腔与油箱接通，使其活塞继续下行到达行程终点，从而消除累积误差。

这种回路允许较大偏载，偏载所造成的压降不影响流量的改变，只会导致微小的压缩和泄漏，因此同步精度较高，回路效率也较高。两个串联液压缸的活塞的有效面积相等（即 $A_1 = A_2$），是实现同步运动的保证。

习题与思考题

6-1 三个溢流阀的调定压力如图 6-36 所示，试问泵的供油压力有几级？其压力值各为多少？

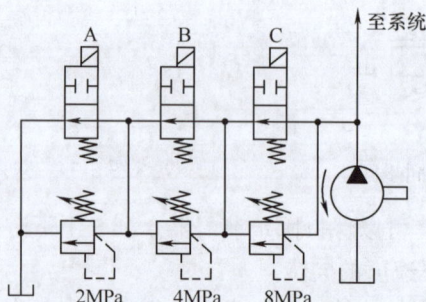

图 6-36 题 6-1 图

6-2 在图 6-37 所示回路中，若溢流阀的调整压力为 5MPa，判断当 YA 断电，负载无穷大或负载压力为 3MPa 时，系统的压力分别是多少？当 YA 通电，负载压力为 3MPa 时，系统的压力又是多少？

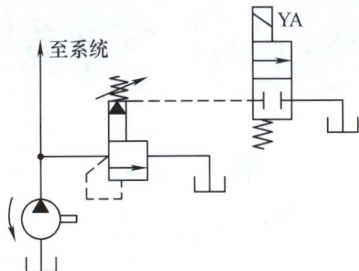

图 6-37 题 6-2 图

6-3 在图 6-38 所示回路中, 溢流阀的调整压力 $p_y = 5\text{MPa}$, 顺序阀的调整压力 $p_x = 3\text{MPa}$, 问 A、B 点的压力各为多少?

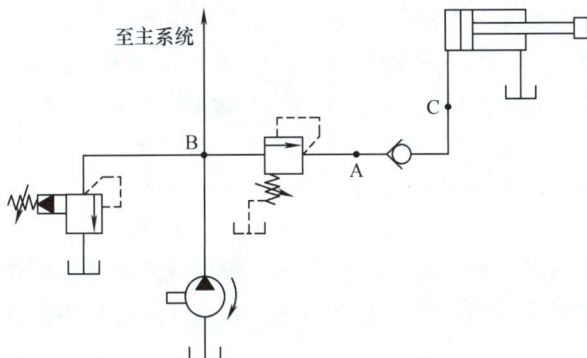

图 6-38 题 6-3 图

6-4 在图 6-39 所示回路中, 溢流阀的调整压力为 5MPa, 减压阀的调整压力为 2.5MPa, 试分析下列各情况, 并说明减压阀阀口处于什么状态?

1) 当泵压力等于溢流阀调定压力时, 夹紧缸使工件夹紧后, A、C 点的压力各为多少?

2) 当泵压力由于工作缸快进, 压力降到 1.5MPa 时 (工件原先处于夹紧状态), A、C 点的压力各为多少?

3) 夹紧缸在夹紧工件前做空载运动时, A、B、C 三点的压力各为多少?

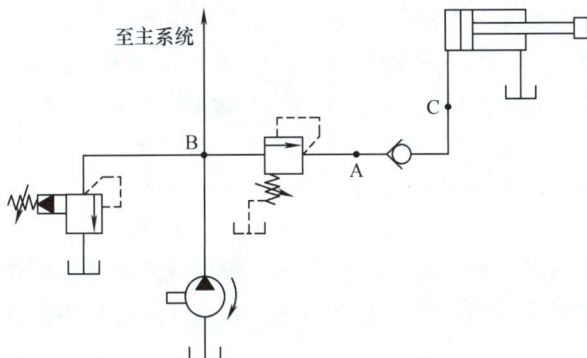

图 6-39 题 6-4 图

学习情境7　典型的液压传动系统分析

教学目标

知识目标 →

● 掌握典型的液压传动系统分析方法

技能目标 →

● 能正确选择液压元件并使用其组装、调试和维护完整液压系统

▶ 情境链接

大国崛起：国产大飞机 C919

　　航空航天装备是《中国制造 2025》重点领域技术创新装备。C919 的横空出世，填补了国产大飞机的历史空白，圆了中国人自己的航天梦，打破了波音、空客两家航空公司长期形成的高度垄断，在潜力巨大的民航客机市场中占据了一席之地。如图 7-1 所示为国产大飞机 C919。

　　国产大飞机 C919 上有很多机构属于液压驱动，如襟翼的收放，副翼、升降舵和方向舵的偏转等。襟翼的收放可以增加机翼接受风力的面积，达到在飞行中增加升力的目的；副翼、升降舵和方向舵的偏转，可以实现飞行姿态的控制和改变。

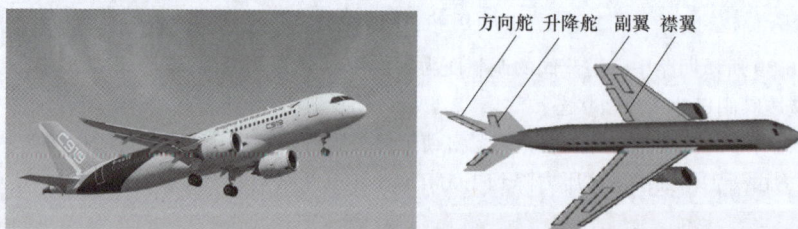

方向舵　升降舵　　副翼　襟翼

图 7-1　高空飞行中的 C919

　　升降舵用来控制飞机上升和下降。当升降舵向下偏转时，机尾升力增大，飞机会向下飞行；当升降舵向上偏转时，飞机就会抬头向上飞行。方向舵位于机尾的末端，可以左右偏转，用来控制飞机的小角度向左、向右转向。飞机转弯还需要副翼来进行协调，副翼位于机翼翼梢后缘，左右两块副翼可以独立地上下偏转。当飞机向右转弯时，右副翼向上偏转，左副翼向下偏转，这时右机翼受到一个向下的力，左机翼受到一个向上的力，飞机向右滚转，整机的升力向右倾斜，使飞机向右转弯，与此同时需要协调地控制方向舵偏转，使飞机不发生侧滑。

　　液压工业已经成为我国装备制造业的重要基石和机械工业的基础产业，为国家重大工程和重点项目配套，并取得了辉煌成就。液压工业产品已经成功装备了我国航空航天领域的神舟飞船、嫦娥工程等。

　　液压系统与机械传动系统、电子控制系统相结合，广泛地应用于机械装备的许多机构中。一般地，分析复杂的液压系统图有以下几个步骤：

1）充分了解机械设备能够实现的功能以及对液压系统的动作要求。

2）以各个执行元件为核心将系统分为若干分支系统。

3）分析分支系统含有哪些基本回路，根据执行元件动作循环读懂分支系统。

4）分析各执行元件之间是否有顺序、互锁、同步、抗干扰等动作要求，从而全面清晰地理解系统工作原理和性能特点。

7.1   机械手液压传动系统

1. 概述

机械手是一种可以模仿人的手部动作，实现自动抓取、搬运重物的机械装置，它代替了人的部分工作。机械手液压传动系统是一种多缸多动作的典型液压系统。机械手的工作循环如图7-2所示。

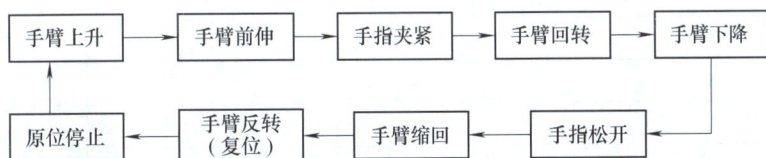

图7-2   机械手的工作循环图

2. 自动卸料机械手液压系统原理

自动卸料机械手液压系统原理如图7-3所示。该系统由定量泵2供油，先导式溢流阀6

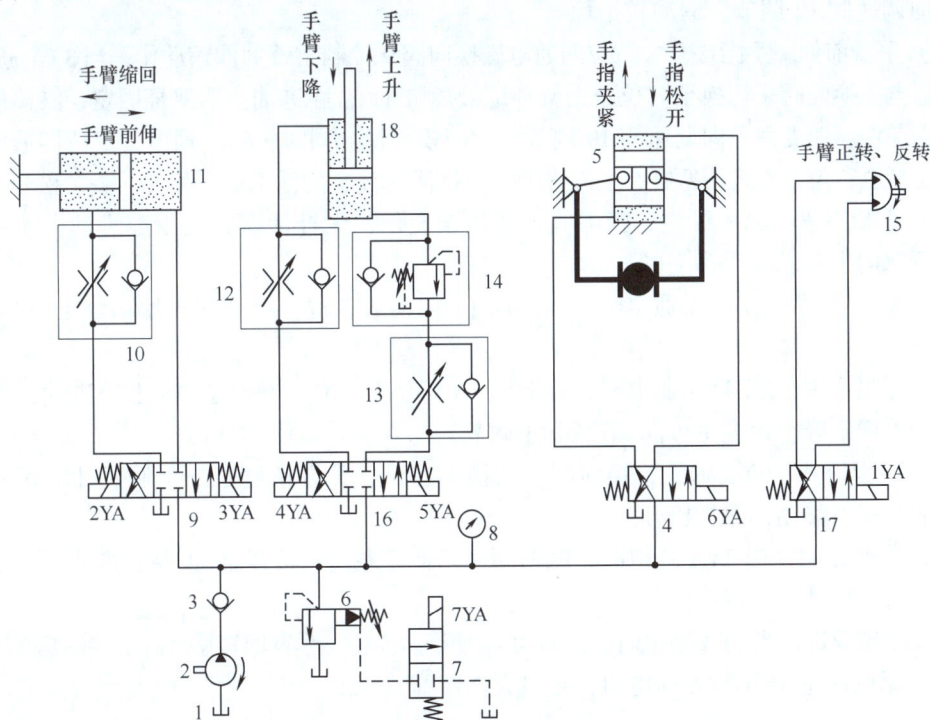

图7-3   自动卸料机械手液压系统原理

1—油箱   2—定量泵   3—单向阀   4、17—二位四通电磁换向阀   5—无杆活塞缸   6—先导式溢流阀

7—二位二通电磁换向阀   8—压力表   9、16—三位四通电磁换向阀   10、12、13—单向调速阀

11—手臂伸缩液压缸   14—平衡阀   15—手臂回转摆动缸   18—手臂升降液压缸

调节系统压力，压力值可通过压力表 8 测定。电磁换向阀在得到电信号之后，控制机械手按照预先设定的程序完成相应的动作。自动卸料机械手的电磁铁动作顺序见表 7-1。机械手的动作原理如下。

表 7-1 自动卸料机械手的电磁铁动作顺序表

动作顺序	电磁铁						
	1YA	2YA	3YA	4YA	5YA	6YA	7YA
手臂上升					+		
手臂前伸、手指松开			+			+	
手指夹紧						-	
手臂正转	+						
手臂下降				+			
手指松开						+	
手臂缩回		+					
手臂反转	-						
原位停止							+

（1）手臂上升　三位四通电磁换向阀 16 控制手臂的升降运动，当 5YA 通电时，三位四通电磁换向阀 16 切换至右位，手臂升降液压缸 18 下腔进油，活塞向上移动，手臂上升。速度由单向调速阀 12 调节，运动较平稳。

（2）手臂前伸、手指松开　三位四通电磁换向阀 9 控制手臂的伸缩动作，当 3YA 通电时，三位四通电磁换向阀 9 切换至右位，手臂伸缩液压缸 11 右腔进油，活塞杆固定，缸筒向右移动，手臂前伸。速度由单向调速阀 10 调节，运动较平稳。同时，6YA 通电，二位四通电磁换向阀 4 切换至右位，无杆活塞缸 5 上腔进油，无杆活塞缸 5 的活塞向下移动，手指松开。

（3）手指夹紧　6YA 断电，换向阀 4 切换至左位，无杆活塞缸 5 下腔进油，无杆活塞缸 5 的活塞向上移动，手指夹紧。

（4）手臂回转　当 1YA 通电时，换向阀 17 切换至右位，手臂回转摆动缸 15 转动，手臂回转。

（5）手臂下降　当 4YA 通电时，换向阀 16 切换至左位，液压缸 18 上腔进油，活塞向下移动，手臂下降。速度由单向调速阀 13 调节。

（6）手指松开　6YA 通电，换向阀 4 切换至右位，无杆活塞缸 5 上腔进油，无杆活塞缸 5 的活塞向下移动，手指松开。

（7）手臂缩回　当 2YA 通电时，换向阀 9 切换至左位，液压缸 11 左腔进油，活塞杆固定，缸筒向左移动，手臂缩回。

（8）手臂反转　当 1YA 断电时，换向阀 17 切换至左位，手臂回转摆动缸 15 带动手臂反转。

（9）原位停止　当 7YA 通电时，定量泵 2 卸荷。

7.2　MJ-50 型数控车床液压系统

1. 概述

目前，在数控车床上，大多都使用了液压技术。下面介绍 MJ-50 型数控车床液压系统。

数控车床由液压系统实现的动作有卡盘的夹紧与松开、回转刀架的回转、尾座套筒的伸出与缩回。

2. 液压系统的工作原理

数控车床液压系统（见图7-4）采用单向变量泵供油，系统压力调至4MPa，压力由压力表15显示，泵输出的液压油经过单向阀17进入系统。

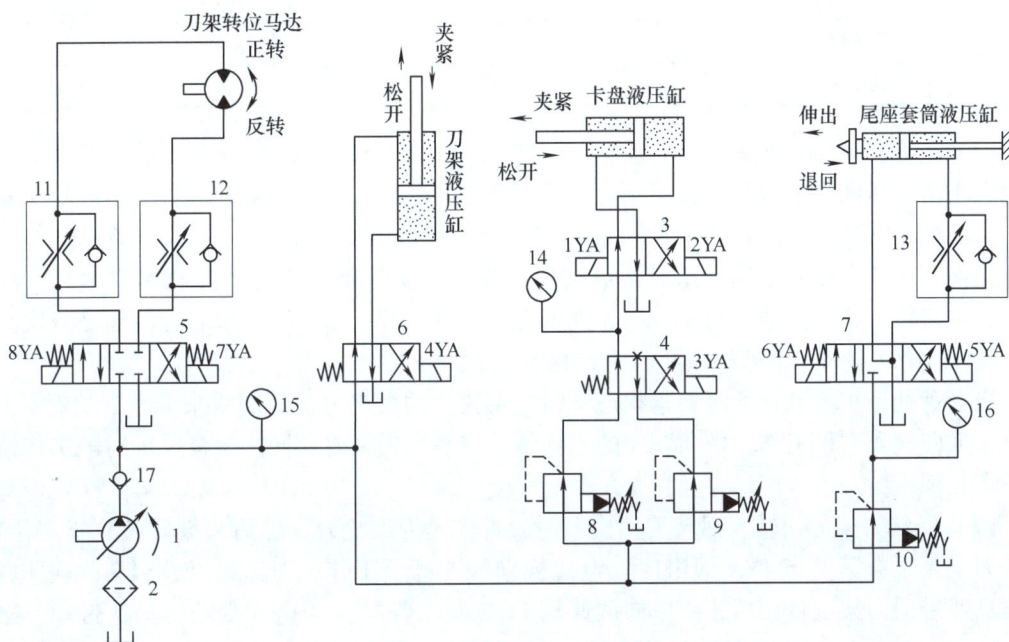

图 7-4　MJ-50 型数控车床液压系统

1—液压泵　2—滤油器　3～7—电磁换向阀　8～10—减压阀

11～13—单向调速阀　14～16—压力表　17—单向阀

液压系统中各电磁阀的电磁铁动作由数控系统的可编程序控制器控制，各电磁铁动作见表7-2。

表 7-2　MJ-50 型数控车床电磁铁动作表

动作			电磁铁							
			1YA	2YA	3YA	4YA	5YA	6YA	7YA	8YA
卡盘正卡	高压	夹紧	+	−	−					
		松开	−	+	−					
	低压	夹紧	+	−	+					
		松开	−	+	+					
卡盘反卡	高压	夹紧	−	+	−					
		松开	+	−	−					
	低压	夹紧	−	+	+					
		松开	+	−	+					

（续）

动作		电磁铁							
		1YA	2YA	3YA	4YA	5YA	6YA	7YA	8YA
刀架	松开				+				
	夹紧				−				
	正转							−	+
	反转							+	−
尾座	套筒伸出					−	+		
	套筒缩回					+	−		

（1）卡盘的夹紧与松开   当卡盘处于正卡（或称外卡）且在高压夹紧状态下时，夹紧力的大小由减压阀8来调整，夹紧压力由压力表14来显示。当1YA通电时，换向阀3左位工作，系统压力油经减压阀8、换向阀4、换向阀3到卡盘液压缸右腔，卡盘液压缸左腔的油液经换向阀3直接回油箱。这时，活塞杆左移，卡盘夹紧。反之，当2YA通电时，换向阀3右位工作，系统液油经阀8、4、3到卡盘液压缸左腔，卡盘液压缸右腔的油液经换向阀3直接回油箱。这时，活塞杆右移，卡盘松开。

当卡盘处于正卡且在低压夹紧状态下时，夹紧力的大小由减压阀9来调整。这时，3YA通电，换向阀4右位工作。换向阀3的工作情况与高压夹紧时相同。卡盘反卡时的工作情况与正卡相似。

（2）回转刀架的回转   回转刀架换刀时，首先是刀架松开，然后刀架转位到指定位置，最后刀架复位夹紧。当4YA通电时，电磁换向阀6开始工作，刀架松开，当8YA通电时，液压马达带动刀架正转，转速由单向调速阀11控制。若7YA通电，则液压马达带动刀架反转，转速由单向调速阀12控制，当4YA断电时，电磁换向阀6左位工作，刀架液压缸使刀架夹紧。

（3）尾座套筒液压缸的伸缩运动   当6YA通电时，电磁换向阀7左位工作，系统液压油经减压阀10、电磁换向阀7到尾座套筒液压缸的左腔，缸筒带动尾座套筒伸出，液压缸右腔油经单向调速阀13、电磁换向阀7回油箱，伸出时的预紧力大小通过压力表16显示。反之，当5YA通电时，电磁换向阀7右位工作，系统液压油经减压阀10、电磁换向阀7、单向调速阀13到尾座套筒液压缸的右腔，液压缸左腔油经电磁换向阀7回油箱，缸筒带动尾座套筒缩回。

3. 液压系统的特点

1）采用单向变量泵向系统供油，能量损失小。

2）用电磁换向阀控制卡盘，实现高压和低压夹紧的转换，并且分别调节高压夹紧或低压夹紧力的大小，这样可根据工作情况调节夹紧力，操作方便简单。

3）用液压马达实现刀架的转位，可实现无级调速，并能控制刀架正反转。

4）压力表14、15、16可分别显示系统相应位置的压力，以便于调试和故障诊断。

7.3   组合机床动力滑台液压系统

组合机床上的动力滑台是实现进给运动的通用部件，配上动力头和主轴箱后可以对工件完成各种孔加工、端面加工等工序。液压动力滑台用液压缸驱动，它在电气和机械装置的配

合下可以实现一定的工作循环。动力滑台液
压系统是一种以速度变化为主的典型液压系
统。图7-5为组合机床外形示意图。

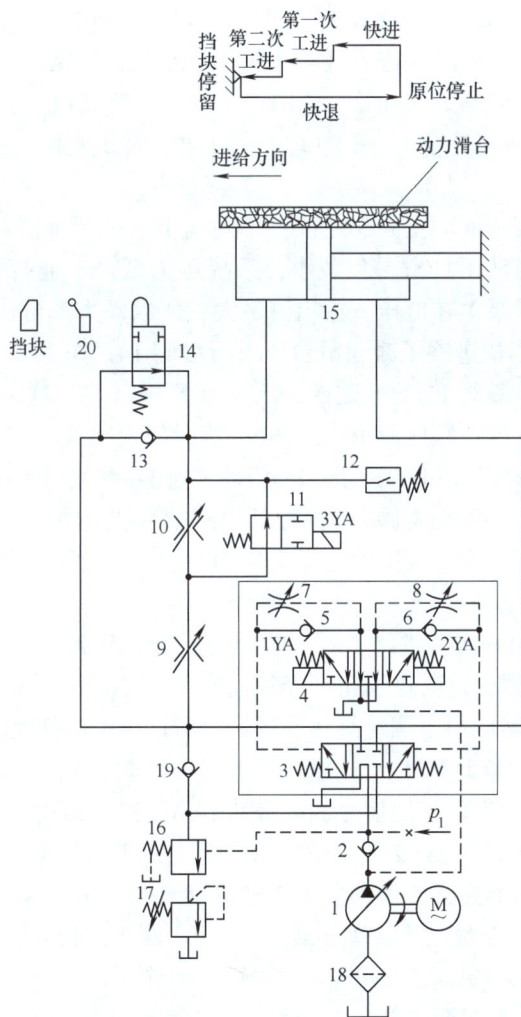

1. YT4543型动力滑台液压系统

YT4543型动力滑台液压系统原理图如
图7-6所示。动力滑台的最大推力为45kN，
工作进给速度范围为6.6~660mm/min，最
大快进速度为7.3m/min。该系统采用限压式
变量叶片泵供油，电液换向阀换向，行程阀

图7-5　组合机床外形示意图

实现快慢速度转换，串联调速阀实现两种工作进给速度的转换，其最高工作压力不大于
6.3MPa。液压滑台上的工作循环是由固定在移动工作台侧面上的挡铁直接压行程阀换位或
压行程开关控制电磁换向阀的通、断电顺序实现的。

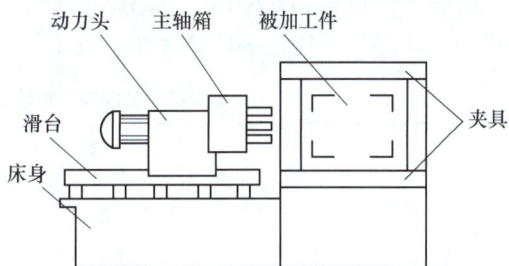

图7-6　YT4543型动力滑台液压系统原理图

1—变量泵　2、5、6、13、19—单向阀　3—液动主阀　4—电磁换向阀　7、8—节流阀

9、10—调速阀　11—电磁阀　12—压力继电器　14—行程阀　15—液压缸

16—液控顺序阀　17—背压阀　18—过滤器　20—行程开关

由图 7-6 和表 7-3 可知, 该系统可实现的典型工作循环是: 快进→第一次工进→第二次工进→挡块停留→快退→原位停止, 其工作情况分析如下:

表 7-3　YT4543 型动力滑台电磁铁顺序动作表

动　作	元　件				
	1YA	2YA	3YA	压力继电器 12	行程阀 14
快进	+				导通
第一次工进	+				切断
第二次工进	+		+		切断
挡块停留	+ → -	- → +	+ → -	+	切断
快退		+			切断 → 导通
原位停止					导通

(1) 快进　按下起动按钮, 电磁铁 1YA 通电, 电磁换向阀 4 的左位接入系统, 由变量泵 1 输出的液压油经电磁换向阀 4 进入液动主阀 3 的左侧, 使液动主阀 3 切换至左位, 液动主阀 3 右侧的控制油经节流阀 8 回油箱。这时, 主油路工作情况为:

进油路: 过滤器 18→变量泵 1→单向阀 2→液动主阀 3 左位→行程阀 14→液压缸左腔 (无杆腔);

回油路: 液压缸右腔→液动主阀 3 左位→单向阀 19→行程阀 14→液压缸左腔, 这时形成差动回路。因为快进时液压缸滑台负载小, 系统压力低, 不能打开液控顺序阀 16, 液压缸为差动连接。又因变量泵 1 在低压下输出流量大, 所以动力滑台快速进给。

(2) 第一次工进　当快进终了时, 滑台压下行程阀 14。电磁铁 1YA 继续通电, 液动主阀 3 左位仍接入系统, 电磁阀 11 的电磁铁 3YA 处于断电状态, 这时主油路必经过调速阀 9, 使阀前主系统压力升高, 液控顺序阀 16 被打开, 这时的油路是:

进油路: 过滤器 18→变量泵 1→单向阀 2→液动主阀 3→调速阀 9→电磁阀 11→液压缸左腔。

回油路: 液压缸右腔→液动主阀 3→液控顺序阀 16→背压阀 17→油箱。

因工作进给压力升高, 变量泵 1 的流量会自动减少, 动力滑台作第一次工进。进给速度由调速阀 9 调节。

(3) 第二次工进　第一次工进终了时, 滑台压下行程开关 20, 使电磁铁 3YA 通电, 电磁阀 11 处于油路断开位置, 这时进油路须经过阀 9 和阀 10 两个调速阀, 实现第二次工进, 由于调速阀 10 调节的流量应小于调速阀 9 的流量, 所以进给的速度大小由调速阀 10 调定。

(4) 挡块停留　动力滑台第二次工进终了碰到挡块时, 不再前进, 其系统压力进一步升高, 使压力继电器 12 动作而发出信号, 电磁铁 1YA、3YA 断电。

(5) 快速退回　压力继电器 12 发出信号后, 电磁铁 1YA、3YA 断电, 2YA 通电, 电磁换向阀 4 的右位接入控制油路, 使液动主阀 3 右位接入主油路。这时主油路是:

进油路: 过滤器 18→变量泵 1→单向阀 2→液动主阀 3 右位→液压缸右腔。

回油路: 液压缸左腔→单向阀 13→液动主阀 3→油箱。

这时系统压力较低, 变量泵 1 输出流量大, 动力滑台快速退回。

(6) 原位停止　当液压滑台退回到原始位置时, 挡块压下行程开关使电磁铁 2YA 断电, 阀 3 和阀 4 都处于中间位置, 动力滑台停止运动, 变量泵 1 输出油液的压力升高, 直到输出流量为零, 变量泵卸荷。

2. YT4543 型动力滑台液压系统的特点

1）系统采用了限压式变量叶片泵和调速阀组成的容积节流调速回路，且在回油路上设置背压阀，能获得较好的运动平稳性，并可减少系统的发热。

2）采用限压式变量泵和差动连接回路，快进时能量利用比较合理；工进时只输出与液压缸相适应的流量；挡块停留时只输出补偿泵及系统内泄漏需要的流量。系统无溢流损失，效率高。

3）采用行程阀和液控顺序阀，实现快进与工进速度的转换，使速度转换平稳、可靠，且位置准确。采用两个串联的调速阀及用行程开关控制的电磁换向阀实现两种工进速度的转换。由于进给速度较低，故也能保证换接精度和平稳性的要求。

4）采用压力继电器发信号，控制滑台反向退回，方便可靠。挡块的采用还能提高滑台工进结束时的位置精度。

7.4　SZ-250A 型塑料注射成型机液压系统

1. 概述

SZ-250A 型塑料注射成型机（简称注塑机）属中小型注塑机，每次最大注射容量为 250cm³。它是将颗粒状的塑料加热熔化为流动状态，以快速高压注入模腔，并经过保压一定时间，冷却后成型为塑料制品。图 7-7 为注塑机的外形示意图。

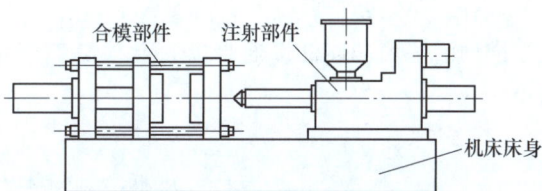

图 7-7　注塑机的外形示意图

根据塑料成型工艺，注塑机的工作循环如图 7-8 所示。该机要求液压系统完成的主要动作有合模和开模、注射座前移和后退、注射、保压以及顶出等。

图 7-8　注塑机的工作循环

它对液压系统的要求如下：

（1）开模和合模速度可调　由于既要缩短空行程时间以提高生产率，又要在合模过程中防止损坏模具和制品，并避免机器产生振动和撞击等，所以合模机构在开膜和合膜过程中需要有多种速度，一般按慢—快—慢的顺序变化。

（2）足够的合模力　熔融塑料通常以 40～150MPa 的高压注入模腔，因此模具必须有足够的合模力，否则会使模具离缝而产生塑料制品的溢边现象。一般注塑机采用液压-机械组合式或全液压式合模机构，合模液压缸产生的推力必须满足合模力的要求。

（3）注射座前移和后退　为了适应各种塑料的加工需要，注射座移动液压缸应有足够的推力，以保证注射时喷嘴与模具浇口紧密接触。

（4）注射压力和注射速度可调节 根据塑料的品种、制品的几何形状及模具浇注系统的不同，注射成型过程中要求注射压力和注射速度可调节。

（5）保压 注射动作完成后，需要保压。一则为使塑料紧贴模腔而获得精确的形状；二则在制品冷却凝固而收缩的过程中，熔融塑料能不断补充进入模腔，防止因充料不足而出现残品。保压压力也要求可调。

（6）顶出制品时速度平稳 顶出液压缸顶出制品时速度应平稳。

以上各动作分别由合模液压缸、注射座移动液压缸、注射液压缸和顶出液压缸来完成。

2. SZ-250A 型注塑机液压系统原理

图 7-9 为 SZ-250A 型注塑机液压系统原理图。该注塑机采用了液压—机械式合模机构，合模液压缸通过对称五连杆结构推动模板进行开模和合模。连杆机构具有增力和自锁作用，依靠连杆弹性变形产生的预紧力来保持所需的合模力。表 7-4 是 SZ-250A 型注塑机电磁铁动作顺序表。现将液压系统的工作原理说明如下：

（1）合模 合模过程按慢—快—慢三种速度顺序进行。合模时首先应将安全门关上，此时行程换向阀 V_4 恢复常态位。

1）慢速合模。电磁铁 2YA、3YA 通电，泵 2 压力由阀 V_{20} 调整。控制油经阀 V_4 常态位至 V_2 右端，V_2 处于右位。大流量泵 1 通过 V_1 卸荷，小流量泵 2 的液压油经 V_2 至合模缸左腔，推动活塞带动连杆慢速合模，合模缸右腔油液经阀 V_2 和冷却器（图中未表示出）回油箱。

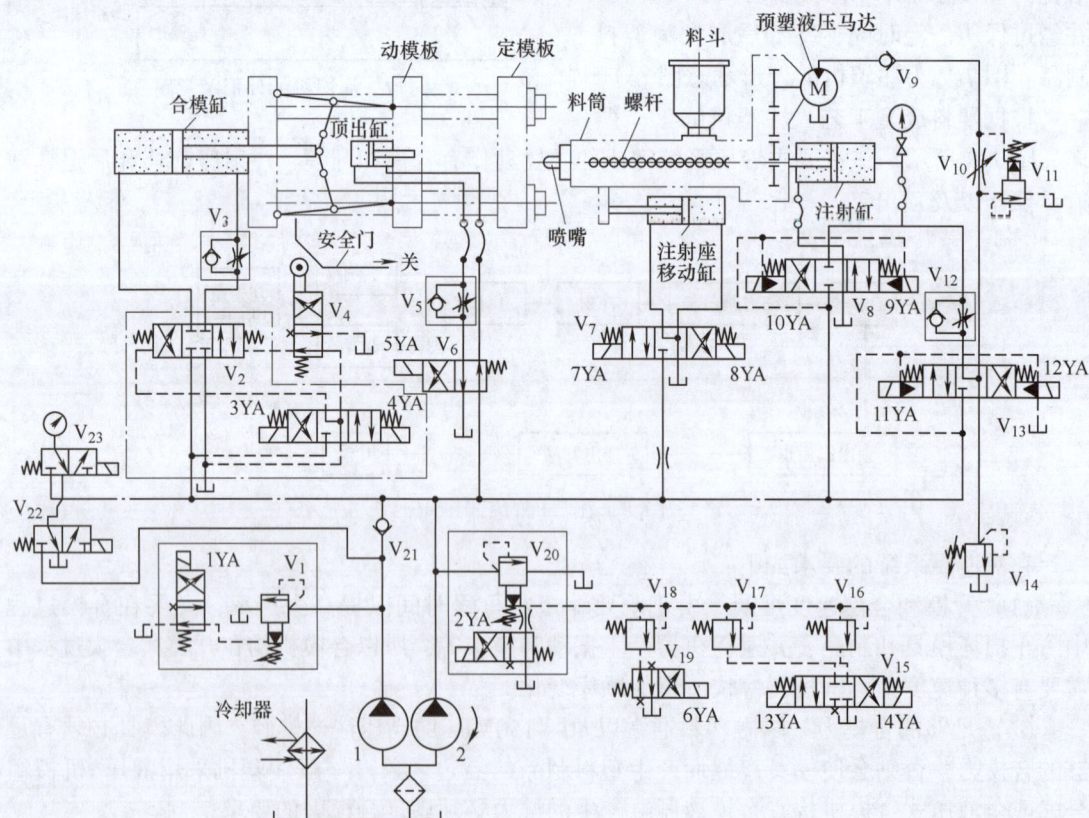

图 7-9 SZ-250A 型注塑机液压系统原理图

表 7-4　SZ-250A 型注塑机电磁铁动作顺序表

动作	电磁铁													
	1YA	2YA	3YA	4YA	5YA	6YA	7YA	8YA	9YA	10YA	11YA	12YA	13YA	14YA
慢速合模		+	+											
快速合模	+	+	+											
低压合模		+	+										+	
高压合模		+	+											
注射座前移		+						+						
慢速注射		+				+		+			+			
快速注射	+	+				+		+	+					
保压		+						+			+			+
预塑	+	+						+				+		
防流涎		+						+		+				
注射座后退		+					+							
慢速开模		+		+										
快速开模	+	+		+										
顶出缸前进		+			+									
顶出缸后退		+												
螺杆后退		+								+				
螺杆前进		+										+		

2）快速合模。1YA、2YA 和 3YA 通电。大流量泵 1 不再卸荷，其油液经单向阀 V_{21} 与小流量泵 2 的供油汇合，同时向合模缸供油，实现快速合模。最高压力由 V_1 限定。

3）低压合模。电磁铁 2YA、3YA 和 13YA 通电。泵 1 卸荷，泵 2 的压力由远程调压阀 V_{16} 控制。由于 V_{16} 的压力较低，缸的最大推力较小，即使两个模板间有硬质异物，也不致损坏模具表面。

4）高压合模。电磁铁 2YA 和 3YA 通电。系统压力由高压溢流阀 V_{20} 控制。大流量泵 1 卸荷，小流量泵 2 的高压油用来进行高压合模。模具闭合并使连杆产生弹性变形，牢固地锁紧模具。

💡 重要提示

　　注塑机液压系统所需的多级压力，靠多个并联的远程调压阀调定，压力的变换通过电磁阀切换来实现。如果采用比例阀来改变系统的压力，不仅可以减少元件，降低成本，还可降低压力变换过程中产生的压力冲击。

（2）注射座前移　电磁铁 2YA 和 8YA 通电。小流量泵 2 的液压油经电磁阀 V_7 进入注射座移动液压缸右腔，推动注射座整体向前运动，注射座移动缸左腔油液则经 V_7 和冷却器而回油箱。

（3）注射

1）慢速注射。电磁铁 2YA、6YA、8YA 和 11YA 通电。泵 2 的液压油经电液换向阀 V_{13} 和单向节流阀 V_{12} 进入注射缸右腔，左腔的油液经电液换向阀 V_8 中位回油箱。注射缸活塞带动注射头螺杆进行慢速注射。注射速度可由单向节流阀 V_{12} 调节。

2）快速注射。电磁铁1YA、2YA、6YA、8YA、9YA和11YA通电，泵1和2的液压油经阀 V_8 进入注射缸右腔，左腔的油液经阀 V_8 回油箱。由于进油不再经单向节流阀 V_{12}，注射缸活塞的移动速度较快。

快、慢速注射时的压力由远程调压阀 V_{18} 限定。

（4）保压　电磁铁2YA、8YA、11YA和14YA通电。由于保压时只需要极少量油液，所以大流量泵1卸荷，仅由小流量泵2单独供油，多余的油液经阀 V_{20} 溢回油箱。保压压力由远程调压阀 V_{17} 调节。

（5）预塑　电磁铁1YA、2YA、8YA和12YA通电。泵1和2的液压油经电液换向阀 V_{13}、节流阀 V_{10} 和单向阀 V_9 驱动预塑液压马达。液压马达通过齿轮减速机构使螺杆旋转，料斗中的塑料颗粒进入料筒，被转动着的螺杆带至前端，进行加热塑化。注射缸右腔的油液在螺杆反推力作用下，经单向节流阀 V_{12}、电液换向阀 V_{13} 和背压阀 V_{14} 回油箱，其背压力由阀 V_{14} 控制。同时注射缸左腔产生局部真空，油箱的油液在大气压力作用下，经阀 V_8 中位进入注射缸左腔。液压马达的旋转速度由阀 V_{10} 和阀 V_{11} 组成的旁通型调速阀控制。

（6）防流涎　电磁铁2YA、8YA和10YA通电。泵1卸荷，泵2的液压油经阀 V_7 使注射座前移，喷嘴与模具保持接触。同时，液压油经阀 V_8 进入注射缸左腔，使螺杆强制后退，以防止喷嘴端部流涎。注射缸右腔的油液经阀 V_8 回油箱。

（7）注射座后退　电磁铁2YA和7YA通电。泵1卸荷，泵2的液压油经阀 V_7 使注射座后退。

（8）开模

1）慢速开模。电磁铁2YA和4YA通电。泵1卸荷，泵2的液压油经阀 V_2 进入合模缸右腔，左腔则经阀 V_2 回油。

2）快速开模。电磁铁1YA、2YA和4YA通电。泵1和2的液压油同时经阀 V_2 进入合模缸右腔，开模速度提高。

（9）顶出

1）顶出缸前进。电磁铁2YA和5YA通电。泵1卸荷，泵2的液压油经电磁阀 V_6 和单向节流阀 V_5 进入顶出缸左腔，推动顶出杆顶出制品，其速度可由单向节流阀 V_5 调节。顶出缸右腔则经阀 V_6 回油。

2）顶出缸后退。电磁铁2YA通电。泵2的液压油经阀 V_6 使顶出缸后退。

（10）螺杆前进和后退　为了拆卸和清洗螺杆，有时需要螺杆后退，这时电磁铁2YA和10YA通电。泵2的液压油经阀 V_8 使注射缸携带螺杆后退。当电磁铁10YA断电，11YA通电时，注射缸和螺杆前进。

3. 注塑机液压系统的特点

注塑机液压系统中执行元件数量较多，是一种速度和压力均变化较多的系统。

1）系统采用了节流调速回路和多级调压回路，可保证在塑料制品的几何形状、品种、模具浇注系统不相同的情况下，压力和速度是可调的。采用节流调速可保证注射速度的稳定。为保证注射座喷嘴与模具浇口紧密接触，注射座移动缸右腔在注射时一直与液压油相通，使注射座移动缸活塞具有足够的推力。

2）注射动作完成后，注射缸仍通高压油保压，可使塑料充满容腔而获得精确形状，同时在塑料制品冷却收缩过程中，熔融塑料可不断补充，防止浇料不足而出现残次品。

3）采用双泵系统，快速时双泵合流，慢速时小流量泵 2（流量为 48L/min）供油，大流量泵 1（流量为 194L/min）卸荷。系统功率利用较合理。

4）系统中执行元件较多，动作循环较复杂，其自动循环主要依靠行程开关切换电磁阀来实现。

▶ **情境链接**

单斗全回转 WLY60 挖掘机结构拆解

WLY60 挖掘机为单斗全回转轮胎式液压挖掘机，挖斗容量为 0.6m³。除行走机构为机械传动、气压制动外，全部挖掘作业均由液压传动来完成。

近些年该产品液压系统的元件有不少改进，改进后的挖掘机采用 F6L912 柴油机作为动力，其型号定为 WLY60C。

图 7-10 为 WLY60 挖掘机液压传动系统组成及管路布置图。挖掘机采用 4120F 型柴油机作为动力，额定功率为 66.15kW。工作装置包括动臂、挖斗、斗杆、回转工作台和左、右支腿。回转工作台由液压马达驱动，其余工作装置均由液压缸驱动。该挖掘机液压传动系统为开式、双泵供油、定量系统。工作主泵为 CB – H70C – FL 型齿轮泵。

主要执行元件有回转液压马达、悬挂液压缸、支腿液压缸、斗杆液压缸、动臂液压缸和挖斗液压缸等。

其他组成元件还有油箱、散热器、过滤器、悬挂液压缸分配阀、多路阀、液压锁、回转马达安全阀和中央回转接头等。

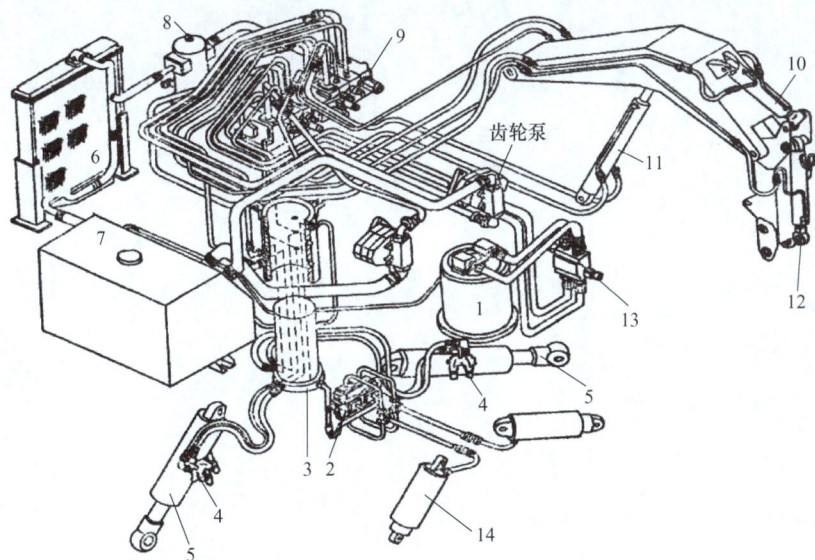

图 7-10　WLY60 挖掘机液压传动系统组成及管路布置图

1—回转液压马达　2—悬挂液压缸分配阀　3—中央回转接头　4—液压锁
5—支腿液压缸　6—散热器　7—油箱　8—过滤器　9—多路阀　10—斗杆液压缸
11—动臂液压缸　12—挖斗液压缸　13—回转马达安全阀　14—悬挂液压缸

【知识拓展】

液压技术的发展趋势

20世纪60年代后,随着原子能、空间技术、计算机技术的发展,液压技术也得到了很大发展,并渗透到各个工业领域。当前液压技术正向着高压、高速、大功率、高效率、低噪声、长寿命、高度集成化、复合化、小型化以及轻量化等方向发展。同时,新型液压元件和液压系统的计算机辅助测试(CAT)、计算机直接控制(CDC)、机电一体化技术、计算机仿真和优化设计技术、可靠性技术以及污染控制方面等,也是当前液压技术发展和研究的方向。

习题与思考题

用所学过的液压元件组成一个能完成"快进→第一次工进→第二次工进→快退"动作循环的液压系统,并画出电磁铁动作表,指出该系统的特点。

教学目标

知识目标

- 理解气压传动的基本原理
- 掌握气压传动系统的组成及工作特点
- 掌握气源装置的作用和工作原理

技能目标

- 了解气压传动在现代机械装备中的应用

气动是"气压传动与控制"的简称。气动技术是以空气压缩机（简称空压机）为动力源，以压缩空气为工作介质，进行能量传递或信号传递的工程技术，是实现各种生产控制、自动控制的重要手段之一。

现代工业的各个领域、各种高端装备已经在非常广泛地应用气动技术。气动行业已经发展成为现代工业的支柱性产业。

▶ 情境链接

工业自动化生产线上的气动机械手

人们利用压缩空气完成各种工作的历史可以追溯到远古，但作为气动技术的应用，开始于1776年John Wikinson发明能产生1个大气压左右的空气压缩机。20世纪30年代初，气动技术成功地应用于自动门的开闭及各种机械的辅助动作上。20世纪70年代初，随着工业机械化和自动化的发展，气动技术才广泛应用在自动化生产的各个领域，形成了现代气动技术。

气动自动化控制技术是利用压缩空气作为传递动力或信号的工作介质，通过各类气动元件，与机械、液压、电气、PLC和计算机等结合构成气动系统，使气动执行元件自动按设定的程序运行，图8-1为工业自动化生产线上的气动机械手。用气动自动化控制技术实现生产过程自动化，是现代工业自动化的一种重要技术手段。

8.1 气压传动的工作原理与系统组成

气压传动是利用空压机将原动机输出的机械能转变为气体的压力能，然后在控制元件和辅助元件的配合下，通过执行元件将气压能再转变为机械能。气压传动中的工作介质是气体。

典型的气压传动系统如图8-2所示，气压传动系统一般由以下四部分组成：

（1）气压发生装置　它将原动机输出的机械能转变为空气的压力能，其主要设备是空气压缩机。

（2）控制元件　它用来控制压缩空气的压力、流量和流动方向，以保证执行元件具有

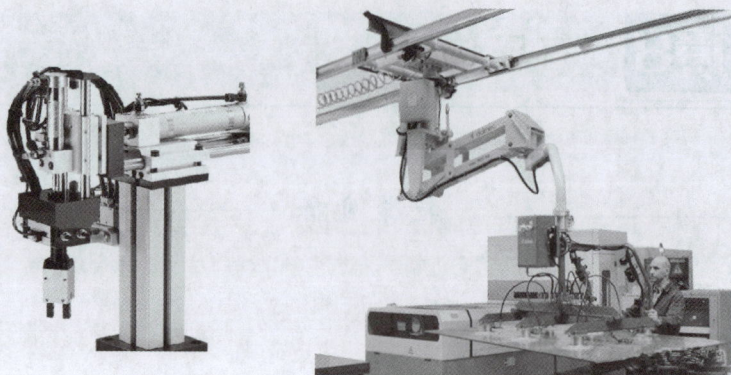

图 8-1　工业自动化生产线上的气动机械手

一定的输出力和速度，并按设计的程序正常工作，如压力控制阀、流量控制阀、方向控制阀和逻辑控制阀等。

（3）执行元件　它是将空气的压力能转变为机械能的能量转换装置，如气缸和气马达。

（4）辅助元件　它是用于辅助保证气动系统正常工作的一些装置，如干燥器、过滤器、消声器和油雾器等。

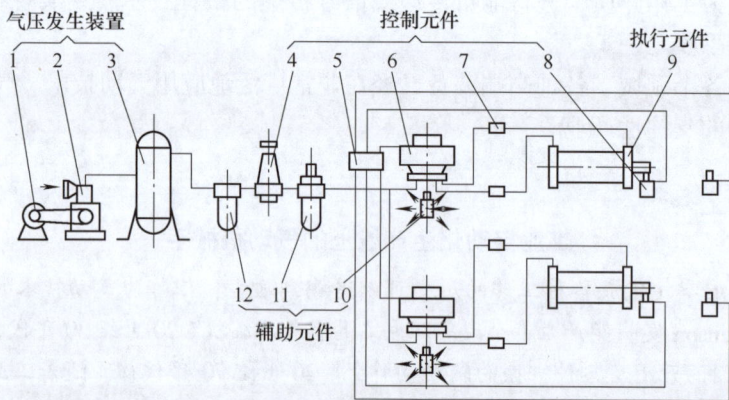

图 8-2　气压传动系统

1—电动机　2—空气压缩机　3—储气罐　4—压力控制阀　5—逻辑元件　6—方向控制阀
7—流量控制阀　8—逻辑控制阀　9—气缸　10—消声器　11—油雾器　12—过滤器

8.2　气压传动系统的特点

1. 气压传动的优点

1）以空气为工作介质，取之不尽，又不污染环境。

2）空气流动损失小，可以集中供气，远距离输送。

3）空气具有可压缩性，气动系统能够实现过载自动保护。

4）气动系统反应快、维护简单、管路不易堵塞，不存在介质变质和更换等问题。

5）气动装置结构简单，压力等级低，使用安全，可安全可靠地应用于易燃易爆场所。

2. 气压传动的缺点

1）由于空气有可压缩性，气缸的动作速度易受负载变化影响。

2）气动系统有较大的排气噪声，气动系统工作压力一般较低（一般为 0.4 ~ 0.8MPa）。

8.3 气源装置

8.3.1 气源装置的组成

气动系统对压缩空气品质有较高的要求，需要设置气源装置。气源装置包括空气压缩机和空气净化装置。空气净化装置包括冷却器、储气罐、过滤器、干燥器和除油器等。气源装置的组成和布置如图 8-3 所示。

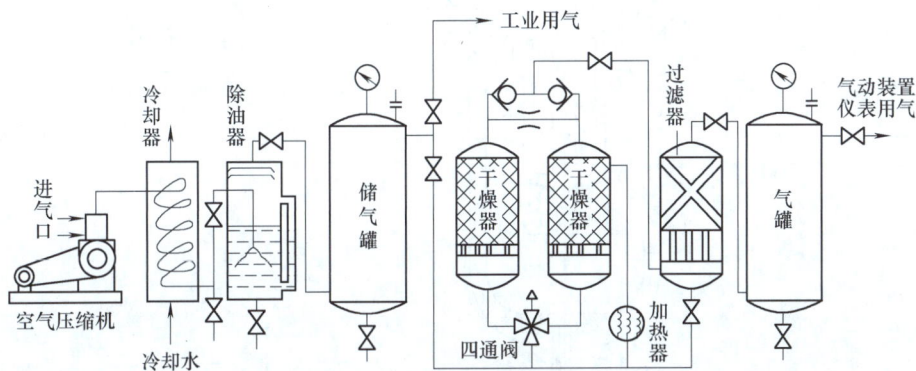

图 8-3　气源装置的组成和布置

8.3.2 空气净化装置

在气压传动系统中使用的低压空气压缩机多采用油润滑，由于它排出的压缩空气温度一般在 140 ~ 170℃之间，使空气中水分和部分润滑油变成气态，再与吸入的灰尘混合，便形成了水汽、油雾和灰尘等的混合气体。如果将含有这些杂质的压缩空气直接输送给气动设备使用，就会给整个系统带来不良影响。因此，在气压传动系统中，设置除水、除油、除尘和干燥等空气净化装置对保证气动系统正常工作是十分必要的。在某些特殊场合，压缩空气还需经过多次净化后方能使用。常用空气净化装置有冷却器、储气罐、过滤器、干燥器、除油器和排水分离器。

（1）冷却器　其作用是将空气压缩机排出的气体由 140 ~ 170℃降至 40 ~ 50℃，使压缩空气中的油雾和水汽迅速达到饱和，大部分析出并凝结成水滴和油滴，以便经油水分离器排出。冷却器按冷却方式不同有水冷式和风冷式两种。为提高降温效果，安装时要特别注意冷却水和压缩空气的流动方向。另外，冷却器属于主管道净化装置，应符合压力容器安全规则的有关规定。

（2）储气罐　储气罐的作用是储存空压机输出的压缩空气，减小压力波动；调节空压机的输出气量与用户耗气量之间的不平衡状况，保证连续、稳定的流量输出；进一步沉淀分离压缩空气中的水分、油分和其他杂质颗粒。储气罐一般采用焊接结构，其形式有立式和卧式两种，立式结构应用较为普遍。使用时，储气罐应附有安全阀、压力表和排污阀等附件。此外，储气罐还必须符合锅炉及压力容器安全规则的有关规定，如使用前应按标准进行水压试验等。

（3）过滤器　过滤器的作用是滤除压缩空气中所含的液态水滴、油滴、固体粉尘颗粒及其他杂质。过滤器一般由壳体和滤芯组成。按滤芯采用的材料不同可分纸质、织物、陶瓷、泡沫塑料和金属等形式。常用的是纸质式和金属式。

图8-4为过滤器结构原理与图形符号。空气进入过滤器后，由于旋风叶片1的导向作用而产生强烈的旋转，混在气流中的水滴、油滴和粉尘颗粒在离心力作用下被分离出来，沉在杯底，空气在通过滤芯2的过程中得到进一步净化。挡水板4可防止气流的漩涡卷起存水杯3中的积水。

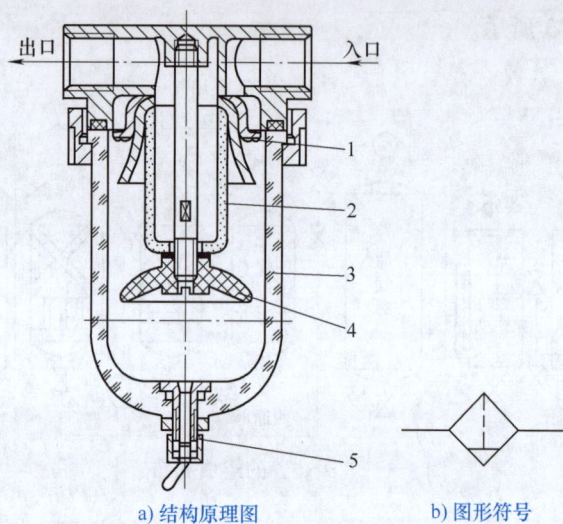

a) 结构原理图　　　　　b) 图形符号

图8-4　过滤器结构原理与图形符号

1—旋风叶片　2—滤芯　3—存水杯　4—挡水板　5—排水阀

过滤器使用中要注意定期清洗和更换滤芯，否则将增加过滤阻力，降低过滤效果，甚至堵塞。

（4）干燥器　干燥器的作用是降低空气的湿度，为系统提供所需要的干燥压缩空气。它有冷冻式、无热再生式和加热再生式等形式。如果使用的是有油压缩机，则要在干燥器入口处安装除油器，使进入干燥器的压缩空气中的油雾重量与空气重量之比达到规定要求。

（5）除油器和排水分离器　其作用是使降温冷凝出的油滴、水滴从压缩空气中分离出来，从排污口排出。

习题与思考题

8-1　简述气压传动有哪些特点？

8-2　简述气源装置的组成及各元件的主要作用。

教学目标

- 掌握气动控制元件、执行元件及辅助元件的结构和工作原理
- 掌握气动控制元件、执行元件及辅助元件的作用和使用位置

- 具有一定的动手能力，能够对气动元件进行拆装和故障诊断

在气动系统中，气源装置输出的压缩空气通过控制元件传输给执行元件，空气的压力能转变为机械能，气动执行元件完成相应的动作。为了保证气动系统的正常运行，通常在气动系统中需要安装有气动辅助元件。

9.1 气动控制元件

气动控制元件的作用是调节压缩空气的压力、流量、方向以及发送信号，以保证气动执行元件按规定的程序正常动作。气动控制元件按功能可分为压力控制阀、流量控制阀、方向控制阀以及能实现一定逻辑功能的逻辑元件。下面只介绍前三种气动控制元件。

9.1.1 压力控制阀

压力控制阀的作用是控制压缩空气压力和依靠空气压力来控制执行元件动作顺序。压力控制阀是利用压缩空气作用在阀芯上的力和弹簧力相平衡的原理来进行工作的，主要有减压阀、溢流阀和顺序阀。

1. 减压阀

减压阀又称调压阀，其作用是将出口压力调节在比进口压力低的调定值上，并能使输出压力保持稳定。减压阀分为直动式和先导式两种。

图 9-1a 所示为常用的 QTY 型直动式减压阀结构原理图。当顺时针方向调整手轮 1 时，减压弹簧 2 和 3 推动膜片 5 和进气阀芯 9 向下移动，使阀口开启，气流通过阀口后压力降低。与此同时，有一部分气流由阻尼管孔 7 进入膜片室，在膜片下面产生一个向上的推力与弹簧力平衡，减压阀便有了稳定的输出压力。当输入压力升高时，输出压力也随之升高，使膜片下面的压力也升高，将膜片向上推，阀芯便在复位弹簧 10 的作用下向上移动，从而使阀口开度减小，节流作用增强，使输出压力降低到调定值为止。反之，若因输入压力下降，而引起输出压力下降，通过自动调节，最终也能使输出压力回升到调定压力，以维持压力稳定。调节手轮 1 即可改变调定压力的大小。图 9-1b 为直动式减压阀的图形符号。

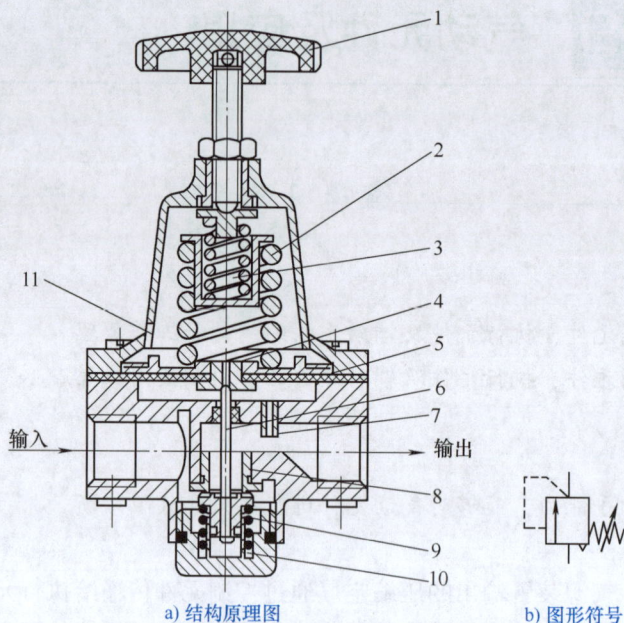

a) 结构原理图　　　　　b) 图形符号

图 9-1　QTY 型直动式减压阀结构原理与图形符号

1—手轮　2、3—减压弹簧　4—溢流口　5—膜片　6—阀杆　7—阻尼管孔
8—阀座　9—进气阀芯　10—复位弹簧　11—排气口

情境链接

气动三联件

　　空气过滤器、减压阀和油雾器组合在一起构成的气源调节装置，通常被称为气动三联件，是气动系统中常用的气源处理装置。

　　气动三联件的安装次序依进气方向分别为空气过滤器、减压阀和油雾器，如图 9-2 所示。这是因为减压阀内部有阻尼小孔和喷嘴，这些小孔容易被杂质堵塞而造成减压阀失灵，所以进入减压阀的气体先要通过空气过滤器进行过滤。而油雾器中产生的油雾为避免受到阻碍或被过滤，则应安装在减压阀的后面。在采用无油润滑的回路中则不需要油雾器。

　　气动三联件安装在用气设备的附近。目前，新结构的气动三联件插装在同一支架上，形成无管化连接，其结构紧凑，装拆及更换元件方便，应用较为普通，图 9-3 为气动三联件的实物与图形符号。

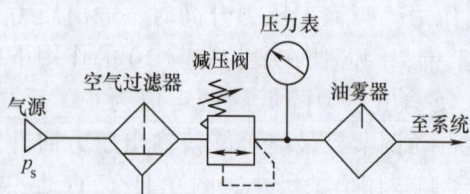

图 9-2　气动三联件的安装次序

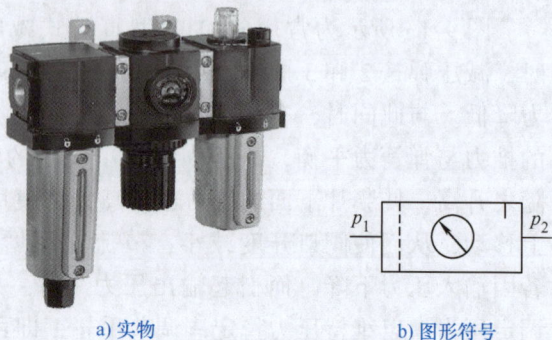

a) 实物　　　　　b) 图形符号

图 9-3　气动三联件的实物与图形符号

空气过滤器的作用是滤除压缩空气中的水分、油滴及杂质，以达到气动系统要求的净化程度。油雾器是一种特殊的注油装置，它以压缩空气为动力，将润滑油喷射成雾状并混合于压缩空气中，使压缩空气具有润滑气动元件的能力。气动三联件中所用的减压阀，起减压和稳压作用，工作原理与液压系统减压阀相同。

2. 溢流阀

溢流阀的作用是当系统压力超过调定值时，便自动排气，使系统的压力下降，以保证系统安全，故也称其为安全阀。按控制方式分类，溢流阀有直动式和先导式两种。

（1）直动式溢流阀　如图9-4所示，将阀P口与系统相连接，O口通大气，当系统中空气压力升高，一旦大于溢流阀调定压力时，气体推开阀芯，经阀口从O口排至大气，使系统压力稳定在调定值，保证系统安全。当系统压力低于调定值时，在弹簧的作用下阀口关闭。开启压力的大小与调整弹簧的预压缩量有关。

（2）先导式溢流阀　如图9-5所示，溢流阀的先导阀为调压阀，调压阀与上部K口连通，以代替直动式的弹簧控制溢流阀。先导式溢流阀适用于管道通径较大及远距离控制的场合。

溢流阀选用时其最高工作压力应略高于所需控制的压力。

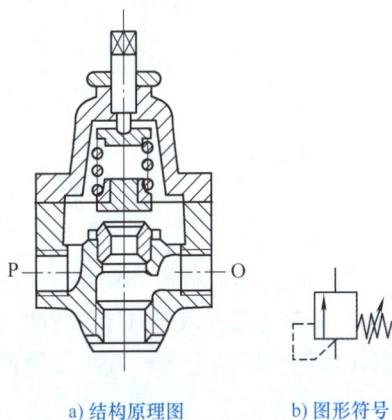

a) 结构原理图　　b) 图形符号

图9-4　直动式溢流阀

（3）溢流阀的应用　在图9-6所示回路中，气缸行程长，运动速度快，如单靠减压阀的溢流孔排气作用，难以保持气缸的右腔压力恒定。为此，在回路中装有溢流阀，并使减压阀的调定压力低于溢流阀的设定压力，缸的右腔在行程中由减压阀供给减压后的压缩空气，左腔经换向阀排气。由溢流阀配合减压阀控制缸内压力并使压力保持恒定。

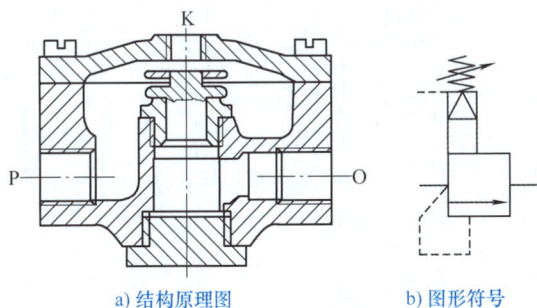

a) 结构原理图　　b) 图形符号

图9-5　先导式溢流阀

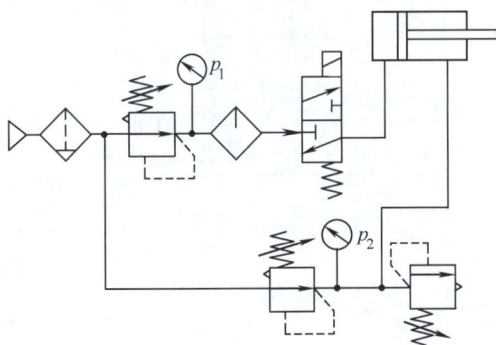

图9-6　溢流阀应用回路

3. 顺序阀

顺序阀的作用是依靠气路中压力大小来控制执行机构按顺序动作。顺序阀常与单向阀并联，并结合成一体，称为单向顺序阀。

图9-7为单向顺序阀的工作原理图及图形符号。如图9-7a所示，当压缩空气由P口进入阀左腔4后，作用在活塞3上的力小于调压弹簧2上的力时，阀处于关闭状态。而当作用于活塞上的力大于弹簧力时，活塞被顶起，压缩空气经阀左腔4流入阀右腔5后由A口流

出，然后进入其他控制元件或执行元件，此时单向阀关闭。当切换气源时（见图9-7b），阀左腔4压力迅速下降，顺序阀关闭，此时阀右腔5压力高于阀左腔4压力，在气体压差作用下，打开单向阀，压缩空气由阀右腔5经单向阀6流入阀左腔4向外排出。

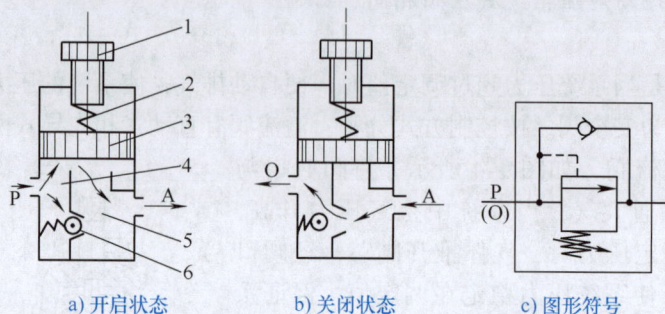

a) 开启状态　　b) 关闭状态　　c) 图形符号

图9-7　单向顺序阀的工作原理图及图形符号

1—调压手柄　2—调压弹簧　3—活塞　4—阀左腔　5—阀右腔　6—单向阀

图9-8为单向顺序阀的结构图。图9-9所示为用顺序阀控制两个气缸顺序动作的原理图。压缩空气先进入气缸1，待建立一定压力后，打开顺序阀4，压缩空气才开始进入气缸2使其动作。切断电源，气缸2返回的气体经单向阀3和排气孔O排空。

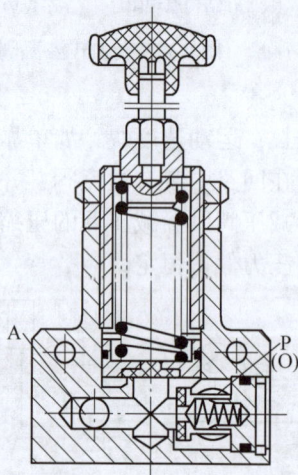

图9-8　单向顺序阀结构图

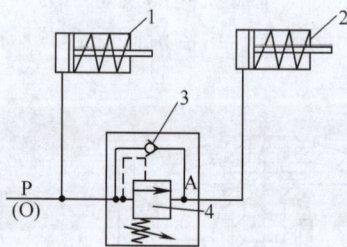

图9-9　顺序阀应用回路

1、2—气缸　3—单向阀　4—顺序阀

9.1.2　流量控制阀

流量控制阀主要有节流阀、单向节流阀和带消声器的节流阀等。

1. 节流阀

节流阀的作用是通过改变阀的通流面积来调节流量。

图9-10为节流阀的结构原理图及图形符号。气体由输入口P进入阀内，经阀座与阀芯间的节流通道从输出口A流出，通过调节螺杆使阀芯上下移动，改变节流口通流面积，实现流量的调节。

2. 单向节流阀

单向节流阀是由单向阀和节流阀并联组合而成的组合式控制阀。图9-11为单向节流阀的结构原理图及图形符号,当气流由P至A正向流动时,单向阀在弹簧和气压作用下关闭,气流经节流阀节流后流出,而当由A至P反向流动时,单向阀打开,不节流。

3. 带消声器的节流阀

带消声器的节流阀通常安装在元件的排气口处,用来控制压缩空气排入大气中气体的流量,并降低排气噪声。图9-12所示为带消声器的节流阀的结构图及图形符号,图9-13为其应用实例。

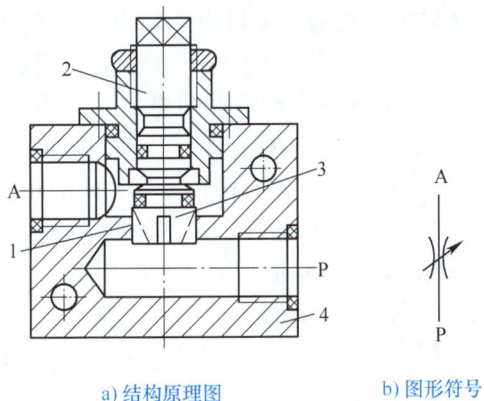

a) 结构原理图　　　　b) 图形符号

图9-10　节流阀结构原理图及图形符号

1—阀座　2—调节螺杆　3—阀芯　4—阀体

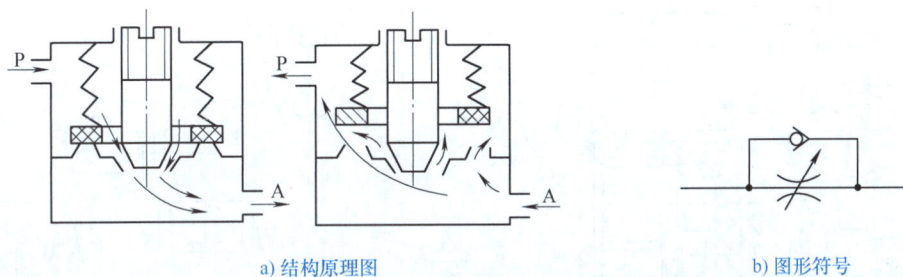

a) 结构原理图　　　　b) 图形符号

图9-11　单向节流阀的结构原理图及图形符号

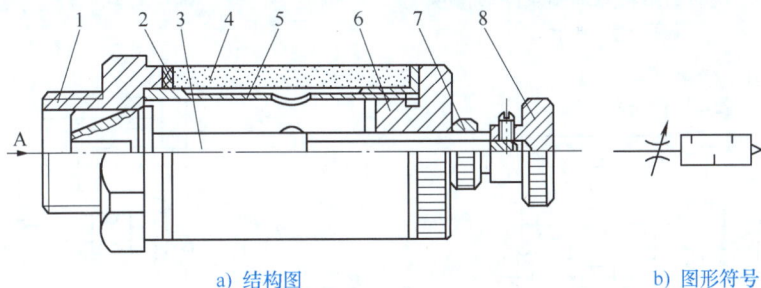

a) 结构图　　　　b) 图形符号

图9-12　带消声器的节流阀的结构图及图形符号

1—阀座　2—垫圈　3—阀芯　4—消声套　5—阀套　6—锁紧法兰　7—锁紧螺母　8—旋钮

9.1.3　方向控制阀

方向控制阀主要有单向型和换向型两种,其阀芯结构主要有截止式和滑阀式。

1. 单向型控制阀

单向型控制阀包括单向阀、梭阀、双压阀和快速排气阀。其中单向阀与液压单向阀类似,这里不再重复。

(1) 梭阀　梭阀相当于两个单向阀的组合。图9-14为梭阀的结构原理图及图形符号,它有两个输入口 P_1、P_2,一个输出口A,阀芯在两个方向上起单向阀的作用。当 P_1 口进气时,阀芯将 P_2 口切断,P_1 口与A口相通,A口有输出;当 P_2 口进气时,阀芯将 P_1 口切断，P$_2$ 口与 A 口相通，A 口也有输出；当 P$_1$ 口和 P$_2$ 口都有进气时，活塞移向低压侧，使高压侧进气口与 A 口相通；如两侧压力相等，则先加入压力一侧与 A 口相通，后加入一侧关闭。图 9-15 是梭阀应用回路。该回路应用梭阀实现手动和电动操作方式的转换。

(2) 双压阀　它也相当于两个单向阀的组合。图 9-16 为双压阀的结构原理图及图形符号。

它有 P$_1$ 和 P$_2$ 两个输入口和一个输出口 A，只有当 P$_1$、P$_2$ 同时有输入时，A 口才能输出，否则，A 口无输出；而当 P$_1$ 和 P$_2$ 口压力不等时，则关闭高压侧，低压侧与 A 口相通。图 9-17 是双压阀应用回路。

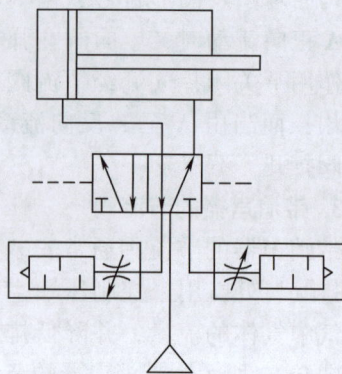

图 9-13　带消声器的节流阀应用实例

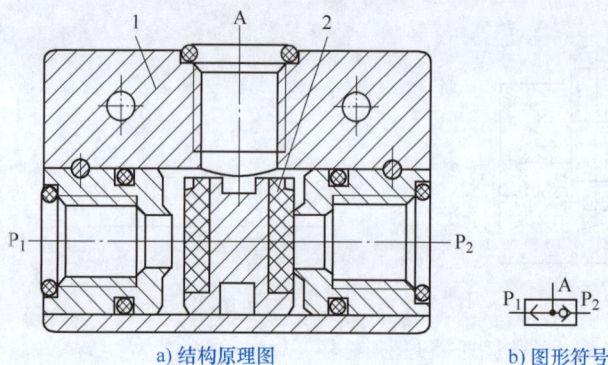

a) 结构原理图　　b) 图形符号

图 9-14　梭阀的结构原理图及图形符号

1—阀体　2—阀芯

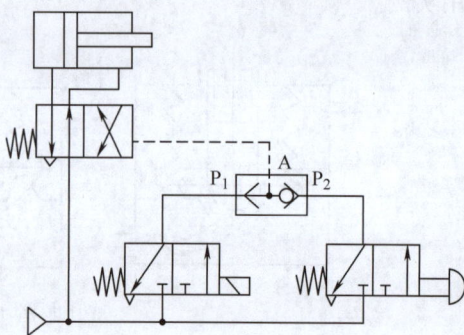

图 9-15　梭阀应用回路

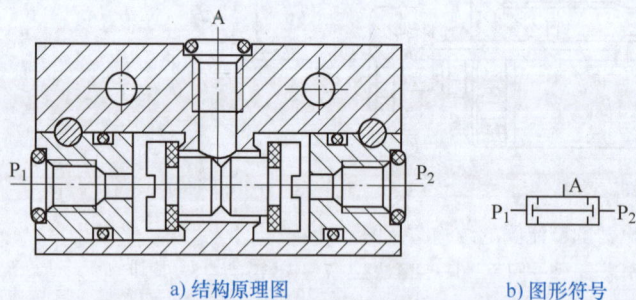

a) 结构原理图　　b) 图形符号

图 9-16　双压阀的结构原理图及图形符号

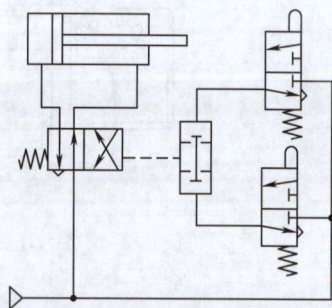

图 9-17　双压阀应用回路

(3) 快速排气阀　快速排气阀的作用是使气动元件或装置快速排气。图 9-18 为膜片式快速排气阀的结构原理图及图形符号。当 P 口进气时，膜片被压下封住排气口，气流经膜片四周小孔由 A 口流出。当气流反向流动时，A 口气压将膜片顶起封住 P 口，A 口气体经 O 口迅速排掉。

图 9-19 是快速排气阀应用回路。当按下定位手动换向阀 1 时，气体经节流阀 2、快速排气阀 3 进入单作用气缸 4，使缸 4 缓慢前进。当定位手动换向阀恢复原位时，气源切断。这时，气缸中的气体经快速排气阀 3 快速排空，使气缸在弹簧作用下迅速复位，节省了气缸回程时间。

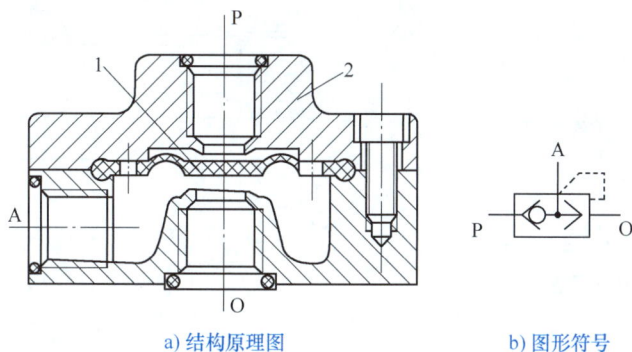

a) 结构原理图　　　　b) 图形符号

图 9-18　膜片式快速排气阀结构原理图及图形符号

1—膜片　2—阀体

2. 换向型控制阀

换向型控制阀是通过改变压缩空气的流动方向，从而改变执行元件运动方向的。根据其控制方式不同可分为气压控制、电磁控制、机械控制、手动控制、时间控制等。

换向型控制阀的结构和工作原理与液压阀中相对应的方向控制阀基本相似，切换位置和接口数也分几位几通，图形符号也基本相同，受篇幅所限，这里从略。

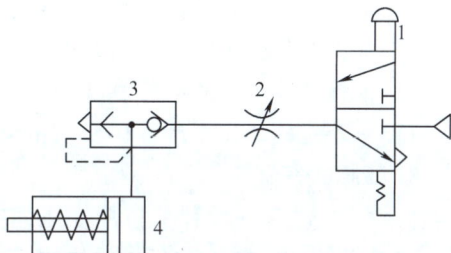

图 9-19　快速排气阀应用回路

1—手动换向阀　2—节流阀

3—快速排气阀　4—单作用气缸

9.2　气动执行元件

气动系统常用的执行元件为气缸和气马达。气缸用于实现直线往复运动或摆动运动，输出力和直线位移。气马达用于实现连续回转运动，输出力矩和角位移。

9.2.1　气缸

气缸是输出往复直线运动或摆动运动的执行元件，在气动系统中应用广，品种多。常用以下方法分类：按作用方式可分为单作用式和双作用式；按结构形式可分为活塞式、柱塞式、叶片式和薄膜式；按功能可分为普通气缸和特殊气缸（如冲击式、回转式和气-液阻尼式）。

1. 单作用气缸

图 9-20 为单作用气缸。所谓单作用气缸是指压缩空气仅在气缸的一端进气并推动活塞（或柱塞）运动，而活塞或柱塞的返回是借助于其他外力，如弹簧力、重力等。单作用气缸多用于短行程及对活塞杆推力、运动速度要求不高的场合。

2. 双作用气缸

双作用气缸主要由缸筒、活塞、活塞杆、缸盖及密封件等组成。

以图 9-21 所示双作用气缸为例。所谓双作用是指活塞的往复运动均由压缩空气来推动。在双作用气缸运动的过程中，因活塞右边面积比较大，当空气压力作用在右边时，提供慢速的和作用力大的工作行程；返回行程时，由于活塞左边的面积较小，所以速度较快而作用力变小。此类气缸的使用最为广泛，一般应用于包装机械、食品机械、加工机械等设备上。

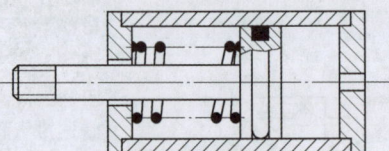

图 9-20　单作用气缸

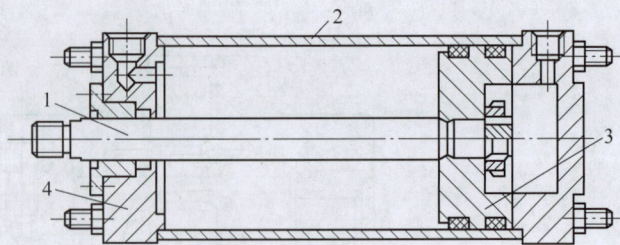

图 9-21　双作用气缸

1—活塞杆　2—缸筒　3—活塞　4—缸盖

【知识拓展】

气缸的选用

1）根据工作任务对机构的运动要求，选择气缸的结构形式及安装方式。

2）根据工作机构所需力的大小来确定活塞杆的推力和拉力。

3）根据工作机构任务的要求，确定行程，一般不使用满行程。

4）推荐气缸工作速度为 0.5~1m/s，并按此原则选择管路及控制元件。

3. 薄膜式气缸

薄膜式气缸是一种利用膜片在压缩空气作用下变形来推动活塞杆做直线运动的气缸。图 9-22 为薄膜式气缸。薄膜式气缸也有单作用式和双作用式之分。它由缸体、膜片、膜盘和活塞杆等主要零件组成。薄膜式气缸的膜片可以做成盘形膜片和平膜片两种形式。膜片材料为夹织物橡胶、钢片或磷青铜片，常用厚度为 5~6mm 的夹织物橡胶，金属膜片只用于行程较小的薄膜式气缸中。

9.2.2　气马达

气马达是输出旋转运动机械能的执行元件。它有多种类型，按工作原理可分为容积式和涡轮式两种，其中容积式较常用；按结构不同可分为齿轮式、叶片式、活塞式、螺杆式和膜片式。

图 9-23 为叶片式气马达。压缩空气由 A 孔输入，小部分经定子两端密封盖的槽进入叶

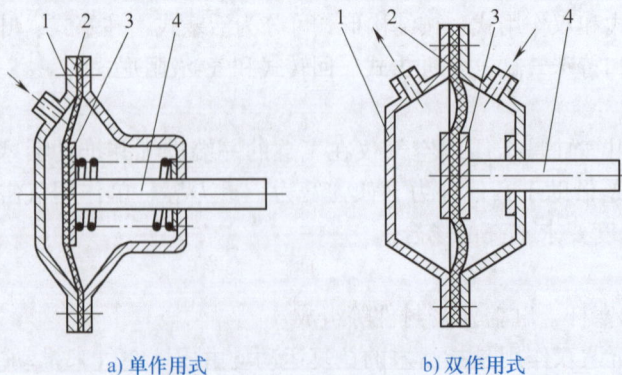

a) 单作用式　　　b) 双作用式

图 9-22　薄膜式气缸

1—缸体　2—膜片　3—膜盘　4—活塞杆

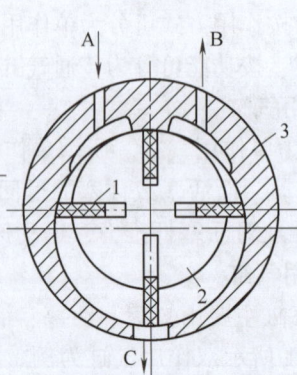

图 9-23　叶片式气马达

1—叶片　2—转子　3—定子

叶片式气动马达

片1底部（图中未表示），将叶片推出，使叶片紧贴在定子内壁上；大部分压缩空气进入相应的密封空间而作用在两个叶片上，由于两叶片长度不等，就产生了转矩差，使叶片和转子按逆时针方向旋转。做功后的气体由定子上C孔和B孔排出，若改变压缩空气的输入方向（即压缩空气由B孔进入，由A孔和C孔排出），则可改变转子的转向。

9.3 气动辅助元件

气动辅助元件的功能是转换信号、传递信号、保护元件、连接元件以及改善系统的工况等。它的种类很多，主要有油雾器、消声器、转换器、传感器、放大器、缓冲器、真空发生器、吸盘以及气路管件等。下面只介绍油雾器和消声器。

1. 油雾器

其作用是将润滑油雾化后喷入压缩空气管道的空气流中，随空气进入系统中来润滑相对运动零件的表面。它有油雾型和微雾型两种。图9-24a为油雾型固定节流式油雾器的结构原理图。喷嘴杆上的小孔2面对气流，小孔3背对气流。有气流输入时，截止阀10上下有压差，被打开。贮油杯5中的润滑油经吸油管11和视油帽8上的节流阀7滴到喷嘴杆中，被气流从小孔3引射出去，成为油雾，从输出口输出。图9-24b为油雾器的图形符号。

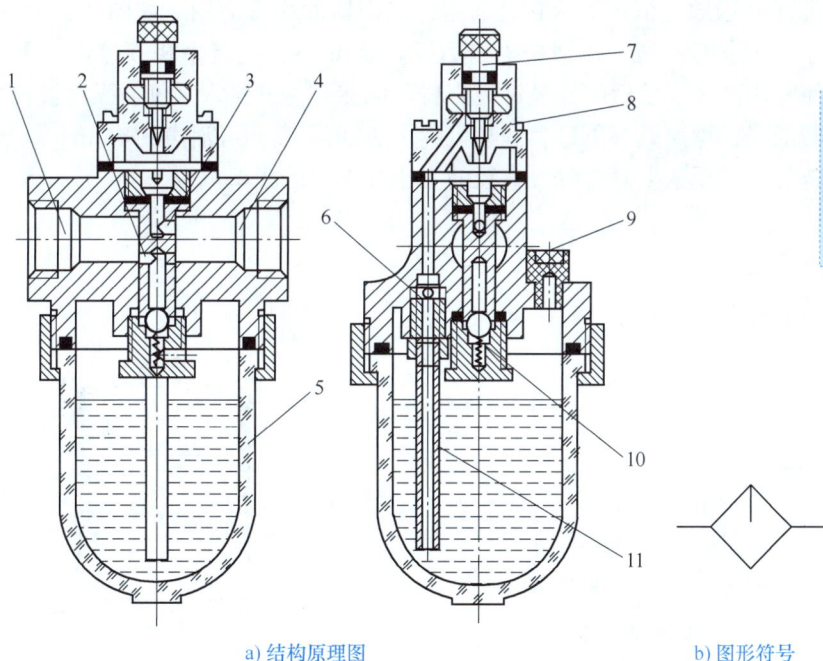

a) 结构原理图　　　　　　　　　　b) 图形符号

图9-24　油雾器结构原理与图形符号

1—气流入口　2、3—小孔　4—出口　5—贮油杯　6—单向阀
7—节流阀　8—视油帽　9—旋塞　10—截止阀　11—吸油管

当气源压力大于0.1MPa时，该油雾器允许在不关闭气路的情况下加油。供油量随气流大小而变化。贮油杯和视油帽采用透明材料制成，便于观察。油雾器要有良好的密封性、耐压性和滴油量调节性能。使用时，应参照有关标准合理调节起雾流量等参数，以达到最佳润滑效果。

2. 消声器

高压气体如果直接排入大气，体积会急剧膨胀，产生刺耳的噪声。排气的速度越快、功率越大，则噪声也越大，一般可达 100～129dB。这种噪声使工作环境恶化，危害人体健康。一般说来，噪声高至 85dB 就要设法降低，为此可在排气口安装消声器来降低排气噪声。

常用的消声器有以下几种：

（1）吸收型消声器　吸收型消声器主要依靠吸声材料消声，如图 9-25 所示。消声罩 2 为多孔的吸声材料，一般用聚苯乙烯颗粒或铜珠烧结而成。当消声器的通径小于 20mm 时，多用聚苯乙烯作消声材料制成消声罩；当消声器的通径大于 20mm 时，消声罩多采用铜珠烧结，以增加强度。其消声原理是：当有压气体通过消声罩时，气流受到阻力，声能量被部分吸收而转化为热能，从而降低了噪声强度。

吸收型消声器结构简单，具有良好的消除中、高频噪声的性能，消声效果大于 20dB。在气压传动系统中，排气噪声主要是中、高频噪声，尤其是高频噪声较多，所以采用这种消声器是合适的。

（2）膨胀干涉型消声器　这种消声器呈管状，其直径比排气孔大得多，气流在里面扩散反射，互相干涉，减弱了噪声强度，最后经过非吸声材料制成的开孔较大的多孔外壳排入大气。它的特点是排气阻力小，可消除中、低频噪声。它的缺点是结构较大，不够紧凑。

（3）膨胀干涉吸收型消声器　它是前两种消声器的综合应用，如图 9-26 所示。气流由斜孔引入，在 A 室扩散、减速、碰壁撞击后反射到 B 室，气流束相互撞击、干涉，进一步减速，从而使噪声减弱。然后气流经过吸声材料的多孔侧壁排入大气，噪声被再次削弱，所以这种消声器的降低噪声效果更好，低频可消声 20dB，高频可消声约 45dB。

消声器选择的主要依据是排气口直径的大小及噪声的频率范围。

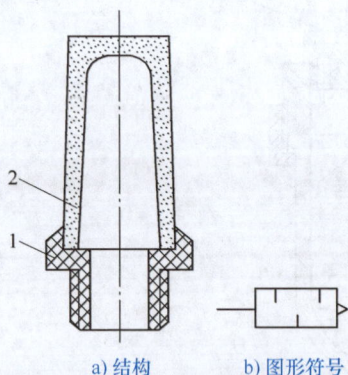

a) 结构　　b) 图形符号

图 9-25　吸收型消声器

1—连接件　2—消声罩

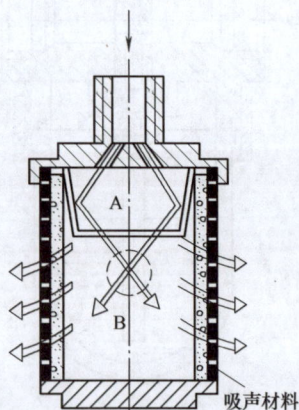

吸声材料

图 9-26　膨胀干涉吸收型消声器

▶ **情境链接**

宝马公司研发的 X5 系列消声系统

汽车的废气离开发动机时压力很大，如果让它直接排出去将会产生令人难以忍受的噪声，因此需要安装消声器。图 9-27 是汽车消声器的剖面及工作原理图。

汽车消声器里面排列着许多金属管道、隔声盘。当废气从排气总管进入消声器时，经过多通道使气流分流，气流相互冲击，使气流流速减缓，压力降低。经过多次这样的过程，废气通过排气管缓慢流出，达到消声的目的。

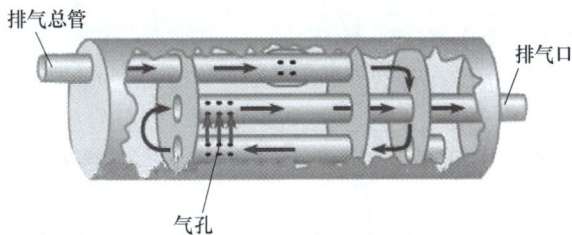

图 9-27　汽车消声器的剖面及工作原理图

　　宝马 X5 系列轿车排气系统的整体方案是由宝马公司与阿文美驰公司共同研发的。由于采用了贴近发动机配置的 V8 发动机排气歧管、三元催化器和带有空气隔离的进气歧管等措施，所以有害物质排放显著减少，背压明显降低。其紧凑的和模块式的结构设计也降低了零部件的生产成本。阿文美驰公司为宝马 X5 轿车 V8 发动机生产了最后一级的消声器，宝马 X5 系列轿车排气系统及消声器如图 9-28 所示。

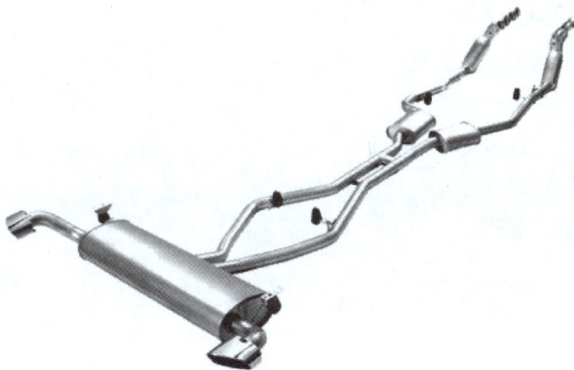

图 9-28　宝马 X5 系列轿车排气系统及消声器

　　汽车噪声主要来自汽车排气噪声，若不加消声器，在一定速度下，噪声可达 100dB。因此，在排气系统中加上消声器，可使汽车排气噪声降低至 20～30dB。

【知识拓展】

常用气动辅件的功用

常用气动辅件的功用见表 9-1。

表 9-1　常用气动辅件的功用

类　　型		功　　用
转换器	气-液转换器	将压缩空气的压力能转换为油液的压力能，但压力值不变
	气-液增压器	将压缩空气的能量转换为油液的能量，但压力值增大，是将低压气体转换成高压油输出至负载液压缸或其他装置以获得更大驱动力的装置
	压力继电器和气-电转换器	压力继电器在气动系统中气压超过或低于给定压力(或压差)时发出电信号。气-电转换器也是将气压信号转换为电信号的元件，其结构与压力继电器相似。不同的是压力不可调，只显示压力的有无，且结构较简单

（续）

类 型	功 用
传感器和放大器	气动位置传感器：将位置信号转换成气压信号（气测式）或电信号（电测式）进行检测 气动放大器：气测式传感器输出的信号一般较小，在实际使用时，一般与放大器配合，以放大信号（压力或流量）
缓冲器	当物体运动时，由于惯性作用，在行程末端产生冲击。设置缓冲器可减小冲击，保证系统平稳安全地工作
真空发生器 和真空吸盘	真空发生器是利用压缩空气的高速运动，形成负压而产生真空的。真空吸盘正是利用其内部的负压将管子吸住，普遍用于薄板、易碎物体等的搬运工作

习题与思考题

9-1 简述直动式和先导式减压阀的工作原理。

9-2 气动三联件中的三个元件分别起什么作用？安装顺序如何？

9-3 阀梭的作用是什么？一般用于什么场合？

9-4 常用的气动辅助元件有哪些？各有何作用？

学习情境10 气动基本回路分析

教学目标

知识目标

- 掌握气动基本回路的组成、工作原理和应用
- 掌握分析气动基本回路的步骤

技能目标

- 能分析气动基本回路图
- 能选用气动元件并检查气动元件的性能
- 能搭建、调试和维护气动回路

▶ 情境链接

数字化气动技术，让一切皆成可能！

全体感体验电影——这是 MediaMation 影院座椅能提供的体验。通过这种概念，整个体感都会融入影片中。这些运动均由 Festo Motion Terminal（数字控制终端）控制。通过这种独特的方式可将数字化和气动技术进行整合。

当银幕上放映的是一段赛车追逐的情时，赛车跑到一个转弯处，电影院的座椅就会倾斜，再次进入直道后，座椅才会摆正，观众能感受到路面的颠簸。车手刹车时，观众能听到尖锐的胎响声，闻到烧胎的橡胶味和排气烟味。当车碾过水洼时，观众脸上也会突然被溅到水花，同时，会感到一阵风从耳边吹过。观众与影片成为一体，观众如演员一般身临其境。通过座椅的扶手 V2 EFX 实现各种效果，将各种动作与影片同步，如喷射水花，造成振动，挥发气味，同时座椅后背集成了多个压力点，如图 10-1 所示。

图 10-1　全体感体验电影院

工业 4.0 成就"电影院 4.0"。Festo Motion Terminal（数字控制终端）控制所有的运动，

触发所有的效果。这种多功能气动控制系统将数字功能整合到一个阀中，通过控制流量和压力，确保快速和强力但又柔性和精确地运动顺序。

气压传动系统和液压传动系统一样，都是由不同功能的基本回路所组成的。气动基本回路主要包括压力控制回路、气动换向回路、速度控制回路、往复动作回路、顺序动作与同步动作回路、位置（角度）控制回路、安全保护回路和气液联动回路。熟悉常用的气动基本回路是分析和设计气压传动系统的基础，本情境主要讲述气动基本回路的工作原理和特点。

10.1 压力控制回路

压力控制包含两方面的内容：一是控制气源压力，避免出现过高压力，使配管或元件损坏，以确保气动系统的安全；二是控制工作压力，给气动元件提供必要的工作条件，维持气动元件的性能和气动回路的功能，控制气缸所要求的输出力及运动速度。

10.1.1 气源压力控制回路

1. 一次压力控制回路

如图 10-2 所示，一次压力控制回路主要用于控制气源系统中储气罐的压力，使之不超过调定的最高压力值和不低于调定的最低压力值。常用安全阀（外控溢流阀）或电接点压力表来控制空气压缩机的气动与停止，使储气罐内压力保持在规定的范围内。

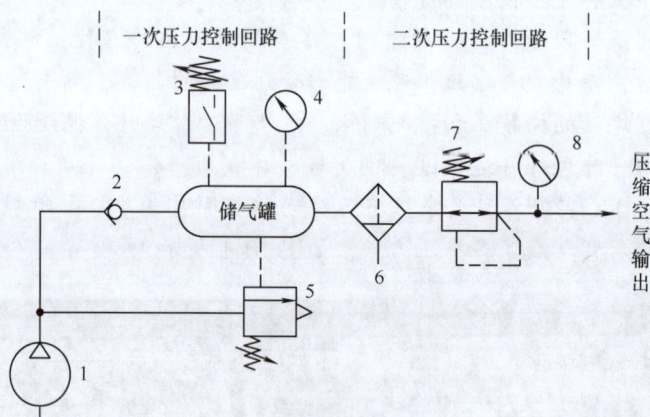

图 10-2　气源压力控制回路
1—空压机　2—单向阀　3—压力继电器　4—电接点压力表
5—安全阀（外控溢流阀）　6—分水滤气器　7—减压阀　8—压力表

电动机带动空压机 1 运转，空压机 1 排出的压缩气体经单向阀 2 储存在储气罐中，储气罐内气压上升。当压力升至调定的最高压力时，电接点压力表 4 内的指针碰到上触点，即控制其中间继电器断电，则电动机停转，空压机停止运转，压力不再上升。

当压力下降至调定的最低压力时，电接点压力表 4 内的指针碰到下触点，中间继电器动作，电动机起动，空压机运转，向储气罐再充气，使压力上升。电接点压力表的上下触点是可调的（可用压力继电器 3 替代电接点压力表，二者选一即可）。

当电接点压力表4、压力继电器3或电路发生故障时，空压机不能停止运转，则储气罐内压力会不断上升，当压力升至安全阀（外控溢流阀）5的调定压力时，则安全阀（外控溢流阀）会自动开启，以保护储气罐的安全。

采用溢流阀的一次压力控制回路结构简单、工作可靠，但气量浪费大；采用电接点压力表的一次压力控制回路对电动机的控制要求较高，常用于对小型空压机的控制。

2. 二次压力控制回路

二次压力控制回路主要是对气动系统的气源压力进行控制。如图10-2所示，其通常接在一次压力控制回路的出口，气动系统中的分水滤气器、减压阀、油雾器和压力表常组合在一起使用，称为气源处理装置。利用减压阀控制气动系统的工作压力。注意供给逻辑元件的压缩气体应自油雾器之前引出，即不要对逻辑元件加入润滑油。

【知识拓展】

电接点压力表

电接点压力表广泛应用于石油、化工、冶金、电站、机械等工业部门或机电设备配套中，用于测量无爆炸危险的各种流体介质压力。通常仪表与相应的电气器件（如继电器及变频器等）配套使用，可对被测（控）压力的各种气体或液体实现自动控制，如图10-3所示。

电接点压力表由测量系统、指示系统、磁助电接点装置、外壳、调整装置和接线盒（插头座）等组成。一般电接点压力表用于测量对铜和铜合金不起腐蚀作用的气体、液体介质的正负压力；不锈钢电接点压力表用于测量对不锈钢不起腐蚀作用的气体、液体介质的正负压力并在压力达到预定值时发出信号，接通控制电路，实现自动控制。

图10-3　电接点压力表

电接点压力表测量系统中的弹簧管在被测介质的压力作用下产生相应的弹性变形——位移，借助拉杆经齿轮传动机构放大，指示系统将被测值在表盘上指示出来。当指针带动磁助电接点装置的活动触点与设定指针上的触点（上限或下限）相接触（动断或动合）时，控制系统中的电路得以断开或接通，以达到自动控制和发信报警的目的。

10.1.2　气源压力延时输出回路

气源压力延时输出回路如图10-4所示。当二位三通电磁换向阀4的电磁铁通电时，换向阀4切换至上位，压缩空气经单向节流阀3向储气罐2充气。当储气罐的充气压力升高致使二位三通气控换向阀1换向时，才有压缩空气输出。该回路的气源压力经过延时后才能输出。

10.1.3　高低压转换回路

高低压转换回路如图10-5所示。图10-5a所示高低压转换回路由减压阀实现对不同系统输出不同压力。图10-5b所示高低压转换回路由减压阀和换向阀实现对同一系统输出高、

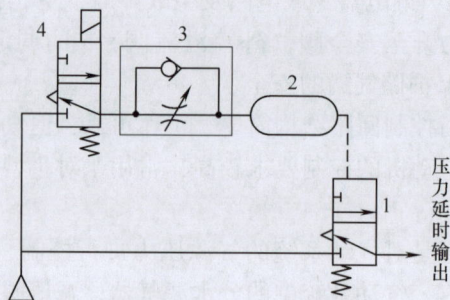

图 10-4　气源压力延时输出回路
1—二位三通气控换向阀　2—储气罐
3—单向节流阀　4—二位三通电磁换向阀

低压力，当一个执行器在工作循环中需要高、低两种不同压力时，可通过二位三通换向阀进行切换。

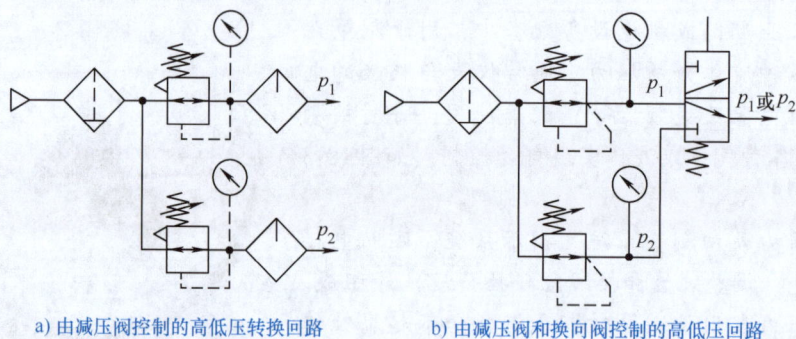

a) 由减压阀控制的高低压转换回路　　b) 由减压阀和换向阀控制的高低压回路

图 10-5　高低压转换回路

10.2　气动换向回路

气动换向回路（方向控制回路）的功用是利用各种方向控制阀，通过改变压缩气体流动方向，实现对气动执行元件进行换向的目的，以改变气动执行元件（如气缸、气马达、摆动气马达等）的运动方向。

10.2.1　单作用气缸换向回路

图 10-6a 所示为二位三通电磁换向阀控制的单作用气缸换向回路。当电磁铁得电时，气压使活塞杆伸出，断电时在弹簧力作用下活塞杆缩回。

图 10-6b 所示为三位五通电磁换向阀控制的单作用气缸换向回路。该阀在两电磁铁均失电时能自动对中，可使气缸停于任意位置，但定位精度不高、定位时间不长。

图 10-6c 所示为手动换向阀和气控换向阀控制的单作用气缸换向回路。气控换向阀的先导压力由手动换向阀来提供。按下阀 1，气控阀 2 换至上位，压缩空气驱动活塞杆上升。缸径较大时，手动阀的流通能力小，不能使气缸达到需要的速度，此时可用通径较大的气控阀来驱动气缸。

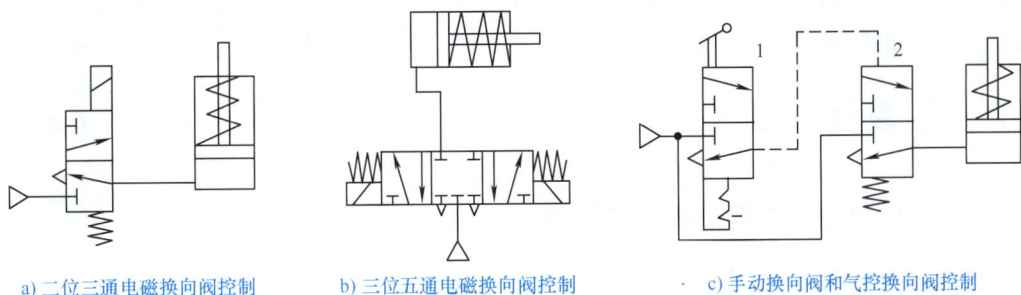

a) 二位三通电磁换向阀控制　　b) 三位五通电磁换向阀控制　　c) 手动换向阀和气控换向阀控制

图 10-6　单作用气缸换向回路

10.2.2　延时退回回路

延时退回回路如图 10-7 所示。气控换向阀 3 的先导压力由手动换向阀 1 来提供，按动手动换向阀 1，阀 1 上位工作，气控换向阀 3 换向至左位工作，压缩气体经阀 3 左位向气缸左腔进气，使气缸活塞杆伸出。当气缸在伸出行程中压下行程阀 2 时，阀 2 上位工作，压缩空气经阀 2 和节流阀进入储气罐 4，待气源对储气罐充气后，即经延时后才使阀 3 换向至右位工作，使气缸活塞退回。储气罐起到延时的功能。这种回路结构简单，可用于活塞到达行程终点时，需要有短暂停留的场合。

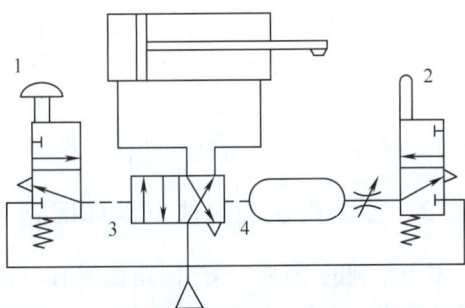

图 10-7　延时退回回路
1—手动换向阀　2—行程阀　3—气控换向阀　4—储气罐

10.3　速度控制回路

速度控制回路指是通过控制流量的方法来调节执行元件运动速度的回路。气动执行元件运动速度的调节和控制大多采用节流调速原理。速度控制回路可采用进口节流、出口节流、双向节流等调速，其组成与工作原理与液压节流调速回路基本相同。

10.3.1　单作用气缸双向调速回路

如果单作用气缸前进及后退速度都需要控制，则可以同时采用两个单向节流阀，如图 10-8 所示。活塞前进时由节流阀 1 控制速度，活塞后退时由节流阀 2 控制速度。该回路液压缸活塞杆速度双向可调。两个反向安装的单向节流阀，分别实现进气节流和排气节流，从而控制活塞杆的伸出和返回速度。

10.3.2　缓冲回路

缓冲回路如图 10-9 所示，液压缸活塞杆右移伸出，通过撞块切换二通换向阀至下位后开始缓冲。根据负载大小

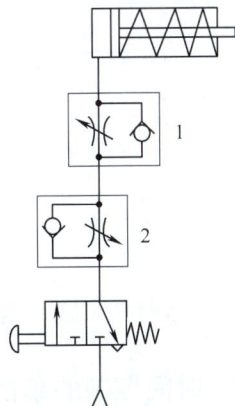

图 10-8　单作用气缸双向调速回路

及运动速度要求来改变二通换向阀的安装位置，就能达到良好的缓冲效果。

10.4 往复动作回路

10.4.1 行程阀控制的单往复动作回路

行程阀控制的单往复动作回路如图10-10所示。按动手动换向阀1，阀1上位工作，主控阀3左位工作，压缩气体使活塞杆伸出。松开按

图10-9 缓冲回路

钮，手动换向阀1在弹簧的作用下复位，使阀1换至下位工作，主控阀3左侧控制气体排出，由于阀3右侧无控制气体输入，仍然处于左位工作。活塞杆继续伸出，当按下行程阀2时，阀2换至上位工作，控制气体使主控阀3换至右位工作，活塞杆缩回。当活塞杆离开行程阀2时，阀2在弹簧的作用下复位换至下位工作，主控阀3右侧的控制气体排出，由于主控阀3左侧无控制气体输入，仍然处于右位工作。活塞杆继续缩回，直至行程终点。每按动一次手动换向阀1，气缸往复动作一次。

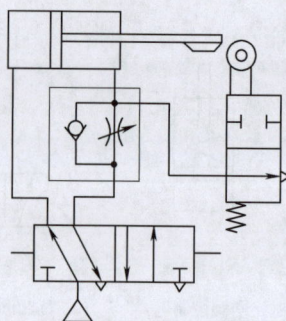

10.4.2 压力控制的单往复动作回路

压力控制的单往复动作回路如图10-11所示。按下手动换向阀1，使主控阀2换至左位，活塞杆伸出。当气缸左腔的气压达到顺序阀3的调定压力时，顺序阀3打开，换向阀4换至左位工作，主控阀2换至右位，活塞杆缩回，完成一次往复动作循环。注意：活塞的后退取决于顺序阀3的调定压力，如活塞杆在前进途中碰到负荷时也会产生后退动作。所以，该回路不能保证活塞到达行程终点。

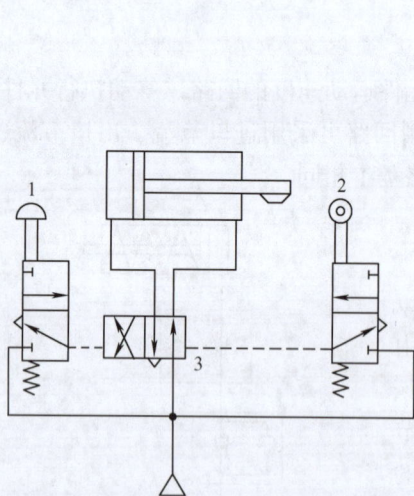

图10-10 行程阀控制的单往复动作回路

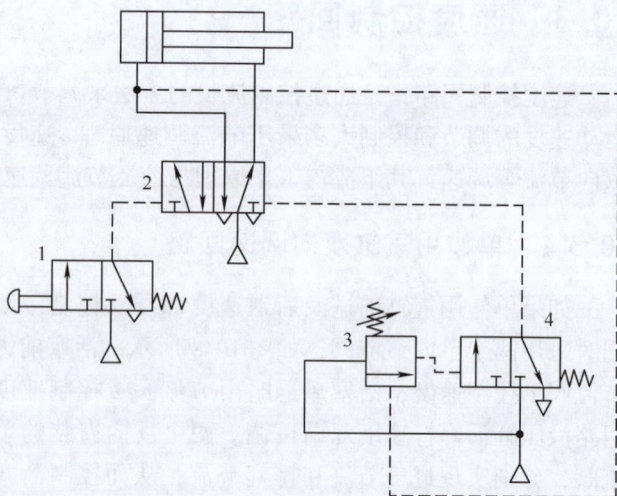

图10-11 压力控制的单往复动作回路

10.4.3 时间控制的单往复动作回路

时间控制的单往复动作回路如图10-12所示。按下手动换向阀3，阀3上位工作，主控

阀1换向至左位工作，气缸活塞杆伸出。压下行程阀2后，需经一段时间延迟，待气源对储气罐充气后，主控阀1才换向，使活塞杆返回，完成一次动作循环。这种回路结构简单，可用于活塞到达行程终点时，需要有短暂停留的场合。

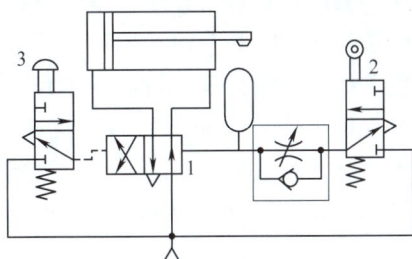

图10-12　时间控制的单往复动作回路

10.4.4　连续往复动作回路

连续往复动作回路如图10-13所示。按下手动换向阀1，阀1上位工作，主控阀4换向至左位工作，活塞杆伸出。此时行程阀3复位，即换至下位工作，将气路封闭，主控阀4不能复位，仍然是左位工作。活塞杆继续向前运动，当活塞杆伸出到行程终点时，压下行程阀2，行程阀2上位工作，使主控阀4控制气路排气，在弹簧作用下主控阀4复位，即右位工作，活塞杆缩回。压下行程阀3，行程阀3上位工作，控制气体使主控阀4换向至左位工作，气缸将继续重复上述循环动作。该回路可以使气缸实现连续自动往复运动。

10.5　顺序动作与同步动作回路

气动系统中，各执行元件按一定程序完成各自的动作。多缸动作回路包括多缸顺序动作与同步动作回路。多缸顺序动作主要有压力控制（利用顺序阀及压力继电器等）、位置控制（利用行程阀及行程开关等）与时间控制三种控制方式。

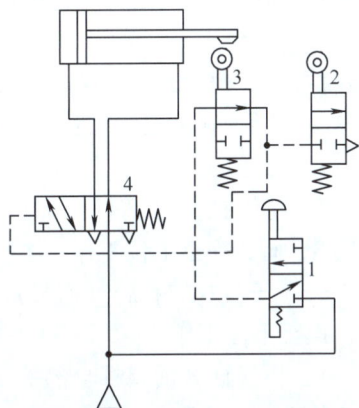

图10-13　连续往复动作回路

10.5.1　延时换向的单向顺序动作回路

图10-14所示为采用一个延时换向阀控制气缸1和2的单向顺序动作回路。当主控阀6切换至左位时，气缸1无杆腔进气、有杆腔排气，实现动作①。同时，气体经节流阀3进入延时换向阀4的控制腔及储气罐7中，延时换向阀4切换至左位，气缸2无杆腔进气、有杆腔排气，实现动作②。当主控阀6在右位工作时，两缸有杆腔同时进气、无杆腔排气而退回，实现动作③。两气缸进给的间隔时间可通过节流阀3调节。

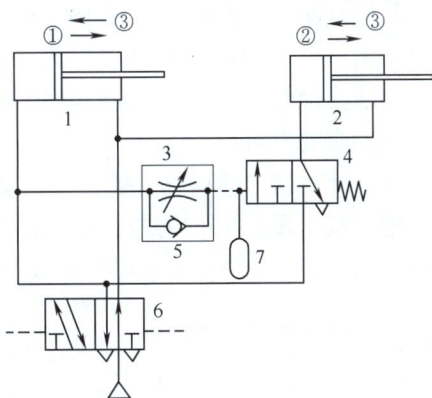

图10-14　单向顺序动作回路

10.5.2　双缸顺序动作回路

双缸顺序动作回路如图10-15所示。两缸A、B按A进→B进→B退→A退（即按步骤1、2、3、4）的顺序动作。每按一次手动换向阀，气缸实现一次工作循环，具体的顺序动作过程如下：

1）在气缸A活塞杆的作用下，行程阀1上位工作，按下手动换向阀7，阀7换至上位工作，压缩空气通过阀7上位，使主控阀5左位工作，压缩空气通过阀5的左位，进入气缸A的左腔（无杆腔），使气缸A中的活塞杆伸出。行程阀1在弹簧的作用下复位，换至下位工作。

2）待气缸A活塞杆全部推出，压下行程阀2，行程阀2换至上位工作，压缩空气通过行程阀2的上位，行程阀3的下位，使主控阀6左位工作，压缩空气通过主控阀6的左位进入气缸B的左腔（无杆腔），使气缸B中的活塞杆伸出。行程阀4在弹簧的作用下复位，换至下位工作。

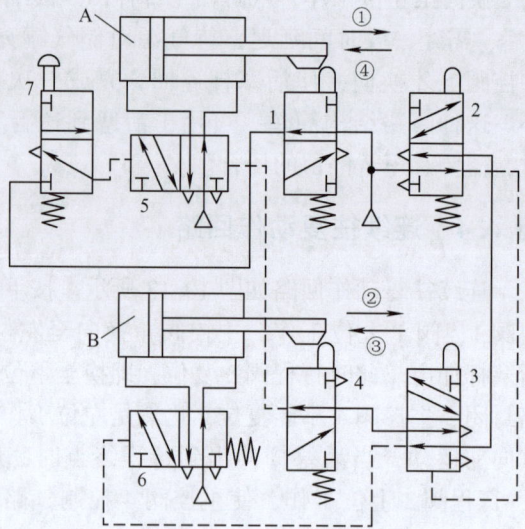

图 10-15　双缸顺序动作回路

3）待气缸B活塞杆全部推出，压下行程阀3，阀3换至上位工作，主控阀6复位，主控阀6右位工作，压缩空气通过主控阀6的右位进入气缸B的右腔（有杆腔），使气缸B中的活塞杆缩回。行程阀3在弹簧作用下复位，换至下位工作。

4）待气缸B活塞杆全部缩回，压下行程阀4，阀4换至上位工作，压缩空气通过行程阀2的上位，行程阀3的上位，行程阀4的上位，使主控阀5换至右位工作，压缩空气通过阀5的右位进入气缸A的右腔（有杆腔），使气缸A中的活塞杆缩回。行程阀2在弹簧的作用下复位，换至下位工作。

10.5.3　气液缸同步动作回路

气液缸同步动作回路如图10-16所示。缸1无杆腔（B腔）的有效面积和缸2有杆腔（A腔）的有效面积必须相等。油液密封在回路之中，油路和气路串联驱动两个缸，使两者运动速度相同。

在设计和制造过程中，要保证活塞与缸体之间的密封，回路中的截止阀3的作用是注油（当发生油泄露时须补油），且与放气口相接，用以放掉混入油液中的空气。

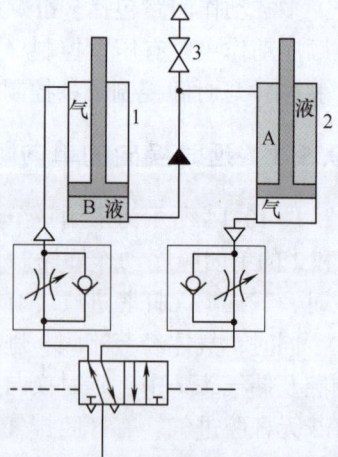

图 10-16　气液缸同步动作回路

10.6　位置（角度）控制回路

气动系统在运行的过程中，有时需要气缸（气动马达）在运动过程中的某个中间位置停下来，这就要求气动系统具有位置（角度）控制功能。由于气体的可压缩性及气动系统不能保证长时间不漏气，所以利用电磁阀对气缸（气动马达）进行位置（角度）控制难以得到高的定位精度。对于要求定位精度较高的场合，可使用机械辅助定位、多位气缸、锁紧气缸或气液转换单元等。

10.6.1　单作用气缸中途停止的位置控制回路

单作用气缸中途停止的位置控制回路如图 10-17 所示。图 10-17a 为采用中位全闭型三位三通方向阀，当三位三通方向阀中位时，活塞停止运动。图 10-17b 采用二位三通方向阀和二位二通方向阀串联，来完成上述三位三通方向阀的功能。回路能使活塞在行程中途任意位置停止运动，并且可以随时起动。

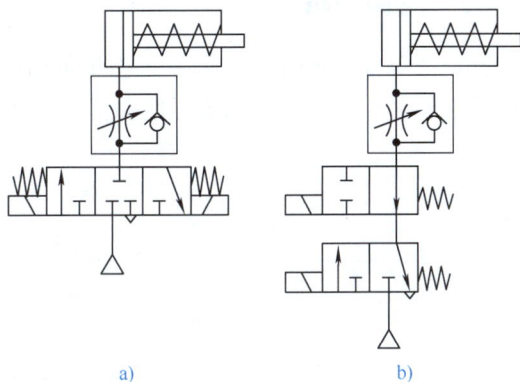

10.6.2　利用行程阀的位置控制回路

利用行程阀的位置控制回路如图 10-18 所示，改变两行程阀的间距，也就改变了气缸的伸缩行程。

a)　　　b)

图 10-17　单作用气缸中途停止的位置控制回路

10.6.3　利用位置传感器的位置控制回路

利用位置传感器的位置控制回路如图 10-19 所示，若改变气缸上两个位置传感器 a_1 和 a_2 的间距，则活塞杆的检测位置改变，实现位置控制。

图 10-18　利用行程阀的位置控制回路

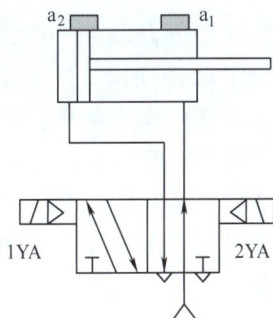

图 10-19　利用位置传感器的位置控制回路

10.7　安全保护回路

安全保护回路的功用是保证操作人员和机械设备的安全，在气动系统和气动自动化设备上应用非常广泛。

10.7.1　双手同时操作回路

双手同时操作回路如图 10-20 所示，只有同时操作两手动换向阀 1 和 2，才能使二位四通换向阀 3 换向至左位工作，活塞杆才能动作。在操作时，如任何一只手离开，则控制信号消失，阀 3 复位，则活塞杆后退，以避免因误动作伤及操作者。该回路可通过单向节流阀实现双节流调速。注意：两个手动换向阀须安装在单手不能同时操作的位置上。但是，若其中一个手动换向阀因弹簧失效而不能复位，则不小心碰上另一个手动换向阀按钮，气缸便会动作，故该回路安全性较差。

10.7.2 互锁回路

互锁回路如图 10-21 所示，二位四通阀的换向受三个串联的行程阀控制，只有当三个行程阀都接通时，主控换向阀才能换向，气缸才能动作。互锁回路可起到安全保护的作用。

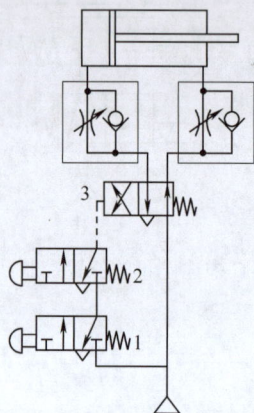

图 10-20 双手同时操作回路

图 10-21 互锁回路

10.7.3 过载保护回路

过载保护回路如图 10-22 所示，正常工作时，按下手动换向阀 1，主控阀 2 换至左位工作，气缸活塞杆向右伸出，直到压下行程阀 5，压缩气体通过行程阀 5 的上位和梭阀 4，使主控换向阀 2 切换至右位工作，活塞杆退回。

如果气缸活塞杆右行途中，偶遇故障，使气缸左腔压力升高超过调定值时，则顺序阀 3 开启，控制气体经梭阀 4 将主控阀 2 切换至右位，活塞杆退回，就可防止系统过载。

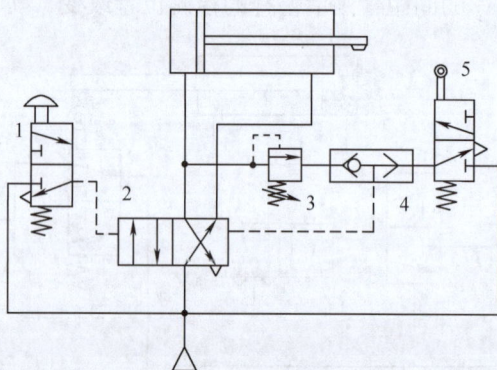

图 10-22 过载保护回路

10.8 气液联动回路

气液联动回路是以气压为动力，利用气液转换器把气压传动变为液压传动，或采用气液阻尼缸来获得更为平稳和有效的运动速度，或使用气液增压器来使传动力增大等。

由于空气具有可压缩性，气缸的运动速度很难平稳，尤其在负载变化时，其速度波动更大。在有些场合，如机械切削加工中的进给气缸要求速度平稳，以保证加工精度，普通气缸很难满足此要求。为此，可通过气液联合控制，调节油路中的节流阀来控制气液缸的运动速度，实现平稳的进给运动。

10.8.1 气液缸的速度控制回路

气液缸的速度控制回路如图 10-23 所示。当换向阀 1 左位工作时，气液缸 4 左腔进气，右腔液体经单向节流阀3排入气液转换器2的下腔，气液缸的活塞杆向右伸出，其运动速度由节流阀调节。

当换向阀1右位工作时，气液转换器2上腔进气，下腔液体经单向节流阀3进入气液缸4右腔，而气液缸左腔排气，使活塞杆快速退回。

回路速度控制是通过控制气液缸的回油流量实现的。采用气液转换器要注意其容积应满足气液缸的要求。同时，气液转换器应该是气腔在上，呈直立状态。必要时，也应该连接补油回路，以补偿油液泄漏。

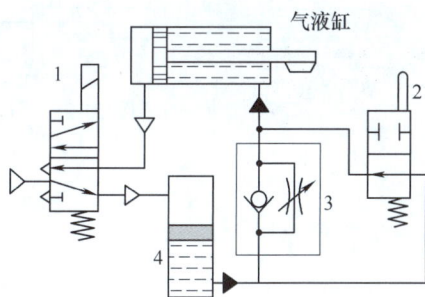

10.8.2 气液缸实现快进-慢进-快退的变速回路

气液缸实现快进－慢进－快退的变速回路如图10-24所示。当电磁换向阀1通电时，气液缸无杆腔进气，而有杆腔的油经行程阀2回至气液转换器4，活塞杆快速前进。当活塞杆滑块压下行程阀2后，切断油路，有杆腔的油只能经单向节流阀3回流至气液转换器4，实现慢进。调节单向节流阀可改变进给速度。当电磁换向阀1断电时，油液通过气液转换器经单向节流阀3的单向阀进入气液缸的有杆腔，推动活塞杆迅速返回。

本变速回路常用于金属切削机床的刀具进给和退回，行程阀2的位置可根据加工工件的长度进行调整。

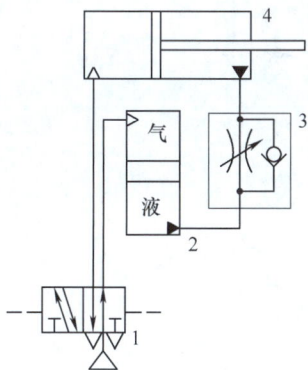

图 10-23　气液缸的速度控制回路　　图 10-24　气液缸实现快进-慢进-快退的变速回路

▶ 情境链接

气动新技术成就全球工业自动化及智能制造

气压传动的动力介质是来自于自然界取之不尽的空气，环境污染小，工程实现容易，所以气压传动是一种易于推广普及的可实现工业自动化的应用技术。

近年来，气动技术在机械、化工、电子、纺织、食物、包装、印刷、轻工、汽车等各个制造行业，尤其在各种自动化生产装备和生产线中得到了广泛的应用，极大地提高了制造业的生产效率和产品质量。作为重要机械基础件的气动元件及气动系统，引起了世界各国产业界的普遍重视，气动行业已成为工业国家发展最快的行业之一。

近年来，德国倡导工业4.0，美国以创新带动再工业化，我国提出从制造大国向制造强国转变，世界产业格局正在发生巨大的变化，气动技术、气动产业正在面临新的挑战，同时也迎来一个新的发展黄金时代。各气动元件研发公司和生产商，立足于市场，为推动工业数字化、自动化，实现智能制造及智慧社会的发展提供相关的产品及解决方案。

各气动元件研发公司推出的智能互联产品包含了各类传感器，可以实时采集气动系统中的压力、流量、位置、温度等相关数据和信息，通过总线通信的阀岛实现与 PLC 的信息反馈，采集气缸的位置信息，同时也可驱动气缸、压力控制阀和流量控制阀等产品。通过 Ethernet/IP、Profinet、Profibus、CC-link、DeviceNet、I/O-Link 等总线通信协议实现互联互通，也可通过无线系统进行通信和控制，使气动系统向智能化方向发展。

习题与思考题

10-1　气动基本回路有哪些？分析其原理和特点。

10-2　分析如图 10-25 所示气动回路的工作过程，并指出各气动元件的名称。

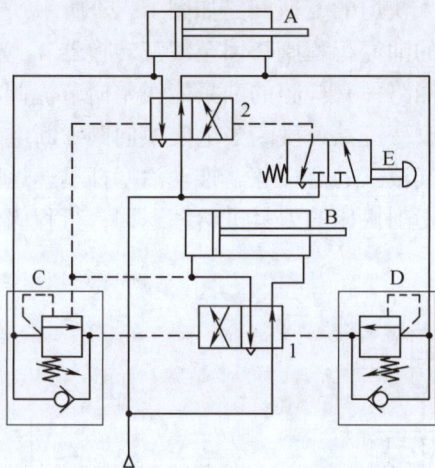

图 10-25　气动回路的工作过程示意图

知识目标

- 掌握典型的气压传动系统的工作原理和应用特点
- 掌握气压传动回路的分析方法

技能目标

- 能分析典型气动回路图
- 能选用气动元件并检查气动元件的性能
- 熟练掌握气动回路的接线技术
- 能搭建、调试和维护气动回路

11.1 工件夹紧气压传动系统

图 11-1 所示为机械加工自动线、组合机床中常用的工件夹紧气压传动系统原理图。当工件运行到指定位置后，定位缸 A 的活塞杆首先向下伸出将工件定位，随后气缸 B 和 C 的活塞杆同时伸出，对工件进行两侧夹紧，然后进行机械加工，加工完成后各缸退回，工件松开。

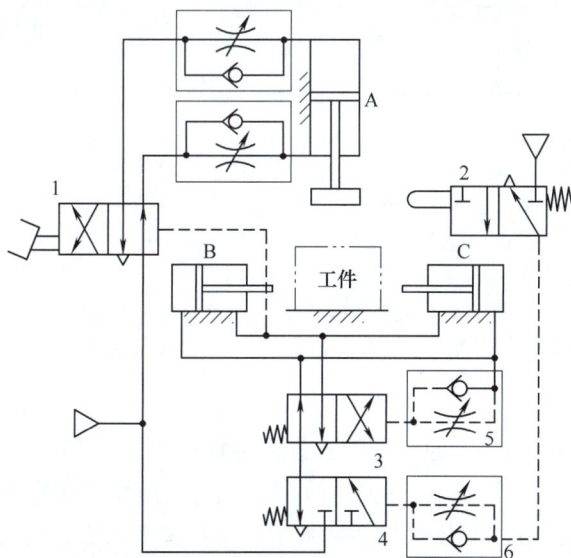

图 11-1　工件夹紧气压传动系统原理图

1—脚踏换向阀　2—行程阀　3、4—换向阀　5、6—单向节流阀

工作原理如下：用脚踏下脚踏换向阀 1，压缩空气进入缸 A 上腔，活塞杆下移使工件定

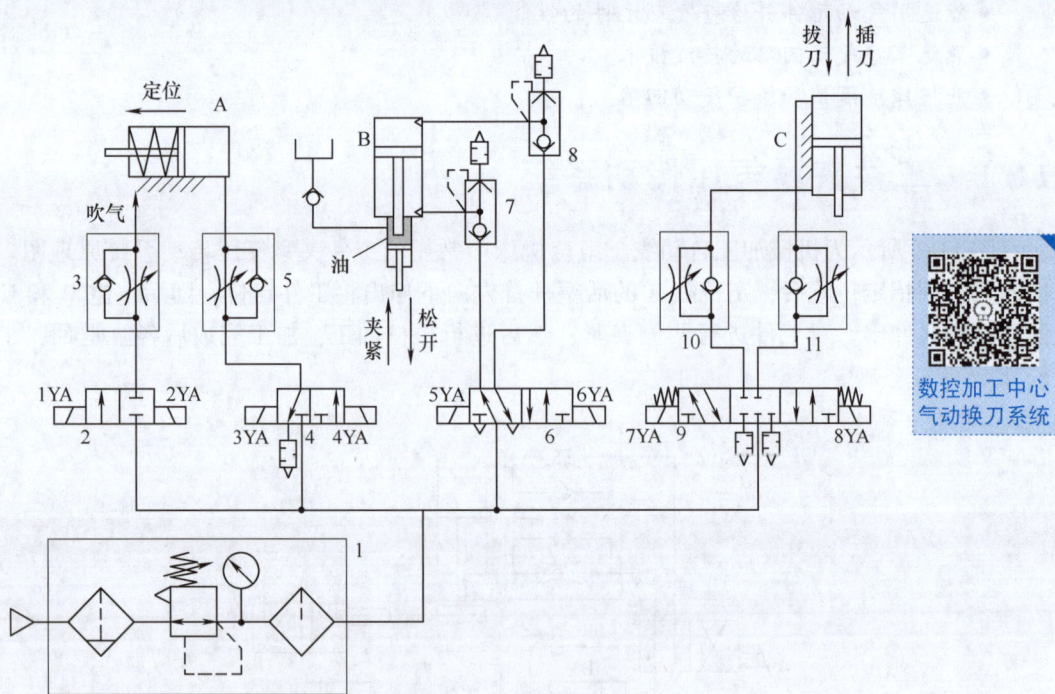

位。工件定位后压下行程阀 2，压缩空气经单向节流阀 6 进入二位三通气控换向阀 4 的右侧，使阀 4 换向（调节节流阀开口可以控制阀 4 的延时接通时间）。压缩空气通过主控阀 3 进入气缸 B 和 C 的无杆腔，活塞杆伸出夹紧工件，开始机械加工。同时一分支气流经过单向节流阀 5 进入主控阀 3 的右端，经过一段时间（由节流阀控制）后，机械加工完成，主控阀 3 右位接通，两侧气缸后退到原来位置。另外一分支气流作为信号进入阀 1 的右端，使阀 1 右位接通，压缩空气进入缸 A 的下腔，定位缸 A 退回原位。

定位缸 A 上升的同时使行程阀 2 复位，气控换向阀 4 也复位。气缸 B、C 的无杆腔通大气，主控阀 3 自动回到左位，完成一个工作循环。

11.2　数控加工中心气动换刀系统

图 11-2 所示为数控加工中心气动换刀系统原理图，该系统在换刀过程中实现主轴定位、主轴松刀、拔刀、向主轴锥孔吹气和插刀动作。

图 11-2　数控加工中心气动换刀系统原理图

1—气动三联件　2、4、6、9—换向阀　3、5、10、11—单向节流阀　7、8—梭阀

动作过程如下：当数控系统发出换刀指令时，主轴停止旋转，同时 4YA 通电，压缩空气经气动三联件 1、换向阀 4、单向节流阀 5 进入主轴定位缸 A 的右腔，气缸 A 的活塞左移，使主轴自动定位。定位后压下无触头开关，使 6YA 通电，压缩空气经换向阀 6、梭阀 8 进入气液增压器 B 的上腔，增压腔的高压油使活塞伸出，实现主轴松刀，同时使 8YA 通电，压缩空气经换向阀 9、单向节流阀 11 进入气缸 C 的上腔，气缸 C 下腔排气，活塞下移实现拔刀。由回转刀库交换刀具，同时 1YA 通电，压缩空气经换向阀 2、单向节流阀 3 向主轴锥孔吹气。稍后 1YA 断电、2YA 通电，停止吹气，8YA 断电、7YA 通电，压缩空气经换向阀 9、单向节流阀 10 进入气缸 C 的下腔，活塞上移，实现插刀动作。6YA 断电、5YA 通电，压缩空气经换向阀 6

进入气液增压器 B 的下腔，使活塞退回，主轴的机械机构使刀具夹紧。4YA 断电、3YA 通电，气缸 A 的活塞在弹簧力作用下复位，回复到开始状态，换刀结束。

▶ **情境链接**

带有自动换刀装置的 FMS（柔性制造系统）

自动化机床自诞生以来，就向着高速度、高精度、自动化、复合化、智能化和网络化方向不断地发展。机床的自动化主要向着两个方面发展：一个是在机械结构方面的发展，另一个是在控制系统方面的发展。

在机械结构方面，数控车床上增加了能够自动换刀的刀塔，在数控铣床上增加了自动换刀的刀库，为了进一步提高效率、缩短辅助时间，在刀库的基础上又增加了机械手，使得换刀的时间大大缩短。

现在，刀塔和刀库机械手已经成为数控车床和加工中心的标准配置，数控车床的刀塔功能也发生了变化，不但可以装夹车刀，还可以配置动力刀头实现钻孔和铣削的功能。加工中心的刀库正向着容量更大、换刀速度更快的方向发展。

有了自动换刀装置的数控机床，就可以对复杂一些的零件进行连续的自动加工，这是机床向着自动化方向发展的重要一步。

机床也在向无人化方向发展，为了缩短加工的准备时间，提高机床的利用率，机床增加了托盘自动交换装置。为了进一步提高机床的自动化水平和无人化的工作时间，于是又出现了 FMS（柔性制造系统），如图 11-3 所示。

为了实现更长时间的无人化加工，有些 FMS 还配备了中央刀具库，有专门的刀具搬运小车负责进行机床刀库和中央刀具库之间的刀具交换。

随着机器人技术的发展，带视觉系统机器人的出现，机床的无人化水平更是发展到了一个新的高度，如山崎马扎克公司配置了机器人的柔性生产系统可以实现 720h 的无人化加工，如图 11-4 所示。

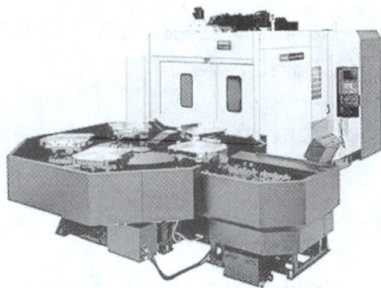

图 11-3 带有自动换刀装置的 FMS（柔性制造系统）

图 11-4 实现 720h 无人化运转的生产系统

对于内置专家系统、采用人机对话编程方式编程的数控系统来说，只要告诉系统要加工的材质和使用的刀具材质，系统就会根据内置的专家库自动给出主轴转速、进给速度等切削参数，当然也可以对切削参数进行修改，并且可以将用户的经验纳入专家库。

教学目标

知识目标◎

- 认识常用的电气控制元件及符号
- 掌握基本电气控制电路的组成和功能
- 掌握电气控制电路与 PLC 控制基础知识

技能目标◎

- 学会液压回路的电控线路设计
- 学会气动回路的电控线路设计
- 学会液压与气动系统的 PLC 控制技术

电气控制系统是利用光电开关、接近开关等检测工件的位置及液压缸（气缸）活塞的运动状况，以控制执行元件的动作。电气控制系统响应快，动作准确，广泛地应用在气动自动化工业设备中。

12.1　常用的电气控制元件

12.1.1　继电器

继电器用于当输入量变化到一定值时，电磁线圈通电励磁，吸合或断开触点，接通或断开控制电路。它被广泛应用于电力拖动、程序控制、自动调节与自动检测系统中。

1. 中间继电器

中间继电器由线圈、铁心、衔铁、复位弹簧、触点及端子组成，如图 12-1a 所示。当继电器线圈通电时，衔铁就会在电磁力的作用下克服弹簧拉力，使常闭触点断开，常开触点闭合。图 12-1b 所示为中间继电器图形符号。继电器在气动控制电路中常起到分配，信号放大及常开、常闭触点转换的作用。

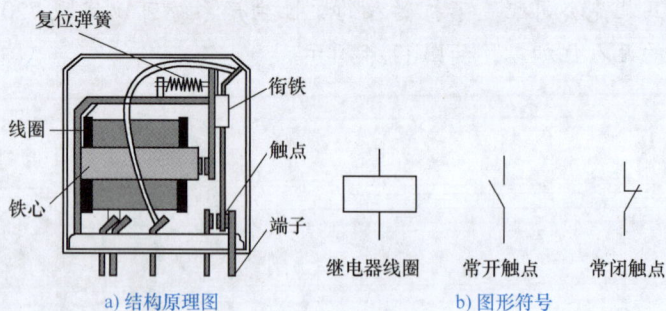

a) 结构原理图　　　　b) 图形符号

图 12-1　中间继电器

2. 时间继电器

时间继电器在气动系统的电气控制电路中主要用于通电延时和断电延时。时间继电器的触点按其功能可分为通电延时触点和断电延时触点两类。其图形符号与时序图如图 12-2 所示。

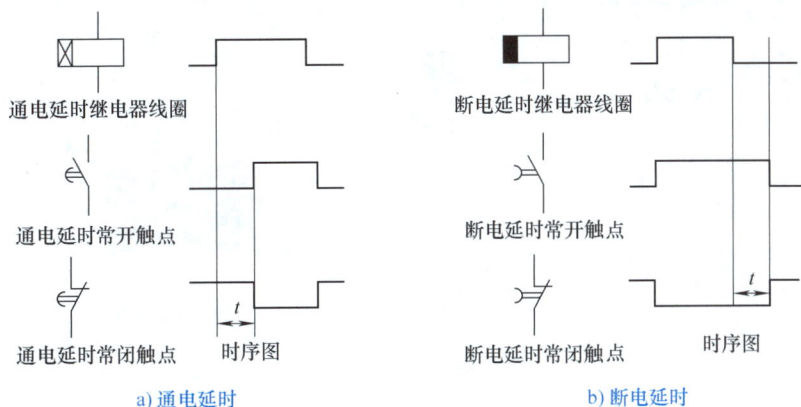

图 12-2 时间继电器图形符号与时序图

12.1.2 控制按钮

控制按钮一般由按钮帽、复位弹簧、触点和外壳等部分组成。图 12-3 为控制按钮的外形和原理图，图 12-4 为控制按钮的图形及文字符号。

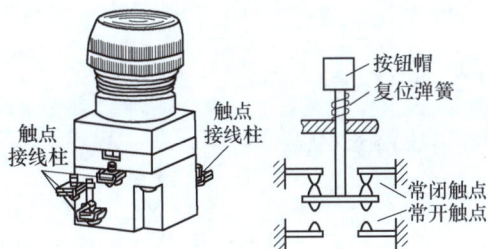

图 12-3 控制按钮的外形和原理图

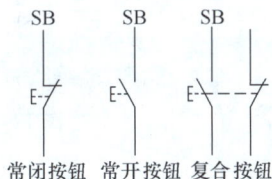

图 12-4 控制按钮图形及文字符号

12.1.3 位置传感器

位置传感器是能感受被测物的位置并转换成可用输出信号的传感器。

液压与气动系统经常会使用到位置传感器。当执行机构的某一动作完成以后，由位置传感器发出一个信号，此信号传送给电气控制回路，经逻辑运算处理后，输出控制信号，控制执行元件工作，从而实现循环往复的连续动作。位置传感器包括接触式传感器和接近式传感器。

1. 接触式传感器

行程开关是一种接触式传感器。行程开关依据机械的行程发出命令，以控制执行元件的运动行程及运动位置。若将行程开关安装于机械行程的终点处，用以限制行程，则称为限位开关。行程开关分为直动式、滚轮式和微动式三种，如图 12-5 所示。行程开关图形及文字符号如图 12-6 所示。

2. 接近式传感器

（1）磁性接近开关　磁性接近开关又称为干簧管。在磁性接近开关中有导磁材料做成的簧片，当永久磁铁接近磁性接近开关时，簧片被磁化，由于两个簧片的极性相反互相吸引，相当于一对常开触点闭合。当永久性磁铁离开时，簧片靠弹簧力自动分开。磁性接近开关图形及文字符号如图 12-7 所示。

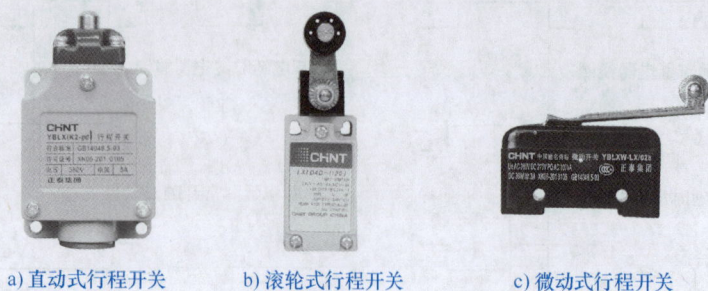

a) 直动式行程开关   b) 滚轮式行程开关   c) 微动式行程开关

图 12-5　行程开关

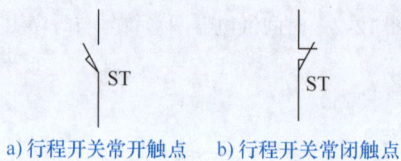

a) 行程开关常开触点   b) 行程开关常闭触点

图 12-6　行程开关图形及文字符号

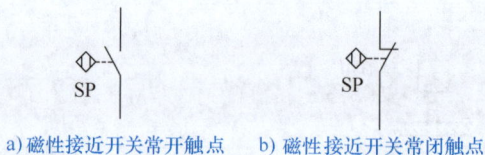

a) 磁性接近开关常开触点   b) 磁性接近开关常闭触点

图 12-7　磁性接近开关图形及文字符号

（2）电感式传感器　电感式传感器是一种接近式传感器，利用半导体晶体管的导通和截止来代替机械触点。在电感式传感器内有一个由电感线圈和电容组成的电路（LC 振荡电路，它是传感器的主要环节）。电感线圈和电容的等效阻值完全相等，在回路内是并联连接的。在理想状态下，电路始终处于振荡状态，当在磁场范围内有导磁或导电物体（如金属材料）时，就会减弱线圈的能量，并且使电感量降低，振荡受干涉，这时，振荡电路的电流升高。电路系统根据该电流的变化，并通过放大电路输出一个开关量的信号。电感式传感器只能用来测量金属物体。

（3）电容式传感器　电容式传感器也是一种无触点接近开关，同样是利用半导体晶体管的导通和截止来代替机械触点。在电容式传感器内有一个由电阻和电容组成的电路（RC 振荡电路）。当在 RC 振荡电路上加电压时，电容的两极板带相反的电荷，在正负极板之间形成了一个电场。如果有物体（金属或非金属）接近传感器电场的有效区域，就会改变两极板之间的导电能力，同时也改变了电场强度，使回路中的电流变化。电路系统根据该电流的变化，并通过放大电路输出一个开关量的信号。

（4）光电式传感器　光电式传感器是通过把光的反应变换成电信号来实现物体检测的。光电式传感器一般由发射器、接收器和检测电路三部分构成。常用的光电式传感器又可分为漫射式、反射式和对射式等几种。

电感式传感器、电容式传感器和光电式传感器符号及简化符号如图 12-8 所示。

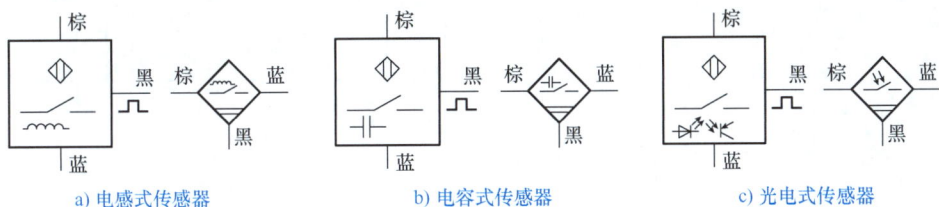

a) 电感式传感器　　　　b) 电容式传感器　　　　c) 光电式传感器

图12-8　电感式传感器、电容式传感器和光电式传感器符号及简化符号

情境链接

液压与气动系统中的位置传感器

液压与气动系统经常使用位置传感器来检测执行元件或运动部件的位置。位置传感器有很多种类，主要有光电式、电感式、电容式、霍尔式、电磁式等。教材中的光电式、电感式、电容式、霍尔式传感器多使用NPN型三线常开传感器（棕色线是正极，蓝色线是负极、黑色线是输出线或信号线），常用的位置传感器如图12-9所示。

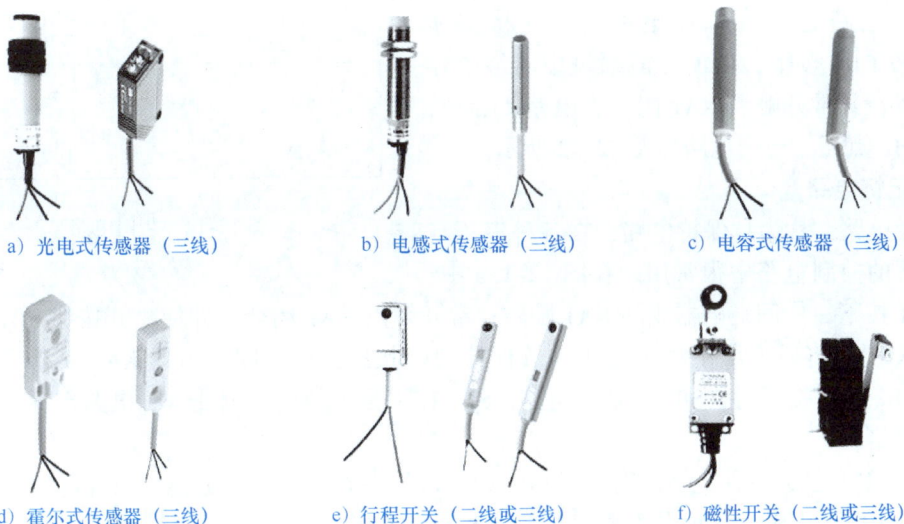

a) 光电式传感器（三线）　　　b) 电感式传感器（三线）　　　c) 电容式传感器（三线）

d) 霍尔式传感器（三线）　　　e) 行程开关（二线或三线）　　　f) 磁性开关（二线或三线）

图12-9　常用的位置传感器

行程开关和磁性开关是二线或三线传感器（二线多为常开型，三线为常开常闭型）。磁性接近开关可以直接安装在气缸缸体上，当带有磁环的活塞移动到磁性接近开关所在位置时，磁性接近开关内的两个金属簧片在磁环磁场的作用下吸合，发出信号。通过这种方式可以很方便地实现对气缸活塞位置的检测。

12.2　基本电气控制电路

1. 是门电路

是门电路是一种简单的通断电路，可实现是门逻辑电路。按下按钮SB1，电路1导通，中间继电器线圈KA1励磁，其常开触点KA1闭合，电路2导通，指示灯HL点亮。若放开按钮SB1，则指示灯HL不亮。是门电路如图12-10所示。

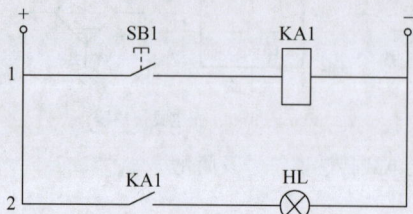

图 12-10　是门电路

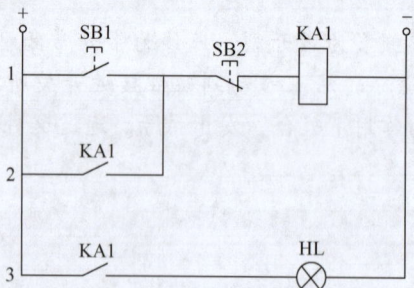

图 12-11　或门电路

2. 或门电路

或门电路也称为并联电路，只要按下按钮 SB1、SB2 中的任何一个，都能使中间继电器线圈 KA1 励磁，其常开触点 KA1 闭合，电路 3 导通，指示灯 HL 点亮。或门电路如图 12-11 所示。

3. 与门电路

与门电路也称为串联电路，只有将按钮 SB1、SB2 同时按下，电流才能通过中间继电器线圈 KA1，其常开触点 KA1 闭合，电路 2 导通，指示灯 HL 点亮。与门电路如图 12-12 所示。

4. 记忆电路

记忆电路又称为自保持电路，在各种液压与气动装置的控制电路中很常用。在图 12-13a 中，

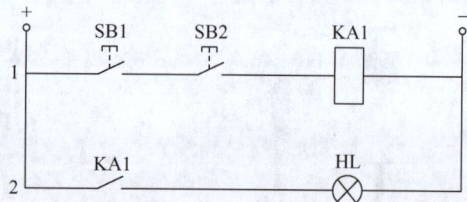

图 12-12　与门电路

按钮 SB1 按下，中间继电器线圈 KA1 励磁，常开触点 KA1 闭合，即使松开按钮 SB1，中间继电器 KA1 也将通过常开触点 KA1 继续保持通电状态，使中间继电器 KA1 获得记忆。当 SB1 和 SB2 同时按下时，SB2 先切断电路，SB1 按下是无效的，因此这种电路也称为停止优先记忆电路。

图 12-13b 是另一种记忆回路，当 SB1 和 SB2 同时按下时，SB1 使中间继电器线圈 KA1 励磁，SB2 按下无效，这种电路也称为起动优先记忆电路。

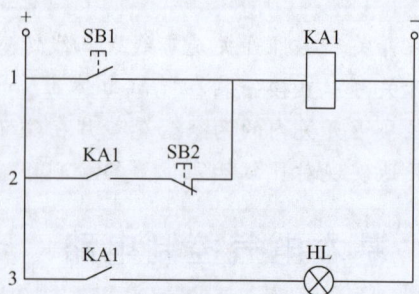

a) 停止优先记忆电路

b) 起动优先记忆电路

图 12-13　记忆电路

5. 互锁电路

互锁电路用于防止错误动作的发生，以确保安全。如电动机的正转与反转，气缸活塞杆

的伸出与缩回，可以防止同时输入相互矛盾的动作信号。如图 12-14 所示，按下按钮 SB1，中间继电器线圈 KA1 通电励磁，同时线路 3 上的常闭触点 KA1 断开，此时若再按下按钮 SB3，中间继电器线圈 KA2 不会通电励磁。

6. 延时电路

延时电路分为两种，即延时闭合和延时断开，图 12-15a 为延时闭合电路，当按下按钮 SB1 后，延时继电器 KT1 开始计时，经过设定的时间后，时间继电器常开触点 KT1 闭合，指示灯 HL 点亮。松开 SB1 后，时间继电器 KT1 断电，常开触点 KT1 立即断开，指示灯 HL 熄灭。

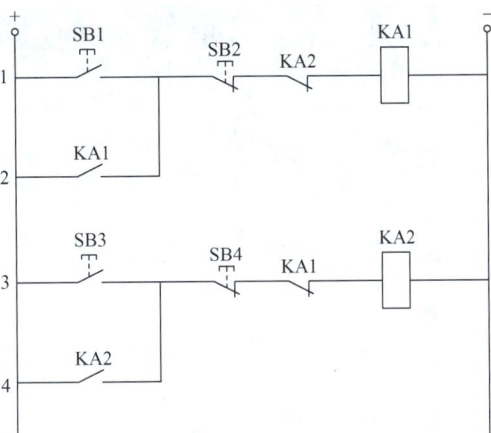

图 12-14　互锁电路

图 12-15b 为延时断开电路，按下开关 SB1 后，时间继电器 KT1 的常开触点也同时接通，指示灯 HL 点亮，当松开 SB1 后，延时断开时间继电器开始计时，到达设定时间后，时间继电器常开触点 KT1 才断开，指示灯 HL 熄灭。

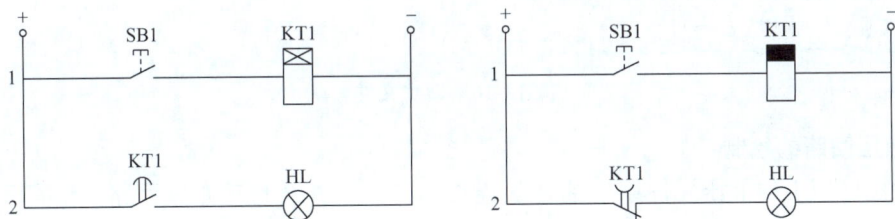

a) 延时闭合电路　　　　　　　　b) 延时断开电路

图 12-15　延时电路

12.3　液压与气动回路的计算机仿真

FluidSIM 软件由德国 Festo 公司和 Paderborn 大学联合开发，是专门用于液压与气动回路的软件，FluidSIM 软件可设计液压回路相配套的电气控制电路图。通过电气控制液压回路，能充分展现各种开关和阀的动作过程。FluidSIM 软件将 CAD 功能和仿真功能紧密联系在一起。

窗口左边显示出 FluidSIM 软件的整个元件库，包括新建回路图所需的液压（气动）元件和电气元件。窗口顶部的菜单栏列出了仿真和创建回路图所需的功能，工具栏给出了常用菜单功能。状态栏位于窗口底部，用于显示操作 FluidSIM 软件期间的当前计算和活动信息，在编辑模式中，FluidSIM 软件可以显示由鼠标指针所选定的元件。

液压回路图的计算机绘制与仿真步骤如下：

1. 新建文件

在"文件"菜单下，执行"新建"命令，新建空白绘图区域，打开一个新窗口，拖动所用液压元件，将其放在绘图区域上，同时设置液压控制阀的结构等信息，如图 12-16 所示。

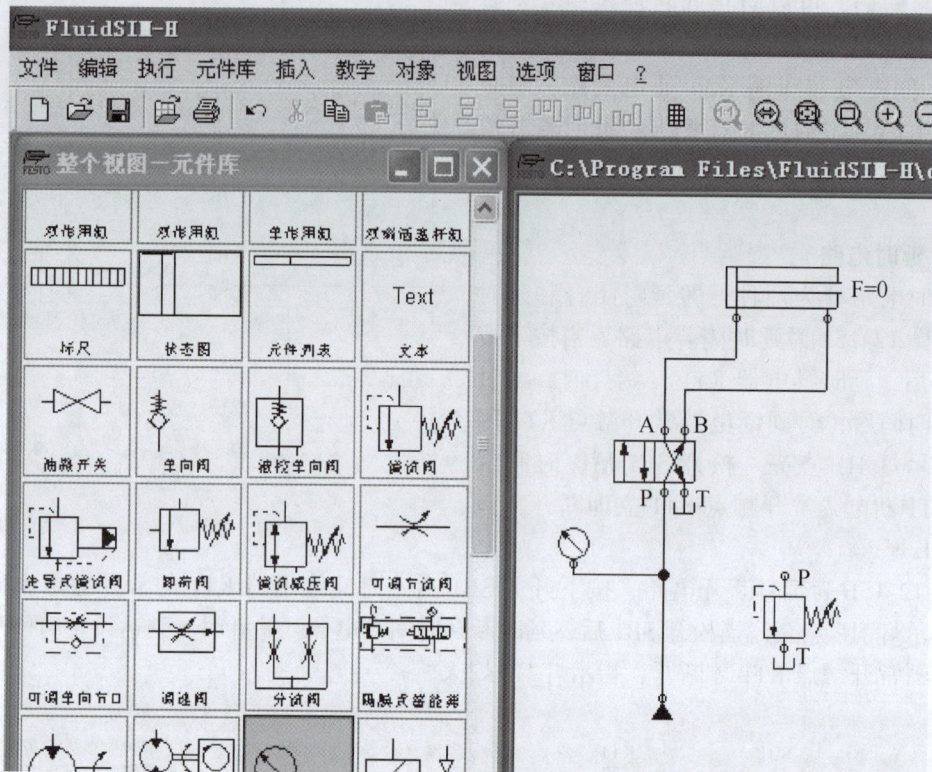

图 12-16　新建文件

2. 液压回路的绘制

将绘图区域上的液压元件用"油管"连接起来，软件会自动布置回路。检查并调整绘制好的回路图，让元件布置合理，回路图看起来美观大方。

3. 液压回路的仿真

在"执行"菜单下，执行"启动"命令，进行液压回路的仿真运行，以检查液压回路是否正确。

气动回路、电气控制电路绘制方法与液压回路基本相似。

情境链接

计算机绘制液压与气动回路以及电气控制电路图

Microsoft Office Visio 是微软公司办公程序中的流程图绘制软件，Visio 以可视方式打开模板，将形状拖放到绘图区域中。现在，Office Visio 中的新增功能和增强功能使得创建的 Visio 图表更为简单，令人印象深刻。

1)"文件"菜单下，执行"新建→机械工程→流体动力"命令，新建空白的液压（气动）绘图文件，如图 12-17 所示。

2) 拖动所用的液压（气动）元件，将其放在绘图区域上，右击元件，设置液压（气动）元件的参数和信息，如图 12-18 所示。部分液压（气动）元件可能需要组合或重新绘制。

注意：建议将常用的液压（气动）元件单独建立一个文档，保存为液压（气动）元件库，以后绘制回路图时可以随时使用。

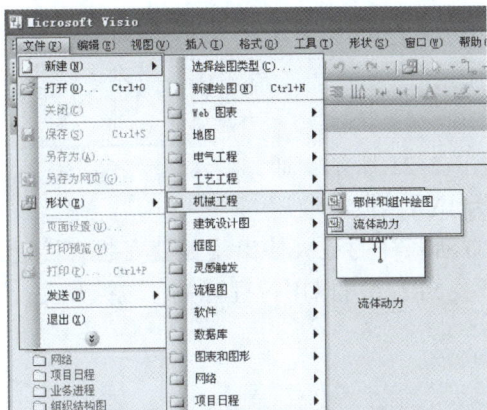

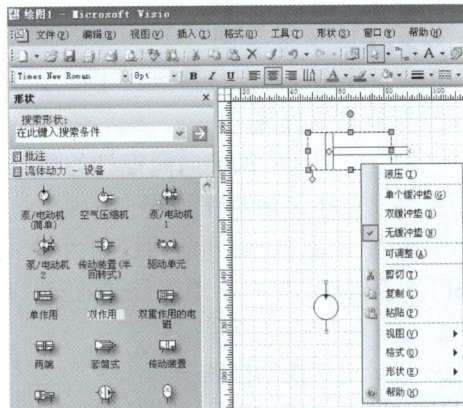

图12-17　新建液压（气动）绘图文件　　图12-18　将液压（气动）元件拖放到绘图区域

3）重新调整绘图区域中液压（气动）元件的位置，然后将液压（气动）元件用"连接线"连接起来，构成液压（气动）回路图，如图12-19所示。

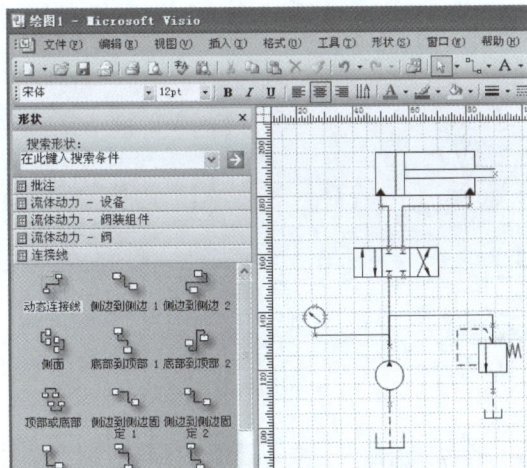

图12-19　将元件连接起来构成回路图

4）同样的方法可以绘制电气控制电路图。

12.4　液压回路的电气控制电路设计实例

现代自动化设备中，许多动作是按一定顺序自动完成的，而顺序动作通常是通过电气控制来完成的，从事液压与气动工作的现代技术人员，经常需要根据液压回路的要求来设计电气控制电路。因此重点介绍液压顺序动作回路电气控制的设计方法。

电气控制的液压回路中，液压缸的位置通常是由行程开关、接近开关或传感器来控制的，方向控制阀则一律采用电磁换向阀，电气控制液压回路的设计步骤如下：

1）画出位移-步骤图。

2）设计液压回路。

3）根据液压回路设计电气控制电路。

【例 12-1】　有一液压缸 A，其动作为伸出→退回，试设计液压回路及其电气控制电路。设计步骤如下：

1. 画出位移–步骤图

根据动作顺序画出位移–步骤图，如图 12-20 所示。

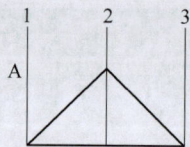

图 12-20　位移–步骤图

2. 设计液压回路

采用三位四通电磁换向阀设计的液压回路如图 12-21 所示，通电后控制液压缸 A 活塞杆前进的电磁换向阀线圈为 1YA，控制液压缸 A 活塞杆后退的电磁换向阀线圈为 2YA。液压缸活塞杆的最大伸出位置处安装有接近开关 SP1，液压缸活塞杆的退回位置处安装有接近开关 SP2（可以用行程开关、磁控开关、光电开关或其他传感器代替）。

3. 设计电气控制电路

1）根据液压回路图初步拟定如图 12-22 所示的电路图。按下前进按钮 SB1，液压缸前进，松开按钮，液压缸立即停止运动。按下后退按钮 SB2，液压缸后退，松开按钮，液压缸立即停止运动，其动作方式属于点动控制。

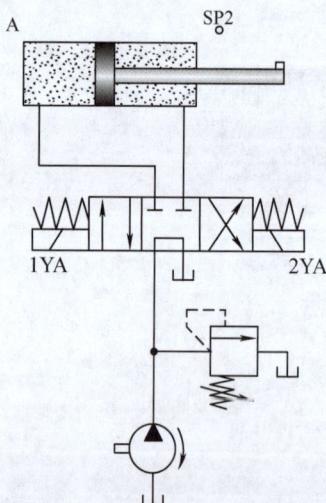

图 12-21　液压回路设计图

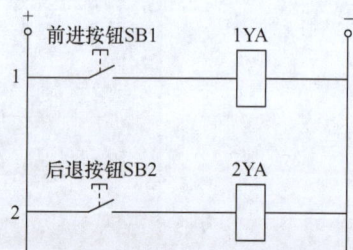

图 12-22　电气控制电路设计图一

2）为了能够实现连续的前进和后退动作，这就需要通过自保持继电器 KA1 和 KA2 来控制电磁换向阀线圈 1YA、2YA，如图 12-23 所示。为了防止出现前进按钮 SB1、后退按钮 SB3 同时按下的错误动作（因为 1YA、2YA 不能同时通电），所以特别在电路中加入中间继电器 KA1、KA2 的常闭触点。

3）为了使按钮按下后液压缸能自动前进、后退一次，此时就需要安装接近开关 SP1 和 SP2，依此设计出如图 12-24 所示的电路图。因为在液压回路中，当所有的动作完成时，需将电路全部切断，所以需要用接近开关 SP2 来切断电磁换向阀线圈 2YA 所在的电路。

【例 12-2】　两个液压缸的动作顺序为 $A^+ \rightarrow B^+ \rightarrow A^- \rightarrow B^-$（"+"表示伸出，"–"表示缩回），试设计其液压回路及其电气控制电路。

1. 工作过程分析

按下起动按钮 SB1，中间继电器线圈 KA1 接通，电磁换向阀线圈 1YA 通电，换向阀切换到左位，液压缸 A 活塞杆右移伸出。

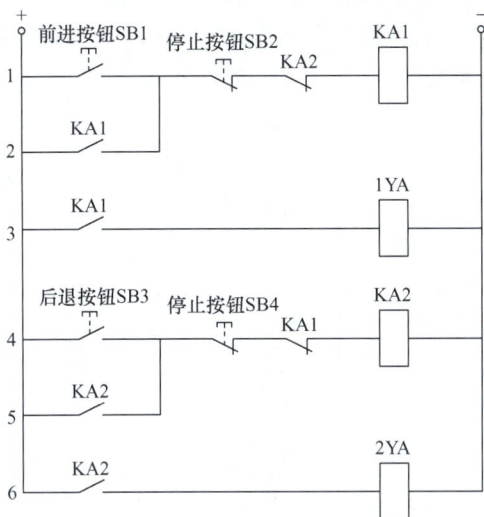

图 12-23　电气控制电路设计图二

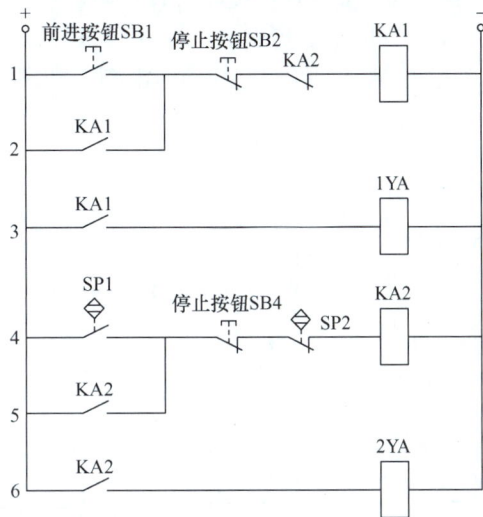

图 12-24　电气控制电路设计图三

当液压缸 A 活塞杆触发到接近开关 SP2 时，电磁换向阀线圈 2YA 通电，液压缸 B 活塞杆开始右移伸出。

当液压缸 B 活塞杆右移触发到接近开关 SP4 时，电磁换向阀线圈 1YA 断电，液压缸 A 活塞杆开始退回（此时液压缸 A 活塞杆离开接近开关 SP2，电磁换向阀线圈 2YA 断电）。

当液压缸 A 活塞杆退回原位触发到接近开关 SP1 时，电磁换向阀线圈 3YA 通电，液压缸 B 活塞杆开始退回。

当液压缸 B 活塞杆退回原位触发到接近开关 SP3 时，电磁换向阀线圈 3YA 断电，完成一个工作循环。

2. 设计步骤

1）画出两液压缸的位移-步骤图，如图 12-25 所示。

2）设计液压回路。如图 12-26 所示，液压缸活塞杆的最大伸出位置处安装有接近开关 SP2 和 SP4，液压缸活塞杆的退回位置处安装有接近开关 SP1 和 SP3（可以用行程开关、磁控开关、光电开关或其他传感器代替）。

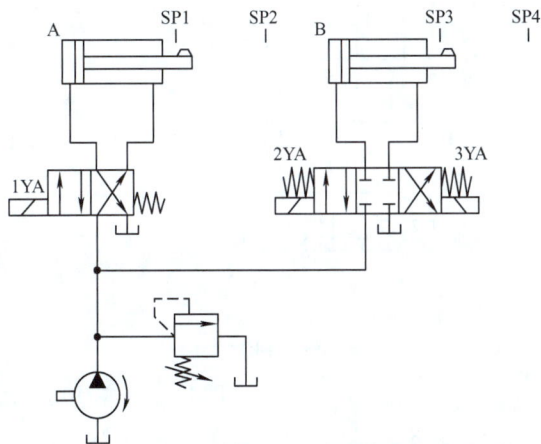

图 12-26　液压回路图

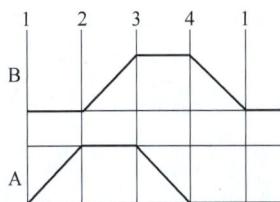

图 12-25　位移-步骤图

3）设计电气控制电路。首先由位移－步骤图和液压回路图决定各电磁换向阀线圈通电与断电的时间点，根据液压缸 A 与液压缸 B 的动作过程绘制电气控制电路设计图步骤如下：

① 绘制电磁换向阀线圈通电图，如图 12-27a 所示。

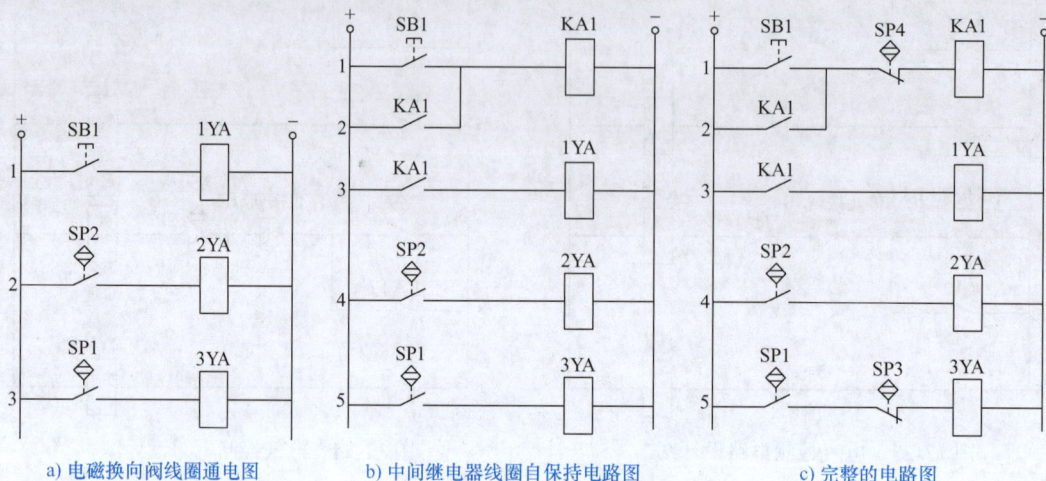

a) 电磁换向阀线圈通电图　　　b) 中间继电器线圈自保持电路图　　　c) 完整的电路图

图 12-27　电气控制电路设计图

② 绘制中间继电器线圈 KA1 的自保持电路图，如图 12-27b 所示。

③ 加上自动断电的控制过程，绘制出完整的电路图，如图 12-27c 所示。

12.5　气动回路的电气控制电路设计实例

12.5.1　单作用气缸往复运动电气控制电路设计实例

利用手动按钮控制二位五通换向阀来，实现气缸单个循环。动作流程是：按下起动按钮→电磁换向阀线圈 1YA 通电→活塞杆前进→活塞杆触发接近开关 SP1→接近开关 SP1 发出信号使中间继电器线圈 KA1 断电→常开触点 KA1 断开→电磁换向阀线圈 1YA 断电→活塞杆退回原位。气动回路如图 12-28a 所示，电气控制电路图如图 12-28b 所示。

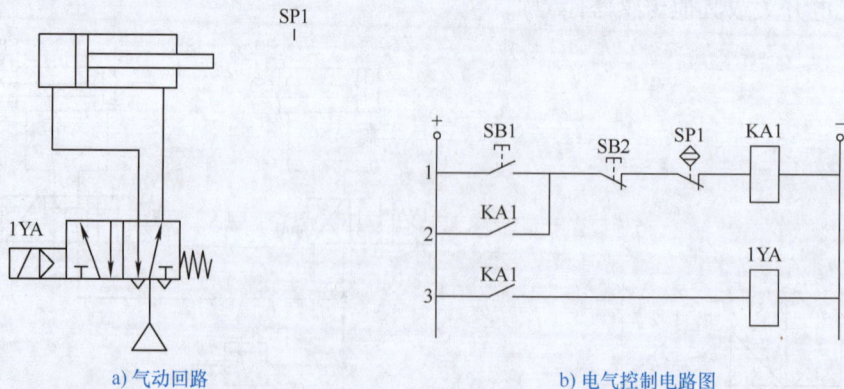

a) 气动回路　　　　b) 电气控制电路图

图 12-28　单作用气缸往复运动回路设计

电气控制电路的设计要点如下：

1）按钮 SB1 及中间继电器线圈 KA1 置于线路 1 上，常开触点 KA1 及电磁换向阀线圈

1YA 置于线路 3 上。当 SB1 按下后，1YA 通电，电磁换向阀换向。

2）按钮 SB1 为瞬时按钮，手一松开，1YA 断电，活塞后退。为使活塞保持前进状态，必须将继电器 KA1 所控制的常开触点接于线路 2 上，形成记忆电路。

3）接近开关 SP1 的常闭触点接于线路 1，活塞杆触发 SP1，切断电路，1YA 断电，电磁换向阀复位，活塞杆退回。

单循环往复运动动作如下：按下起动按钮 SB1，线圈 KA1 通电，线路 2 和 3 上所控制的常开触点闭合，中间继电器 KA1 自保持，1YA 通电，活塞杆前进。活塞杆压下接近开关 SP1，切断自保持电路，线路 1、2 和 3 断开，1YA 断电，活塞杆后退。

12.5.2　双电控两气缸气动回路设计实例

气缸 A、B 组成的双电控两气缸气动回路如图 12-29 所示，均采用双电控二位五通换向阀。根据不同的控制要求，两气缸可以按不同的顺序复合成多种动作过程。

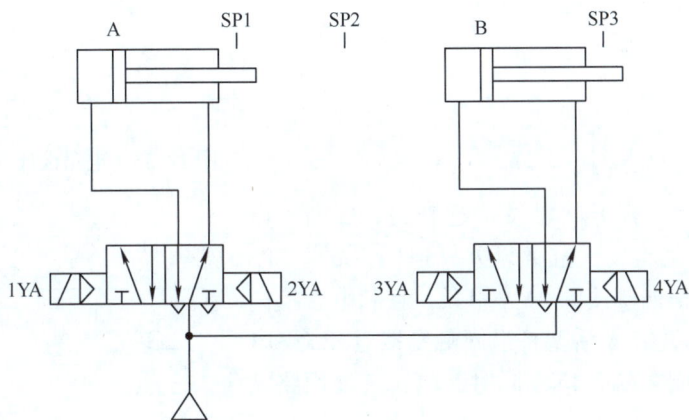

图 12-29　双电控两气缸气动回路图

1. 电气控制电路图设计步骤

1）气缸 A 与气缸 B 的位移–步骤关系如图 12-30 所示。

2）将起动按钮 SB1 和中间继电器线圈 KA1 置于线路 1 上，常开触点 KA1 置于线路 2 上且和起动按钮并联。当按下起动按钮 SB1 时，中间继电器线圈 KA1 通电并自保持。常开触点 KA1 和电磁换向阀线圈 1YA 串联于线路 3 上。当中间继电器线圈 KA1 通电时，气缸 A 的活塞杆伸出，电路设计如图 12-31 所示。

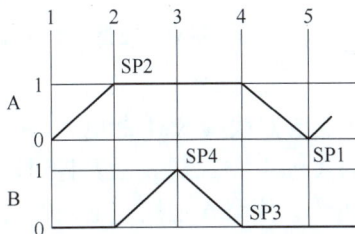

图 12-30　位移–步骤图

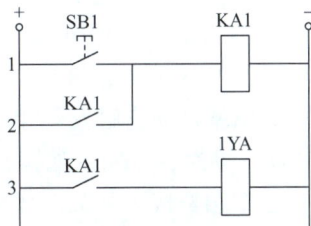

图 12-31　电路设计（一）

3）当气缸 A 活塞杆压下接近开关 SP2 时，接近开关发出信号使气缸 B 活塞杆伸出，故将接近开关 SP2 的常开触点和电磁换向阀线圈 3YA 串联于线路 4 上，电路设计如图 12-32 所示。

4）当气缸 B 活塞杆伸出触发接近开关 SP4 时，产生换组动作（第 1 组换到第 2 组），中间继电器线圈 KA1 断电，故必须将 SP4 的常闭触点接于线路 1 上。将继电器 KA1 的常闭触点和电磁换向阀线圈 4YA 串联于线路 5 上，中间继电器线圈 KA1 断电，此时线路 5 接通，电磁换向阀线圈 4YA 通电，实现第 2 组的第一个动作，即气缸 B 活塞杆退回，电路设计如图 12-33 所示。

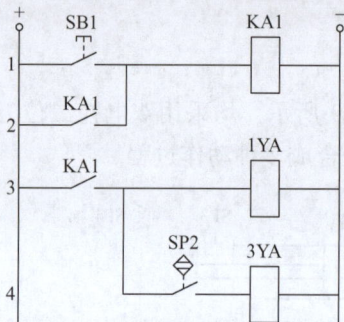

图 12-32　电路设计（二）

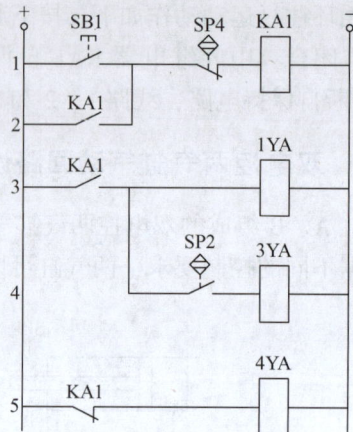

图 12-33　电路设计（三）

5）当气缸 B 活塞杆退回触发接近开关 SP3 时，电磁换向阀线圈 2YA 通电，气缸 A 活塞杆退回，故将 SP3 的常开触点和电磁换向阀线圈 2YA 串联，且和电磁换向阀线圈 4YA 并联。气缸 A 活塞杆退回触发接近开关 SP1 时，电磁换向阀线圈 2YA、4YA 同时断电，气动回路完成一个工作循环。

将接近开关 SP1 的常闭触点接于线路 5 上，目的是为了保证按下起动按钮 SB1 后，电磁换向阀线圈 2YA 和 4YA 都不能通电。完整的电路图如图 12-34 所示。

2. 气动系统的动作过程

按下起动按钮 SB1，中间继电器线圈 KA1 通电，线路 2 和 3 上的常开触点 KA1 闭合，线路 5 上的常闭触点 KA1 断开，中间继电器 KA1 形成自保持。此时线路 3 通路，电磁换向阀线圈 1YA 通电，气缸 A 活塞杆前进。当气缸 A 活塞杆伸出触发接近开关 SP2 时，线路 4 通路，电磁换向阀线圈 3YA 通电，气缸 B 活塞杆前进。

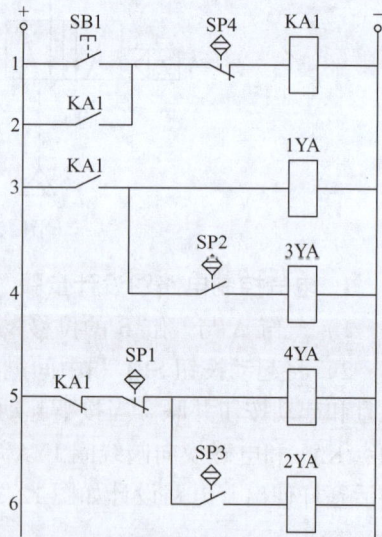

图 12-34　完整的电路图

当气缸 B 活塞杆前进触发到接近开关 SP4 时，中间继电器线圈 KA1 断电，KA1 的自保持消失，线路 3 断路，线路 5 通路，电磁换向阀线圈 4YA 通电，气缸 B 活塞杆退回。当气缸 B 活塞杆退回触发接近开关 SP3 时，常开触点 SP3 闭合，线路 6 通路，电磁换向阀线圈 2YA 通电，气缸 A 活塞杆退回。

气缸 A 活塞杆退回触发 SP1，常闭触点 SP1 断开，气缸 A、B 活塞杆回到原始位置。此电路可防止电磁换向阀线圈 1YA、2YA 及 3YA、4YA 同时通电的事故发生。

情境链接

电气控制电路梯形图程序编制

梯形图（LAD, LadderLogic Programming Language）是PLC使用最多的图形编程语言，被称为PLC的第一编程语言。

梯形图沿袭了继电器控制电路的形式，在常用的继电器与接触器逻辑控制的基础上，通过简化符号演变而来的，具有形象、直观、实用等特点，电气技术人员容易接受，是运用最多的一种PLC的编程语言。

PLC梯形图中的某些编程元件沿用了继电器这一名称，如输入继电器、输出继电器、内部辅助继电器等，但是它们不是真实的物理继电器，而是一些存储单元（软继电器），每一个软继电器与PLC存储器中映像寄存器的一个存储单元相对应。该存储单元如果为"1"状态，则表示梯形图中对应软继电器的线圈"通电"，其常开触点接通，常闭触点断开，这种状态称为该软继电器的"1"或"ON"状态。如果该存储单元为"0"状态，软继电器的线圈和触点的状态与上述的相反，称为该软继电器为"0"或"OFF"状态。使用中也常将这些"软继电器"称为编程元件。

将继电器电路图转换为功能相同的PLC梯形图程序步骤如下：

1）了解和熟悉被控设备的工艺过程和机械的动作情况，分析继电器电路图，掌握控制系统的工作原理，这样才能做到在设计和调试控制系统时心中有数。

2）确定PLC的输入信号和输出负载，以及与它们对应的梯形图中的输入位和输出位的地址，画出PLC的外部接线图。

3）确定梯形图中与继电器电路图的中间继电器、时间继电器对应的位存储器（M）和定时器（T）的地址。

4）根据上述关系画出梯形图程序。

12.6　液压与气动系统 PLC 控制设计实例

可编程逻辑控制（PLC）是目前液压与气动设备最常见的一种控制方式。PLC能处理复杂的逻辑关系，可以对各种类型、各种复杂程度的液压与气动系统进行控制。此外，由于PLC控制系统采用软件编程方法实现逻辑控制，因此，通过改变程序就可改变液压与气动系统的逻辑功能，从而使系统的柔性增加，可靠性增加。

PLC作为一种专门用于工业现场控制的可编程系统，与计算机控制系统的组成十分相似，也包括软件和硬件两大部分。在硬件组织结构方面也与计算机基本相同，也具有中央处理器（CPU）、存储器、输入/输出（I/O）端口、电源等，如图12-35所示。

PLC是工业应用的设备控制器。工业PLC连接的器件分为两类：一类是信号元件（输入端），包括各类开关和传感器；另一类是要被驱动完成动作的元件（输出端），包括继电器、接触器等。

PLC控制系统的设计步骤如下：

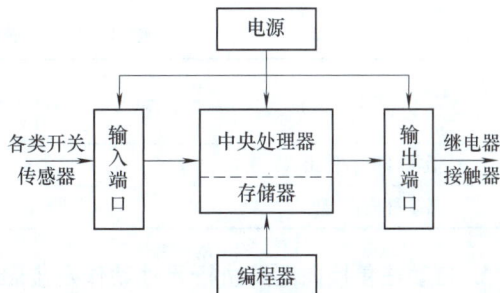

图 12-35　可编程控制器的基本组成

1）确定整个系统的输入/输出（I/O）设备的数量，从而确定 PLC 的 I/O 点数。

2）选择 PLC 机型。

3）建立 I/O 地址分配表。

4）编写 PLC 梯形图程序。

5）绘制 PLC 控制系统的输入/输出硬件接线图。

【例 12-3】 工业成品自动装箱的送料装置设计。

如图 12-36 所示，利用一个双作用液压缸（或气缸）将料仓中的成品推入滑槽进行装箱。为了提高效率，采用一个按钮起动液压缸（或气缸）动作。按下起动按钮，液压缸（或气缸）活塞杆伸出，将工件推入滑槽，活塞杆自动退回，完成一个工作循环。随后活塞杆再次伸出推动下一个工件，如此循环，直至按下停止按钮，液压缸（或气缸）活塞杆停止运动。

1. 设计分析

现以液压缸作为执行元件，实现连续自动循环工作，设置相应的信号发射元件，检测活塞杆是否已经完全伸出或已经完全退回。自动往复换向回路原理图如图 12-37 所示。当三位四通电磁换向阀处于中位时，M 型滑阀机能使泵卸荷，液压缸两腔油路封闭，活塞停止；当 1YA 通电时，换向阀切换至左位，液压缸左腔进油，活塞向右移动；当 2YA 通电时，换向阀切换至右位工作，液压缸右腔进油，活塞向左移动，实现换向。

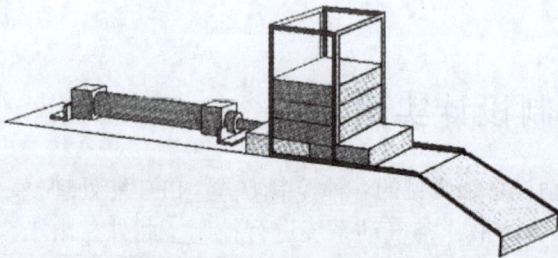

图 12-36 自动送料装置示意图

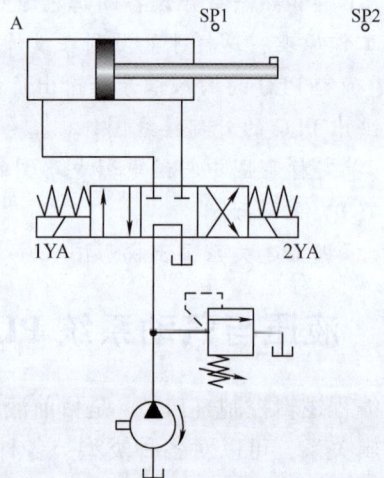

图 12-37 自动往复换向回路原理图

根据液压系统原理图编写电磁铁动作顺序表，见表 12-1。符号"+"表示电磁铁通电或压力继电器接通，符号"-"则表示断电或断开。

表 12-1 电磁铁动作顺序表

动作	元件	
	1YA	2YA
活塞杆向右伸出	+	-
活塞杆向左退回	-	+

2. 自动往复换向回路执行元件动作及步骤

为了使液压缸在按下起动按钮后能实现自动前进与后退，此时就需要安装接近开关 SP1、SP2，依此设计出的电气控制电路图如图 12-38 所示（液压缸伸出、退回位置可用行程开关、磁控开关或其他位置传感器来检测并发出信号）。

1）按下起动按钮，液压缸 A 活塞杆向右运行到指定的位置，位置由接近开关 SP2 限定。

2）接近开关 SP2 发出信号，液压缸 A 活塞杆自动向左退回。

3）液压缸 A 活塞杆退回到左端后，完成一个工作循环，此时接近开关 SP1 发出信号，KA3 通电，活塞杆自动向右前进。

4）液压缸 A 活塞杆向右运行到指定的位置后，接近开关 SP2 发出信号，活塞杆实现自动连续往复运动，直到按下停止按钮。

注：为了简化电路设计，当按下停止按钮 SB2 时，选择将活塞杆端部停在无接近开关的位置，即将活塞杆原始位置设置在两个接近开关的中间位置。

3. 编制输入/输出（I/O）地址分配表

液压系统选用西门子 S7-200 PLC 控制器，编制输入/输出（I/O）地址分配表，见表 12-2。

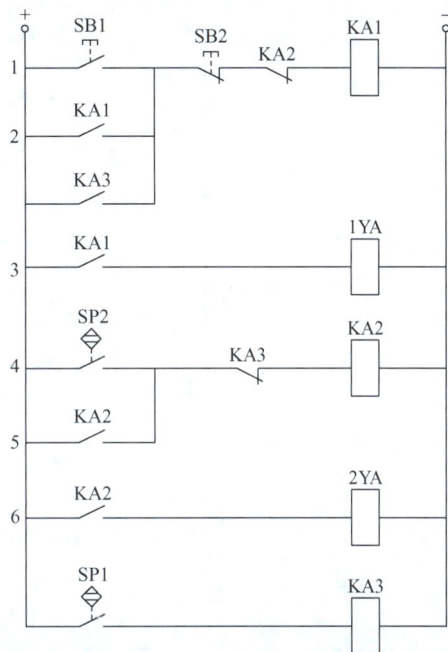

图 12-38 自动往复送料装置电气控制电路图

表 12-2 输入/输出（I/O）地址分配表

I/O 地址	符号	说明	I/O 地址	符号	说明
I0.1	SB1	起动按钮	Q0.1	1YA	控制液压缸活塞杆伸出
I0.2	SB2	停止按钮	Q0.2	2YA	控制液压缸活塞杆退回
I0.3	SP2	伸出止点（发送退回信号）			
I0.4	SP1	退回止点（发送伸出信号）			

4. 编制 PLC 梯形图程序

参考图 12-39，通过计算机编制西门子 S7-200 PLC 梯形图程序，并将编制好的 PLC 梯形图程序下载到 PLC 模块中。

5. 西门子 S7-200PLC 控制器硬件接线

S7-200 PLC 是超小型化的 PLC，它适用于各种场合中的自动检测、监测及控制等。S7-200 PLC 的强大功能使其无论单机运行，还是连成网络都能实现复杂的控制功能。S7-200 PLC 提供了 4 个不同的基本型号与 8 种 CPU 供选择使用。西门子 S7-200 PLC 控制器模块外观图如图 12-40 所示。

西门子 S7-200PLC 控制器硬件接线图如图 12-41 所示。

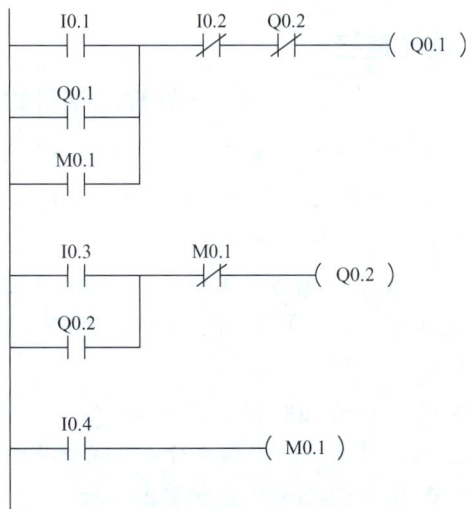

图 12-39 PLC 梯形图程序

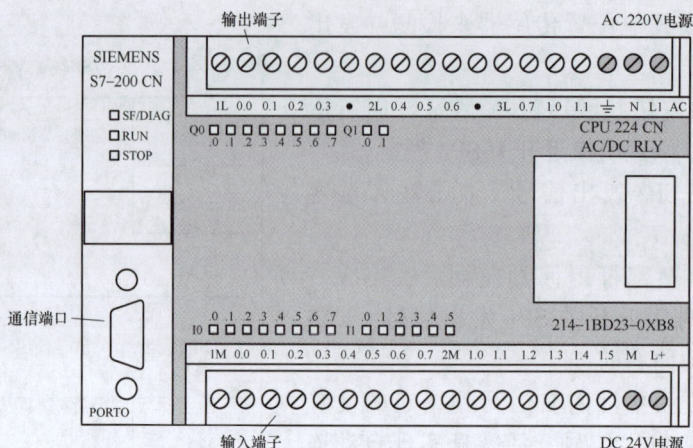

图 12-40　西门子 S7-200PLC 控制器模块外观图

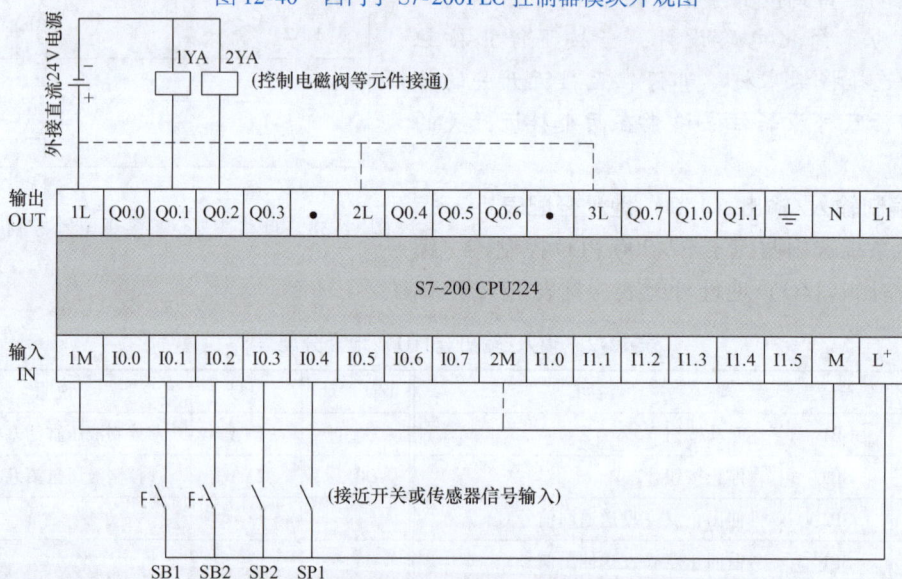

图 12-41　西门子 S7-200 PLC 控制器硬件接线图

▶ 情境链接

三菱 FX_{2N} 系列 PLC 控制器编程及应用

三菱 FX_{2N} 系列 PLC 控制器具有高速处理及可扩展大量实际应用功能等特点，为工厂自动化应用提供较大的灵活性和控制能力。它采用一类可编程的存储器，用于存储其内部程序，执行逻辑运算、顺序控制、定时、计数与算术操作等面向用户的指令，并通过数字或模拟式输入/输出控制各种类型的机械或生产过程。

现以【例 12-3】为例，介绍三菱 FX_{2N} 系列 PLC 控制器编程及应用。

1. 设计分析

与西门子 S7-200 PLC 控制器一致。

2. 自动往复换向回路执行元件动作及步骤

与西门子 S7-200 PLC 控制器一致。

3. 编制输入/输出（I/O）地址分配表

　　根据系统输入/输出（I/O）点数，选用三菱FX_{2N}-48MR微型可编程序控制器，编制输入/输出（I/O）地址分配表，见表12-3。

表12-3　输入/输出（I/O）地址分配表

输入地址	符号	说明	输出地址	符号	说明
X1	SB1	起动按钮	Y1	1YA	控制液压缸活塞杆伸出
X2	SB2	停止按钮	Y2	2YA	控制液压缸活塞杆退回
X3	SP2	伸出止点（发送退回信号）			
X4	SP1	退回止点（发送伸出信号）			

　　4. 编制PLC梯形图程序

　　参考图12-42，使用计算机编制PLC梯形图程序，并将编制好的PLC梯形图程序传输到三菱FX_{2N}系列PLC模块中。

　　5. 三菱FX_{2N}系列PLC硬件接线

　　三菱FX_{2N}系列PLC控制器模块外观如图12-43所示。

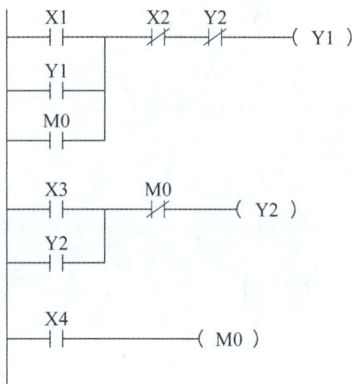

图12-42　PLC梯形图程序

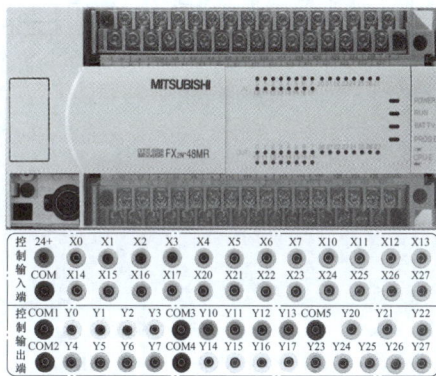

图12-43　三菱FX_{2N}系列PLC控制器模块外观

　　三菱FX_{2N}系列PLC控制器硬件接线图如图12-44所示。

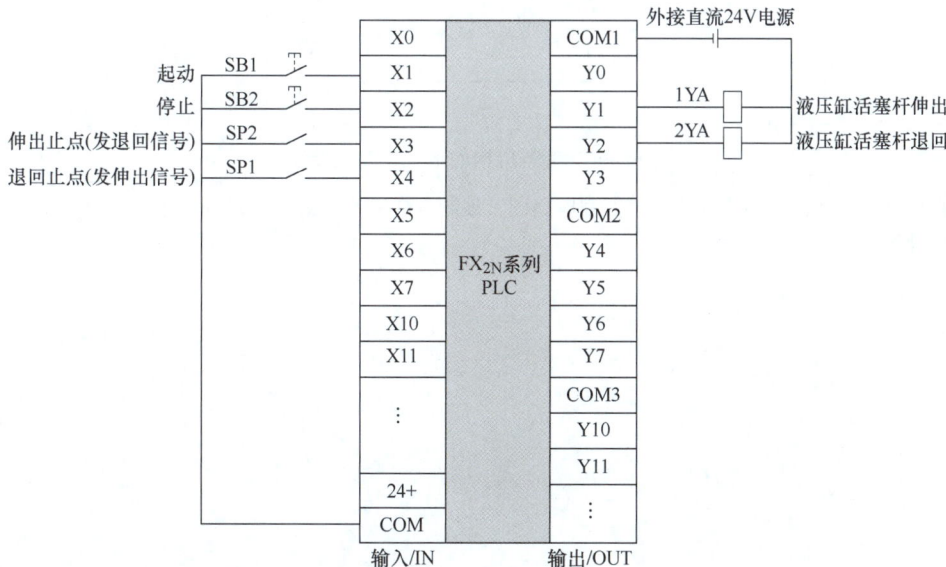

图12-44　三菱FX_{2N}系列PLC控制器硬件接线图

习题与思考题

1. 设计液压缸差动连接的快速运动液压回路图与电气控制线路图，描述其工作原理。

2. 某推料机构系统的示意图如图 12-45a 所示。气缸活塞杆的原始状态位于右位，此时接近开关 SP1 检测到带有磁环的气缸活塞，接近开关 SP1 处于闭合状态。料仓物料下落即会触发行程开关 ST1，此时按下起动按钮 SB1，气缸活塞杆向左移动，将物料推出。当气缸活塞杆左移，触发接近开关 SP2 时，活塞杆自动向右退回，实现一次工作过程。再次按下起动按钮 SB1，推料机构进入下一工作循环。推料机构系统的气动回路图如图 12-45b 所示。

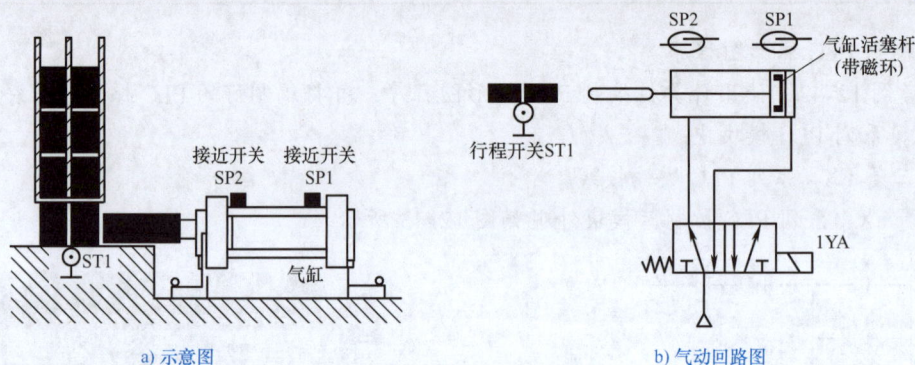

a) 示意图   b) 气动回路图

图 12-45　某推料机构系统

推料机构的电气控制电路图如图 12-46 所示。

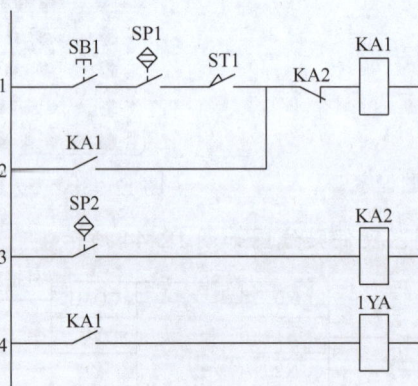

图 12-46　推料机构的电气控制电路图

试根据推料机构气动回路图和电气控制电路图，编制 I/O 地址分配表，设计其 PLC 梯形图程序和 PLC 控制器硬件接线图。

学习情境13　液压与气动系统故障诊断

教学目标

知识目标

- 理解液压与气动系统故障诊断的基本概念
- 掌握液压与气动系统故障诊断的基本原则和方法

技能目标

- 学会动手解决液压与气动系统基本故障
- 了解液压与气动系统故障处理基本思路

13.1　故障诊断概述

　　故障诊断，顾名思义，就是对故障的判断和处理。任何一个液压（或气压）控制系统，都有一个既定的控制功能，主要是对动作的控制，也有对流量和压力的控制，不论是哪一种控制，它的控制目标在一个系统中一经设定就不会随意更改，基于这一点，只要是系统的控制目的没有达到，或者是打了折扣，出现了变化，如一个液压缸不能实现伸出动作、伸出动作比平时慢，甚至是杆腔有漏油现象，统统都认为是系统出现了故障。

　　从另外一个角度来说，一个液压（或气动）控制系统，是由一个个零部件所组成的，既有金属制件，也有塑料橡胶材质的元件，随着使用时间的延长，这些零部件都会有一个使用寿命（金属件磨损、橡胶元件老化等），当这些零部件使用寿命到达极限时，它们必然不能正常工作，这就会导致系统出现这样或者那样的故障，这同样需要我们做故障分析。

　　一个系统出现故障在所难免，正所谓没有不出问题的设备，出现了故障，我们就需要对故障进行分析，进而拿出处理方案，以求恢复系统功能，这就是故障诊断。

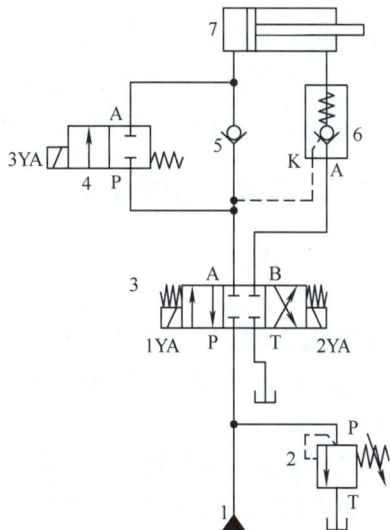

图 13-1　简单的液压系统

　　下面我们结合实例来说一说什么是故障诊断。图13-1是一个简单的液压系统，在这个系统中实现的功能就是元件7即液压缸的伸出或是缩回动作，在实际使用过程中，如出现了液压缸7不能伸出的问题，我们该如何判断处理？或者液压缸7在不带负载时可以正常伸出，可是带上负载后就不能伸出，我们该如何分析？这些动作的不能实现，对于系统来说就是故障，我们需要把这些故障的原因找出来，同时制定相应的处理方案，恢复系统功能（让液压缸7正常伸出、带负载仍然可以工作），这就是故障诊断。

13.2 故障诊断的基本原则和方法

对于一个系统而言，故障不可避免，但故障有大小、难易之分，由此展开的故障诊断也理应有不同的处置方式、方法。

13.2.1 故障诊断的基本原则

1. 通过现象分析原因

所有的故障必然会有相应现象的展现。对系统的故障现象进行分析，什么样的现象归根到什么样的故障原因，是故障分析的基础原则。

2. 尊重客观规律，坚持实事求是

正确地看待故障现象，客观地观察、描述、总结故障现象是故障分析的基石，从故障现象出发，不添加个人主观臆断，不夸大和缩小故障范围，做到实事求是。

3. 由简单到复杂

故障的排查首先遵循的要求是从简单到复杂。所谓简单就是不涉及拆卸就可以做出一些判断的故障，通过肉眼观察或者借助简单工具就能核查的故障，如系统漏油、油温过高等；而复杂的故障则是在排除掉这些简单故障可能之后，必须需要通过一些拆卸、更换元器件才能排除的故障，如液压控制阀的堵塞、执行机构液压缸严重内泄等。从简单到复杂的原则可以很好地节约故障诊断时间，提高诊断效率。

4. 注重排除法的运用

由于现代的液压系统都是集成化的系统，如控制阀大多采用叠加式安装，这样，当故障产生后，在两个及两个以上的叠加阀里面，如何快速地锁定故障阀，是我们面对这类故障的首要任务，这时，恰当地运用排除法就是非常奏效的一种方法，具体做法就是在两个叠加阀中，如果验证一个是正常的，那么另一个就是故障点。

5. 注重典型故障的经验总结

对于一个系统，有一些故障是高频发生的，或者一些故障现象是非常典型的，如某系统管道接头漏油经常发生，我们经检查分析发现原因是该接头处于转弯处，振动较大导致，那么下一次该接头的漏油时，我们除更换接头密封之外，还要做的工作就是判断接头附近的管夹是否松动。对典型故障的总结，可以非常迅速地排除一些高频故障。

13.2.2 故障诊断的方法

1. 直观分析法

（1）测量 油温可以直接通过测温仪器（如红外枪）测量，一般液压系统工作温度为40~60℃，温度是相对稳定的；压力可以通过压力表测量；振动有振动传感器（重点设备）；流量可以用流量计监测；噪声用分贝仪检查，超出合理区间即为故障。图13-2为检测工具的图样。

（2）化验 油液清洁度有专门的检测评价机制（需要专业检测设备），主要用的是 NAS 等级，不同的系统要求不一样，一般来说，伺服系统要求最高，为 NAS3~5 级，而普通换向动作控制系统为 NAS7~9 级。油液清洁度的高低直接影响了各元器件的使用寿命，必须定期对油液进行检测比较。表13-1为油液清洁度 NAS 等级表。

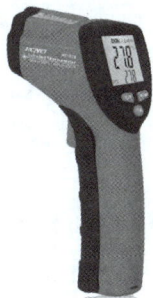

a) 测温仪

b) 分贝仪

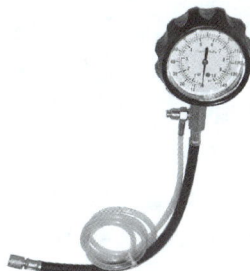

c) 压力表

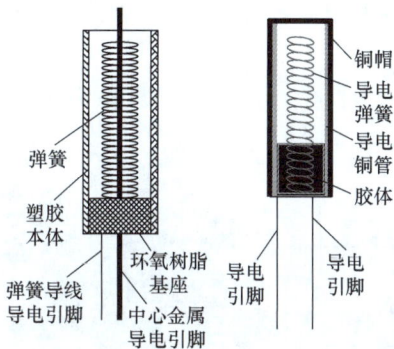

d)振动传感器

e)流量计

图 13-2　检测工具的图样

表 13-1　油液清洁度 NAS 等级表

NAS 等级	微粒数/100ml					
	2~5μm	5~15μm	15~25μm	25~50μm	50~100μm	>100μm
00	625	125	22	4	1	0
0	1250	250	44	8	2	0
1	2500	500	88	16	4	1
2	5000	1000	176	32	8	1
3	10000	2000	352	64	16	2
4	20000	4000	704	128	32	4
5	40000	8000	1408	256	64	8
6	80000	16000	2816	512	128	16
7	160000	32000	5632	1024	256	32
8	320000	64000	11264	2048	512	–
9	640000	128000	22528	4096	1024	–
10	1280000	256000	45056	8192	2048	–
11	2560000	512000	90112	16384	4096	–
12	5120000	1024000	180224	32768	8192	–

（3）检查　系统各元器件的密封情况主要靠人的检查为主，一般而言，泄露的情况根据发展的规律，从渗漏开始，历经滴漏、线状泄露、喷射泄露等环节。

（4）查阅　对于系统的一些运行情况，则需要问询设备操作人员，重点关注设备的异常情况；设备的维修、日检、月检记录以及生产运行的交接班记录均可作为必要的参考资料。

2. 间接分析法

（1）逐一对比替换法　对于比较难判断的故障，可以采取对比替换的方法，具体做法是将判断对象扩大，然后选择与判断对象元器件相同的正常功能单元（通常是一组新的元器件，也可以把其他正常动作的元器件整体搬过来），逐一对比替换可能出现故障的元器件，直至找到故障点，替换工作结束。如图 13-3 所示的叠加阀，分别有换向阀、减压阀、溢流阀、节流阀、单向阀，可以一个一个的更换调试，直至找出问题阀，对比结束。

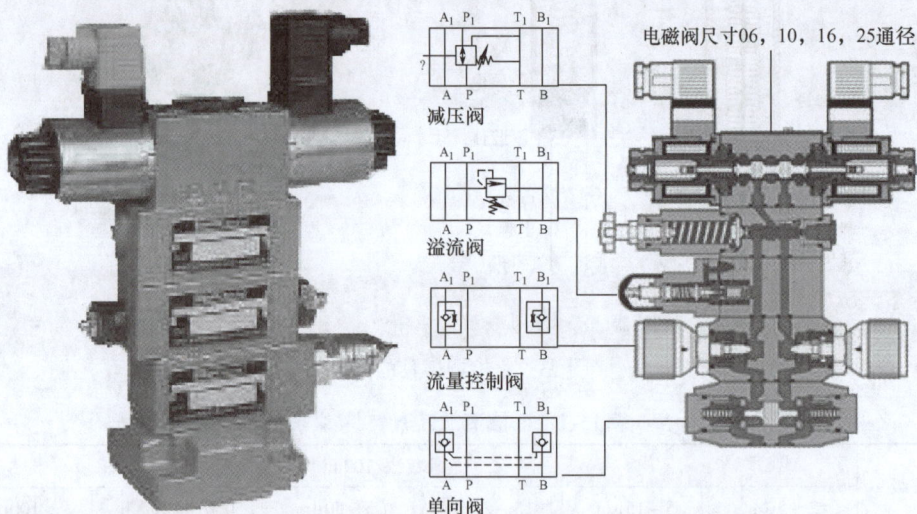

图 13-3　叠加阀

（2）概率分析法　对于一些液压设备，在长期的使用过程中，会有一些高频故障，这些故障会频繁地在使用的过程中出现，可以优先去考虑这些概率高的故障。

（3）专家分析法　对于一些较为复杂、难以判断的故障，我们可以采用技术小组讨论法，大家根据自己的分析，讨论出一个解决故障现象的基本思路，列举先后顺序来排除故障。

3. 常见故障现象、原因分析及处理措施

常见的液压与气动系统故障现象、原因分析及处理措施见表 13-2 ～ 表 13-5。

表 13-2　液压系统各元器件常见故障现象、原因分析及处理措施

类别	元件名称	故障现象	原因分析及处理措施
动力元件	泵	① 内泄较大 ② 振动噪声	① 内部磨损，更换密封组件，严重时换泵 ② 紧固连接螺栓、联轴器磨损（弹性垫更换）、泵吸空（加油）
执行结构	缸	① 杆腔漏油 ② 缸内泄 ③ 拉缸	① 更换杆腔密封组件 ② 更换活塞密封组件 ③ 更换油缸
执行结构	马达	① 花键磨损 ② 内泄	① 更换花键 ② 更换密封组件

（续）

类别	元件名称	故障现象	原因分析及处理措施
控制阀	电磁换向阀	① 电磁铁未得电 ② 电磁铁损坏 ③ 阀芯卡阻	① 更换插头，检查回路电流 ② 更换电磁铁 ③ 更换换向阀
	伺服阀 比例阀	① 零漂较大 ② 阀芯卡阻	① 校正控制电流、传感器位置，并修复 ② 更换阀件
	节流阀	调速范围小	更换节流阀或拆解，用煤油清洗阀芯
	溢流阀	无故开启	更换溢流阀或拆解，用煤油清洗阀芯
	减压阀	减压范围小	更换减压阀或拆解，用煤油清洗阀芯
辅件	过滤器	堵塞	更换滤芯
	蓄能器	无保压、补充流量作用	更换气囊，气囊充气至工作压力
	冷却器	① 冷却效果差 ② 漏油	① 清洗交换器内部水垢 ② 更换交换器
	加热器	无加热效果	检查或更换加热模块
	油水分离器	无法分离油水	清洗分离扇叶
	油管、软管	油管破损	钢管更换、焊补，软管更换
	管接头	漏油	更换内部密封组件，增加接头附近管夹
	密封	漏油	更换密封组件，增加密封支撑环

表 13-3　液压系统流量失常故障现象、原因分析及处理措施

现象	原因分析	处理措施
无流量	① 电动机不工作 ② 转向错误 ③ 联轴器打滑 ④ 油箱油位过低 ⑤ 换向阀设定位置错误 ⑥ 溢流阀开启 ⑦ 液压泵失效 ⑧ 过滤器堵塞	① 维修或更换电动机 ② 检查电动机接线 ③ 更换联轴器 ④ 加油到设定油位 ⑤ 检查换向阀逻辑 ⑥ 检查、设定溢流阀开启压力 ⑦ 维修、更换液压泵 ⑧ 更换过滤器
流量不足	① 液压泵转速过低 ② 流量设定过低 ③ 系统溢流阀压力设置过低 ④ 油液直接回油箱 ⑤ 油液黏度不合适 ⑥ 液压泵吸油能力差 ⑦ 变量泵机构失效 ⑧ 系统泄漏过大 ⑨ 系统局部堵塞	① 调整转速到设定值 ② 调整设定流量 ③ 调整系统溢流阀压力 ④ 检查系统控制形式 ⑤ 更换油液、检查油温 ⑥ 检查泵前过滤器 ⑦ 维修、更换变量泵 ⑧ 重点检查系统密封组件 ⑨ 疏通堵塞部位

（续）

现象	原因分析	处理措施
流量过大	① 流量设定值过大 ② 变量机构失灵 ③ 电动机转速过高 ④ 液压泵规格选择过大 ⑤ 调压溢流阀失灵、关闭	① 重新调整、设定流量 ② 维修、更换液压泵 ③ 调整电动机转速 ④ 更换液压泵规格 ⑤ 调节、维修或更换溢流阀

表 13-4　液压系统执行机构运动失常故障现象、原因分析及处理措施

现象	原因分析	处理措施
无动作	① 控制元件卡死或动作错误 ② 系统堵塞 ③ 执行元件卡死 ④ 系统无工作介质 ⑤ 液压泵没有流量输出	① 检查换向阀，必要时更换 ② 查找、疏通堵塞部位 ③ 调整、更换执行元件 ④ 加油到设定油位 ⑤ 检查电动机、泵、联轴器、吸油口油位、溢流阀开口、泵前过滤器是否正常
低速爬行	① 节流阀工作状态不妥 ② 溢流阀开启 ③ 执行元件内泄严重 ④ 减压阀压力调值过低 ⑤ 油液黏度不合适 ⑥ 液压泵吸油能力差 ⑦ 变量泵机构失效 ⑧ 系统泄漏过大 ⑨ 系统局部堵塞	① 进油节流改为排油节流 ② 调整设定溢流阀压力 ③ 更换执行元件密封组件 ④ 检查压力及负载 ⑤ 更换油液、检查油温 ⑥ 检查泵前过滤器 ⑦ 维修、更换变量泵 ⑧ 重点检查系统密封 ⑨ 疏通堵塞部位
速度调节范围小	① 液压泵流量不足 ② 控制阀内泄严重 ③ 执行机构内泄严重 ④ 溢流阀开启 ⑤ 节流阀失效	① 重新调整设定流量 ② 检查换向阀，必要时更换 ③ 检测执行机构两腔压力，必要时更换 ④ 重新设定溢流阀压力 ⑤ 更换节流阀

表 13-5　液压系统其他故障现象、原因分析及处理措施

现象	原因分析	处理措施
温度过高	① 控制阀非正常开启 ② 系统散热条件差 ③ 系统无卸荷回路 ④ 油液黏度过大 ⑤ 管道规格小、弯道多	① 重点检查溢流阀压力设定 ② 增设冷却器，加大油箱表面积 ③ 增设卸荷回路 ④ 选用恰当的油液黏度 ⑤ 更换管道，使其直、粗、短
振动、噪声	① 泵源振动与噪声 ② 执行元件振动与噪声 ③ 控制元件振动与噪声 ④ 系统振动与噪声 ⑤ 油箱进、出油管距离太近	① 更换泵与电动机之间联轴器、泵前过滤器 ② 增加缓冲装置，更换损坏元件 ③ 更换大规格阀，电磁铁和紧固连接件 ④ 增设管夹，采用多回路油管回油 ⑤ 加大油箱进、出油管距离

（续）

现象	原因分析	处理措施
冲击	① 换向阀换向冲击 ② 执行元件换向冲击 ③ 系统内含气量过高	① 更换大通径换向阀，减小锥阀圆锥角 ② 增设回油背压阀，执行元件增设缓冲装置 ③ 排空空气

13.3 故障诊断实战演练

13.3.1 实战项目一：简单换向系统故障诊断

图 13-4 为简单换向系统，其故障现象为执行机构液压缸 7 的活塞杆无法伸出。故障诊断步骤如下。

1. 原因分析

对于一个换向系统而言，执行机构无动作是一个非常常见的故障，引起这个故障的原因很多，重点从换向控制元件即换向阀开始排查。

2. 分析过程

影响液压缸 7 不能伸出的原因有很多，我们需要拟定一个基本的思路：

诊断方案一：换向故障。根据表 13-4 中执行机构无动作的原因分析，找出主要原因，基本上就可以解决这个故障。

诊断方案二：具体回路具体分析。就这个简单的换向系统而言，我们采用由简单到复杂的原则，即通过不需要拆卸的分析手段来分析，具体做法如下：①泵的起动、转向、流量、油位等，这些只需通过观

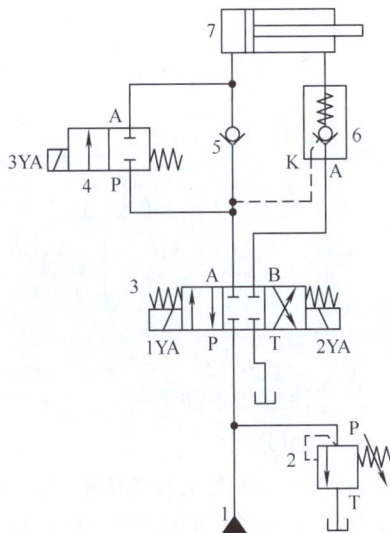

图 13-4 简单换向系统

察就可以得出结论的原因无排除；②判断各控制阀的工作状态。双电控电磁换向阀 3、单电控电磁换向阀 4、单向阀 5、液控单向阀 6 是否正常开启。结合本系统，液压缸 7 活塞杆要伸出，阀 3 需左侧 1YA 得电，阀 5 和 6 都需开启，或者阀 3 左侧 1YA 得电，阀 4 左侧 3YA 得电，阀 6 开启。阀是否正常工作，重要的判断手段就是压力检测，在阀的入口和出口测量压力，只要两者的压力无明显变化，表明阀的工作是正常的。电磁阀是机械元件跟电气元件的集合，需要分开判断故障点，如果电磁铁得电不能实现换向，还可以选择将电磁插头拔下来，通过捅机械阀芯来实现换向，这样可以区分阀的机械跟电气部分的故障。阀的判断一般是液压系统故障的重点；③检查液压缸的负载及系统溢流阀的工作状态。判断液压缸是否负载过大，重点检查负载的运动是否卡阻，同时检测溢流阀是否开启，溢流阀开启会导致系统的流量不足，无法在有负载的情况下推动液压缸；④检查液压缸的内泄情况。控制阀换向之后，检测液压缸活塞两侧压力的变化，如果两侧压力相差不大，说明液压缸内部泄露极其严重。

3. 处理过程

在判断的过程中，只要故障消除，则处理过程结束。

13.3.2 实战项目二：简单调速系统故障诊断

图 13-5 为简单调速系统，其故障现象为执行机构液压缸 7 的活塞杆伸出速度慢。

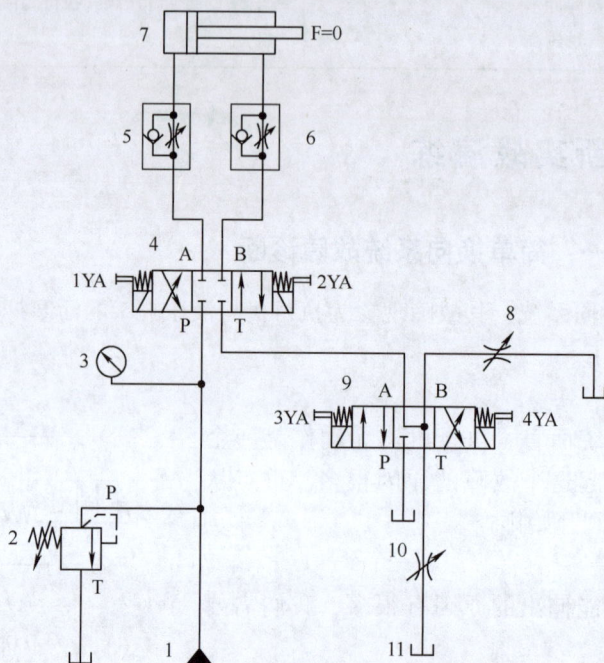

图 13-5 简单调速系统

故障诊断步骤如下。

1. 原因分析

对于一个速度调节系统来说，执行机构的速度慢，首先的关注点肯定是流量问题，要么是系统流量不足，要么是控制流量的节流阀出现了问题，最后需要验证一下系统压力和负载是否出现了问题。

2. 分析过程

诊断方案一：流量不足。根据表 13-3 中流量不足的原因分析，对装有流量计的系统，可以通过流量计直接看出系统流量的变化。如果没有流量计则需要结合相关检测工具，检查各个元器件的工作状态。

诊断方案二：节流阀故障。如果是系统的节流阀出现了问题，可以通过机械的手段来验证节流阀的工作状态，具体的做法就是调大或调小节流阀的开口，看速度有无变化，如果无变化则判断节流阀堵塞，需要更换。

诊断方案三：压力不足。系统压力不足也会引起执行机构动作缓慢，通过支路压力检测可以判断压力是否出现了问题。

诊断方案四：具体回路具体分析。就这个简单的调速系统而言，重点放在单向节流阀 5 和 6 上，由于系统采用的是回油口节流调速，调节节流阀 6 的开口就能调整液压缸伸出速度。同时对于这个系统而言，还需要根据换向阀 9 的工作状态来综合判断，当换向阀 9 处于中位时，需要同步调节节流阀 10；当换向阀 9 处于右位时，则需要同时调节节流阀 8 和 10 来验证。

以上的判断都失效的情况下，则需要进一步去验证负载的大小以及液压缸是否内泄较大。负载可以选择脱开，空载调试液压缸速度。而液压缸的内泄需要综合判断液压缸两侧的压力差，压差较小则说明液压缸已经出现比较大的内泄，需要更换液压缸密封，修复液压缸。

3. 处理过程

在判断的过程中，只要故障消除，则处理过程结束。

13.3.3 实战项目三：简单调压系统故障

图13-6为简单调压系统，其故障现象为当气缸空载时，活塞杆可以正常伸出，带负载后，活塞杆不能伸出。

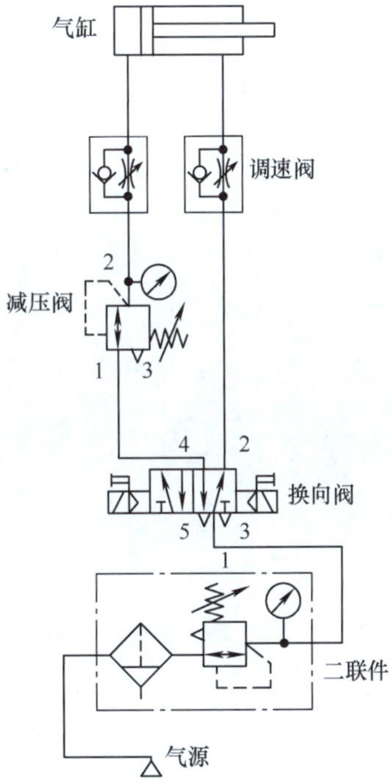

图13-6 简单调压系统

故障诊断步骤如下。

1. 原因分析

对于一个调压系统而言，当出现执行机构可以空载动作而带负载不能动作的故障时，首先从系统的各压力控制阀开始判断。

2. 分析过程

诊断方案一：压力控制阀检查。调整系统压力的控制阀主要有溢流阀、减压阀和顺序阀，对于本系统而言，重点排查气动二联件中减压阀以及支路上的减压阀，调整减压阀旋钮，看压力是否可以变化，若无变化则判断减压阀故障；如可以调升压力，并成功推动负载，则故障消除。

诊断方案二：其他检查。气缸空载时活塞杆可以伸出，带负载时活塞杆却不能伸出，压力不足是主因，同时另一个方面可能是流量不足的问题，这就要去检查气泵的输出压力和供气量，还需要检查调速阀的开口大小。

以上判断都失效的情况下，则还需验证负载是否过大的问题。

3. 处理过程

在判断的过程中，只要故障消除，则处理过程结束。

习题与思考题

1. 分析和总结液压气动回路的常见故障及解决方法。
2. 通过学习，你认为液压系统与气动系统哪个更容易出现故障？为什么？

附　录

附录 A　常用液压与气动元件图形符号
（摘自 GB/T 786.1—2021）

名　　称	符　号	名　　称	符　号
定量泵		单作用单杆缸(靠弹簧力复位)	
变量泵		双作用单杆缸	
定量马达(顺时针单向旋转)		双作用双杆缸	
变量马达(双向流动,顺时针单向旋转)		单作用柱塞缸	
变量泵/马达(双向流动,带有外泄油路,双向旋转)		单作用多级缸	
气马达		单作用气-液压力转换器	
		气压锁	
空气压缩机		梭阀(或门)	
单作用增压器	p_1　p_2	双压阀(与门)	
单向阀		快速排气阀	
摆动执行器/旋转驱动装置		二位二通方向控制阀(推压控制,弹簧复位,常闭)	

（续）

名　称	符　号	名　称	符　号
二位二通方向控制阀（电磁铁控制，弹簧复位，常开）		先导式溢流阀	
二位三通方向控制阀（滚轮杠杆控制，弹簧复位）		直动式减压阀	
二位三通方向控制阀（单电磁铁控制，弹簧复位，常闭）		先导式减压阀	
二位四通方向控制阀（电磁铁控制，弹簧复位）		直动式顺序阀	
三位五通直动式气动方向阀（弹簧对中，中位时两出口都排气）		单向顺序阀	
二位四通方向控制阀（液压控制，弹簧复位）		节流阀	
二位五通方向控制阀（双向踏板控制）		压力继电器	
三位四通方向控制阀（液压控制，弹簧复位）		直动式比例溢流阀	
二位四通方向控制阀（电液先导控制，弹簧复位）		单向节流阀	
三位四通电磁方向控制阀（双电磁铁控制，弹簧对中）		调速阀	
三位五通方向控制阀（手柄控制，带有定位机构）		单向调速阀	
三位四通方向控制阀（电液先导控制，先导级电气控制，主级液压控制，先导级和主级弹簧对中，外部先导供油，外部先导回油）		分流阀	
直动式比例方向控制阀		集流阀	
直动式溢流阀			

（续）

名　　称	符　　号	名　　称	符　　号
压力表		通气过滤器	
温度计		油雾器	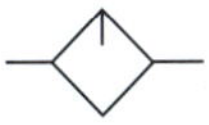
流量计		手动排水油雾器	
过滤器		不带有冷却方式指示的冷却器	
隔膜式蓄能器		采用液体冷却的冷却器	
囊式蓄能器		采用电动风扇冷却的冷却器	
活塞式蓄能器		气源处理装置（气动三联件） 　上图为详细示意图,下图为简化图	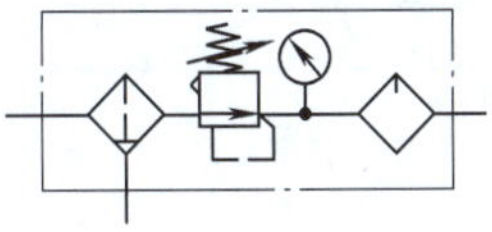 
气瓶			
气罐		气压源	
带光学压差指示器的过滤器		带有手动排水分离器的过滤器	
带有压力表的过滤器		加热器	
吸附式过滤器		空气干燥器	
自动排水分离器		液压源	

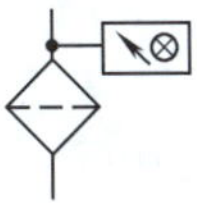

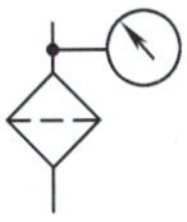

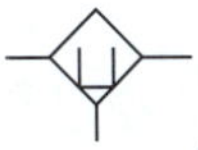

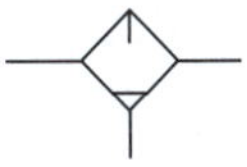

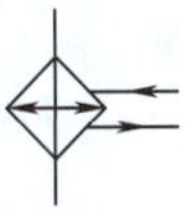

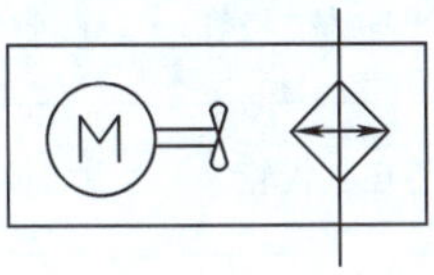

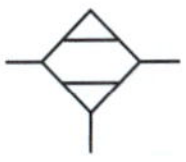

附录 B 常用电气图形符号

名　称	图形符号	文字符号	名　称	图形符号	文字符号
电阻器		R	电流表	Ⓐ	
电位器		RP	电压表	Ⓥ	
热敏电阻器	θ	R_T	功率表	Ⓦ	
极性电容器		C	电阻表	Ω	
无极性电容器		C	电池		E
可调电容器		C	扬声器		B
电感线圈		L	开关		S
传声器		B	天线		W
半导体二极管		VD	磁棒线圈		L
稳压二极管		VS	接机壳或底板		E
光敏二极管		VD	中间继电器线圈		KA
发光二极管		VL	常开触头		
晶体管（NPN）		VT	常闭触头		相应继电器符号
晶体管（PNP）		VT	三相笼型异步电动机	Ⓜ	M
熔断器		FU			
接地		GND	变压器		T
灯		HL，EL	常闭按钮	E SB	SB
常开按钮	E SB	SB			
行程开关常开触头		ST	行程开关常闭触头		ST

（续）

名　　称	图形符号	文字符号	名　　称	图形符号	文字符号
直流发电机	Ⓖ	G	热继电器	热元件 / FR触点	FR
直流电动机	Ⓜ	M			
交流发电机	Ⓖ	G			
交流电动机	Ⓜ	M	交流接触器	线圈 KM / 主触点 KM / 辅助触点	KM
三相交流电动机	Ⓜ 3~	M			
插座和插头	—◁—	XS			
三极单投刀开关符号	QS	QS			
复合按钮	SB	SB	断电延时型时间继电器	线圈 KT / 断电延时触点	KT
通电延时型时间继电器	线圈 KT / 通电延时触点	KT			

参 考 文 献

[1] 赵波，王宏元. 液压与气动技术 [M]. 5 版. 北京：机械工业出版社，2020.

[2] 宋锦春. 液压与气压传动 [M]. 4 版. 北京：科学出版社，2021.

[3] 赵雷，陈翠. 液压与气压传动技术 [M]. 成都：西南交通大学出版社，2019.

[4] 王积伟. 液压与气压传动 [M]. 3 版. 北京：机械工业出版社，2018.

[5] 黎少辉，李建松. 液压与气动技术 [M]. 北京：化学工业出版社，2021.

[6] 马振福. 液压与气压传动 [M]. 3 版. 北京：机械工业出版社，2020.

[7] 李新德. 液压与气动技术 [M]. 北京：机械工业出版社，2017.

[8] 毛好喜. 液压与气动技术 [M]. 4 版. 北京：人民邮电出版社，2021.

职业教育智能制造领域高素质技术技能人才培养系列教材

液压与气动技术

第 2 版

实 训 工 单

主　编　许艳霞　姚玲峰　崔培雪
副主编　谢助新　彭　静　刘建新　杨利辉
参　编　（按姓氏拼音排序）
　　　　陈彩珠　郝旭暖　黄红兵　刘　深
　　　　马永杰　佟海侠　王　健　王巍巍
　　　　王　影　杨　宝　杨　谋　岳星佐
　　　　张　姗

机械工业出版社

目 录
CONTENTS

实训工单1 CB-B型齿轮泵的拆卸和装配

任务描述

齿轮泵是液压系统中的能量转换装置，本实训通过对齿轮泵的拆卸和装配，使学生进一步掌握齿轮泵的结构和工作原理。

学习目标

1）熟悉常见的齿轮泵结构，掌握其工作原理。
2）学会使用各种工具正确拆装常用齿轮泵，培养实际动手能力。
3）初步掌握齿轮泵的安装技术要求和使用条件。
4）拆装的同时，学生可以分析和了解常用齿轮泵容易出现的故障及其排除方法。

任务调研

齿轮泵的密封容积由齿槽容积、泵体内表面、两端盖的内侧面构成。轮齿脱离啮合时密封容积增大，齿轮泵吸油；轮齿进入啮合时密封容积变小，齿轮泵压油。外啮合齿轮泵实物如图1-1所示。

根据现有的学习材料，从网上、教材、课外辅导书或其他媒体收集项目资料，小组共同讨论，做出工作计划，并对任务实施进行决策。

『引导问题1』 了解并描述齿轮泵铭牌上主要参数的含义。

_____

_____

『引导问题2』 观察和分析CB-B型齿轮泵的实际结构图（见图1-2），标注引线位置的零部件名称。

图1-1 外啮合齿轮泵实物

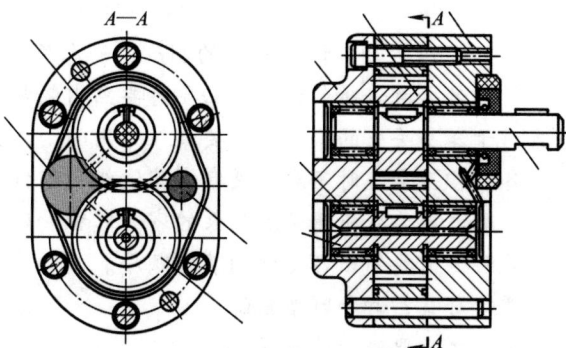

图1-2 CB-B型齿轮泵的实际结构图

器材准备 →

实训	型号	元件名称	数量	生产厂家
器材	CB－B	齿轮泵		
拆装工具		内六角扳手、钳子、胶木锤、螺钉旋具等		

任务实施 →

1. 拆卸顺序

拆掉前泵盖上的螺钉和定位销，使泵体与后泵盖和前泵盖分离。拆下主动轴及主动齿轮、从动轴及从动齿轮等。

在拆卸过程中，注意观察主要零件结构和相互配合关系，分析工作原理。

2. 装配要领

装配前清洗各零件，将轴与泵盖之间、齿轮与泵体之间的配合表面涂润滑油，然后按拆卸时的逆向顺序进行装配。

『引导问题3』结合拆装过程，简要描述齿轮泵的工作原理。

_____

_____

_____

▶ 情境链接

液压泵拆装注意事项

① 实行"谁拆卸，谁装配"的制度，一人负责一个元件的拆装。

② 拆卸时要做好拆卸记录，必要时要画出装配示意图。

③ 对于容易丢失的小零件，要放入专用的小方盒内。

④ 各组相互交流时不要随便拿走其他组的零件。

⑤ 装配之前要分析清楚液压泵的密封容积和配油装置。

⑥ 装配之前要列出各元件的装配顺序。

⑦ 严禁野蛮拆卸和野蛮装配。

⑧ 装配之后要进行试运转。

观察分析➡

观察对象	分析
泵体	观察泵体两端面上泄油槽的形状和位置，并分析其作用
前、后泵盖	观察前、后泵盖上两个矩形卸荷槽的形状和位置，并分析其作用
进、出油口	观察进、出油口的位置和尺寸，分析其结构特点

▶ 情境链接

　　齿轮泵工作时，作用在齿轮外圆上的压力是不均匀的。在排油腔和吸油腔，齿轮外圆分别承受着系统工作压力和吸油压力；在齿轮齿顶圆与泵体内孔的径向间隙中，可以认为油液压力由高压腔压力逐级下降到吸油腔压力。这些液体压力综合作用的合力，相当于给齿轮一个径向不平衡作用力，使齿轮和轴承受载。工作压力越大，径向不平衡力越大，严重时会造成齿顶与泵体接触而产生磨损。

　　通常采取缩小排油口的办法来减小径向不平衡力，使高压油仅作用在 $1 \sim 2$ 个齿的范围内。

问题思考➡

　　『思考问题1』找出密封工作腔，并分析吸油和压油的过程。

『思考问题2』齿轮泵进、出油口孔径为何不等？分析为什么缩小压油口可减小齿轮泵的径向不平衡力？

『思考问题3』若齿轮泵进、出油口反接会发生什么变化？

『思考问题4』观察齿轮泵的安装定位方式及齿轮泵与原动机的连接形式。

实训工单 2　YB1 型双作用叶片泵的拆卸和装配

任务描述 ◉

叶片泵是液压系统中的能量转换装置，本实训通过对叶片泵的拆卸和装配，使学生进一步掌握叶片泵的结构和工作原理。

学习目标 ◉

1）熟悉常见的叶片泵结构，掌握其工作原理。
2）学会使用各种工具正确拆装常用叶片泵，培养实际动手能力。
3）初步掌握叶片泵的安装技术要求和使用条件。
4）拆装的同时，学生可以分析和了解常用叶片泵容易出现的故障及其排除方法。

任务调研 ◉

叶片泵有双作用叶片泵和单作用叶片泵两类。双作用叶片泵只能做成定量泵，而单作用叶片泵则往往做成变量泵。

双作用叶片泵主要由定子、转子、叶片、配油盘、转动轴和泵体等组成。定子内表面由两段长半径圆弧、两段短半径圆弧和四段过渡曲线组成，形似椭圆。图 1-3 为双作用叶片泵的实物图。

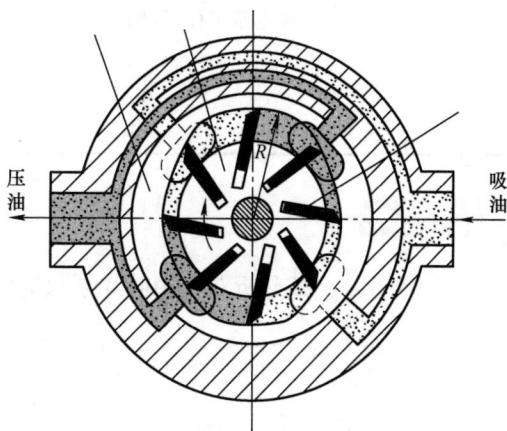

根据现有的学习材料，从网上、教材、课外辅导书或其他媒体收集项目资料，小组共同讨论，做出工作计划，并对任务实施进行决策。

『引导问题 1』了解并描述双作用叶片泵铭牌上主要参数的含义。

_____

_____

_____

『引导问题 2』观察和分析双作用叶片泵的实际结构图（见图 1-4），标注引线位置的零部件名称。

图 1-3　双作用叶片泵的实物图

图 1-4　双作用叶片泵的实际结构图

器材准备

实训器材	型号	元件名称	数量	生产厂家
	YB1	双作用叶片泵		
拆装工具	内六角扳手、钳子、胶木锤、螺钉旋具等			

任务实施

1. 拆卸顺序

1) 拧下端盖上的螺钉，取下端盖。

2) 卸下前泵体。

3) 卸下左、右配油盘，定子，转子，叶片和传动轴，使它们与后泵体脱开，在拆卸过程中注意：由于左、右配油盘，定子，转子，叶片之间及轴与轴承之间是预先组成的一体，不能分离的地方不要强拆。

2. 装配要领

装配前清洗各零件，按拆卸时的逆向顺序装配。

观察分析

观察对象	分析
泵体	观察泵体外部结构，找出进、出油口。熟悉主要组成零件的名称及作用
定子与转子	找出密封工作腔和吸油区、压油区，分析吸油和压油的过程
叶片	观察泵工作时叶片一端靠什么力量始终顶住定子内圈表面而不产生脱空现象

问题思考

『思考问题』试分析双作用叶片泵只能制成定量泵的原因。

实训工单3　CY14-1型轴向柱塞泵的拆卸和装配

任务描述 ➲

　　轴向柱塞泵是液压系统中的能量转换装置，本实训通过对轴向柱塞泵的拆卸和装配，使学生进一步掌握轴向柱塞泵的结构和工作原理。

学习目标 ➲

　　1）熟悉常见的轴向柱塞泵结构，掌握其工作原理。
　　2）学会使用各种工具正确拆装常用轴向柱塞泵，培养实际动手能力。
　　3）初步掌握轴向柱塞泵的安装技术要求和使用条件。
　　4）拆装的同时，学生可以分析和了解常用轴向柱塞泵容易出现的故障及其排除方法。

任务调研 ➲

　　轴向柱塞泵是指柱塞轴线与缸体（驱动轴）轴线平行的一种多柱塞泵。轴向柱塞泵按其结构不同可分为斜盘式和斜轴式两大类。斜盘式轴向柱塞泵是由缸体（转子）、柱塞、斜盘、配油盘和驱动轴等主要部件组成，缸体内均匀分布着几个柱塞孔，柱塞可以在柱塞孔里自由滑动。轴向柱塞泵的缸体直接安装在传动轴上，通过斜盘使柱塞相对缸体做往复运动。图1-5所示为斜盘式轴向柱塞泵实物图。

图1-5　斜盘式轴向柱塞泵实物图

　　根据现有的学习材料，从网上、教材、课外辅导书或其他媒体收集项目资料，小组共同讨论，做出工作计划，并对任务实施进行决策。

　　『引导问题1』了解并描述轴向柱塞泵铭牌上主要参数的含义。

_____

_____

_____

_____

　　『引导问题2』熟悉手动变量直轴斜盘式轴向柱塞泵的结构（见图1-6），标注各主要零件的名称。

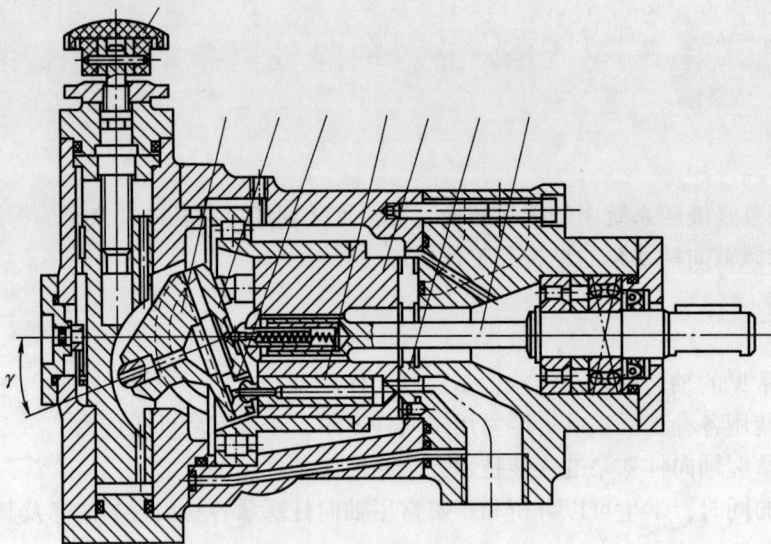

图 1-6 手动变量直轴斜盘式轴向柱塞泵的结构

器材准备 ●

实训 器材	型号	元件名称	数量	生产厂家
	CY14－1	轴向柱塞泵		
拆装 工具	内六角扳手、钳子、胶木锤、螺钉旋具等			

任务实施 ●

1. 拆卸顺序

1) 拆掉前泵体上的螺钉和销,分离前泵体与中间泵体;再拆掉变量机构上的螺钉,分离中间泵体与变量机构。这样将柱塞泵分为前泵体、中间泵体和变量机构三部分。

2) 拆卸前泵体部分:拆下端盖、前轴及轴套等。

3) 拆卸中间泵体部分:拆下回程盘及其上的 7 个柱塞,取出弹簧、钢珠、内套以及外套等,卸下缸体、配油盘。

4) 拆卸变量机构部分:拆下斜盘,拆掉手轮上的销,拆掉手轮。拆掉两端的 8 个螺钉,卸掉缸盖,取出丝杆、变量活塞等。

5) 在拆卸过程中,注意旋转手轮时斜盘倾角的变化。

2. 装配要领

装配前清洗各零件,按拆卸时的逆向顺序装配各个零件。

『引导问题 3』结合拆装过程,简要描述轴向柱塞泵的工作原理。

_____

_____

_____

观察分析 ➔

观察对象	分析
泵体	观察泵体，分析轴向柱塞泵在工作过程中缸体、柱塞、配油盘和斜盘的运动关系
柱塞与滑履	观察分析柱塞头部滑履结构及中心小孔的作用。思考轴向柱塞泵的柱塞个数为什么通常是奇数
密封腔	找出7个密封腔的位置，观察并分析柱塞泵密封工作油腔是如何形成的

问题思考 ➔

『思考问题1』分析轴向柱塞泵变量机构的工作原理。分析斜盘倾角与柱塞泵流量之间的关系。

『思考问题2』斜盘倾角的大小是如何改变的？斜盘倾角的变化范围是多少？如何锁定斜盘倾角？

实训工单　液压缸的拆装与检修

任务描述

液压缸用来实现工作机构的直线往复运动或摆动，将液压系统中的液压能转化为机械能输出，以驱动外部工作部件。本实训目的是使学生能正确拆卸液压缸并组装，同时指出该液压缸的各部分功能及容易出故障的部分，进一步理解液压缸的结构和工作原理。

学习目标

1) 理解液压缸的结构组成及工作原理。
2) 掌握液压缸的正确拆卸、装配及安装连接方法，培养实际动手能力。
3) 了解液压缸的常见故障及基本维修方法。

任务调研

专用钻床的液压缸在实际使用过程中会出现爬行和局部速度不均匀、液压冲击、工作速度逐渐下降甚至停止等故障。分析这些故障是由哪些因素引起的，并予以解除。

根据现有的学习材料，从网上、教材、课外辅导书或其他媒体收集项目资料，小组共同讨论，做出工作计划，并对任务实施进行决策。

『引导问题 1』搜索网络资料，说明专用钻床中的液压缸是如何工作的?

_____

_____

_____

『引导问题 2』观察和分析液压缸的实际结构图（见图 2-1），标注引线位置的零部件名称。

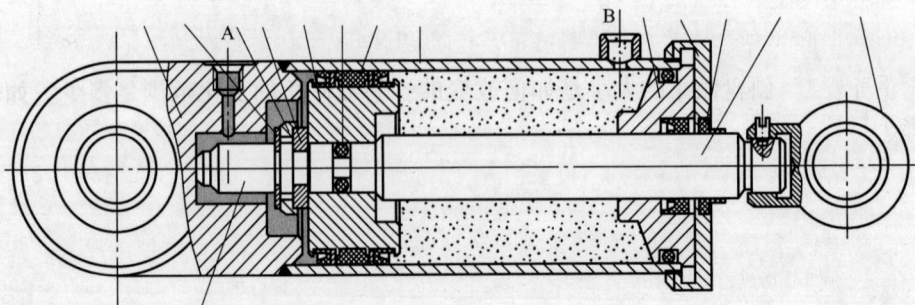

图 2-1　液压缸的实际结构图

器材准备

实训器材	型号	元件名称	数量	生产厂家
		液压缸		
拆装工具	内六角扳手、钳子、胶木锤、螺钉旋具等			

任务实施

1. 液压缸的拆卸

液压缸的拆卸步骤如下：

1）首先应起动液压系统，将活塞的位置借助液压力移动到适于拆卸的顶端位置。

2）切断电源，使液压装置停止运动。

3）为了分析液压缸的受力情况，以便帮助查找液压缸的故障及损坏的原因，在拆卸液压缸以前，对主要零件（如缸筒、活塞、导向套等）的特征、安装方位做标记，并记录。

4）为了将液压缸从钻床工作台上卸下，先将进、出油口的配管卸下，活塞杆端的连接头和安装螺栓等需要全部松开。拆卸时，应严防损伤活塞杆顶端的螺纹、油口螺纹和活塞杆表面。

5）由于液压缸的结构和大小不同，拆卸顺序也稍有不同。一般应先松开端盖的紧固螺栓或连接杆，然后按端盖、活塞杆、活塞和缸的顺序拆卸。**注意：**在拆除活塞与活塞杆时，不要硬将它们从缸筒中打出，以免损伤缸筒表面。

『引导问题3』结合拆卸过程，简要描述液压缸由哪几部分组成。

_____

_____

_____

2. 液压缸的检查

液压缸拆卸以后，首先应对液压缸各零件进行外观检查，根据经验即可判断哪些零件可以继续使用，哪些零件必须更换和修理。

（1）缸筒内表面

缸筒内表面有很浅的线状摩擦或点状伤痕是允许的，但如果有纵状拉伤深痕时，即使更换新的活塞密封件，也可能漏油。此时，必须对内孔进行研磨，也可用极细的砂纸或油石修正。当纵状拉伤为深痕而无法修正时，就必须更换新缸筒。

（2）活塞杆的滑动面

当与活塞杆密封圈做相对滑动的活塞杆滑动面上产生纵状拉伤时，其判断与处理方法与缸筒内表面相同。但是，活塞杆的滑动面一般是镀硬铬的，如果部分镀层因磨损产生剥离，形成纵状伤痕时，活塞杆密封处的漏油会对产生很大运动影响。所以必须除去原有的镀层，重新镀铬、抛光，镀铬厚度为 $0.005\mathrm{mm}$ 左右。

（3）密封

活塞密封件是防止液压缸内部漏油的关键零件。检查密封件应当首先观察密封件的唇边有无损伤，以及密封件摩擦面的磨损情况。当发现密封件唇口有轻微的伤痕，摩擦面略有磨损时，最好能更换新的密封件。对使用已久、材质产生硬化变脆的密封件，必须更换。

（4）活塞杆导向套的内表面

导向套内表面若有伤痕，对使用没有妨碍。但是，当不均匀磨损的深度在 0.2 ~ 0.3mm 时，就应该更换新的导向套。

（5）活塞表面

当活塞表面有轻微的伤痕时，不影响使用。但当伤痕深度达 0.2 ~ 0.3mm 时，就应该更换新的活塞。另外，还要检查活塞表面是否有因端面碰撞、内压引起的裂缝，如有，则必须更换活塞，因为裂缝可能会引起内部漏油。另外，还需要检查密封槽是否有损伤。

（6）其他

检查时应留意端面、耳环、绞轴是否有裂纹；活塞杆顶端螺纹、油口螺纹有无异常；焊接部分是否有裂纹现象。

『引导问题4』结合检查过程，试说明液压缸哪些部位装有密封圈，并说明其功用和装配方法。

_____

_____

_____

3. 液压缸的装配

1）对待装配零件进行合格性检查，特别是运动副的配合精度和表面状态。注意去除所有零件上的毛刺、飞边、污垢，清洗要彻底、干净。

2）在缸筒内表面及密封圈上涂上润滑脂。

3）将活塞组件按结构组装好。将活塞组件装入缸筒内，检查活塞在缸筒内移动情况。应运动灵活、无阻滞和轻重不均匀现象。

4）将左、右端盖和缸筒组装好。拧紧端盖连接螺钉时，要依次对称地施力，且用力要均匀，要使活塞杆在全程运动范围内，可灵活地运动。

『引导问题5』结合装配过程，简要描述液压缸的常见故障类型。

_____

_____

_____

_____

观察分析 ➡

观察对象	分析
缸筒组件	观察缸筒组件的结构并查阅资料，阐述缸筒常用材料有哪些以及缸筒与端盖的连接形式有哪几种

（续）

观察对象	分析
活塞组件	观察活塞与活塞杆的连接形式，阐述常用的连接形式有哪几种并分析各适用于哪些场合
密封装置	观察密封圈的安装位置，阐述常见的液压缸活塞上的密封圈有哪些形式
缓冲装置	观察缓冲装置的结构，分析缓冲装置的工作原理
排气装置	观察排气装置的位置，分析其安装位置有何要求

问题思考➡

『思考问题 1』 单杆活塞式液压缸中，对泄漏量影响最大的因素是什么？

『思考问题 2』 双杆活塞式液压缸在缸筒固定和活塞杆固定时，工作台运动范围有何不同？运动方向和进油方向之间是什么关系？

『思考问题 3』 什么叫液压缸的差动连接？适用于什么场合？

实训工单 1　方向控制阀的拆装

任务描述⊙

方向控制阀是用于控制液压系统中油路的接通、切断或改变液流方向的液压控制阀。本实训通过对方向控制阀的拆装，使学生进一步掌握方向控制阀的结构和工作原理。

学习目标⊙

1）熟悉常见的方向控制阀结构，掌握其工作原理。
2）学会使用各种工具正确拆装常用方向控制阀，培养实际动手能力。
3）初步掌握方向控制阀的安装技术要求和使用条件。
4）拆装的同时，学生可以分析和了解常用方向控制阀容易出现的故障及其排除方法。

任务调研⊙

常见的方向控制阀有单向阀、液控单向阀、二位二通换向阀、二位三通换向阀、三位四通换向阀及多路换向阀等。单向阀主要用于控制油液的单向流动；换向阀主要用于改变油液的流动方向及接通或者切断油路。拆装液压方向控制阀时，需要掌握方向控制阀的工作原理、性能特点及应用，了解方向控制阀的常见故障现象及排除方法。

根据现有的学习材料，从网上、教材、课外辅导书或其他媒体收集项目资料，小组共同讨论，做出工作计划，并对任务实施进行决策。

『引导问题1』观察分析液控单向阀的实际结构图（见图3-1），标注引线位置的零部件名称。

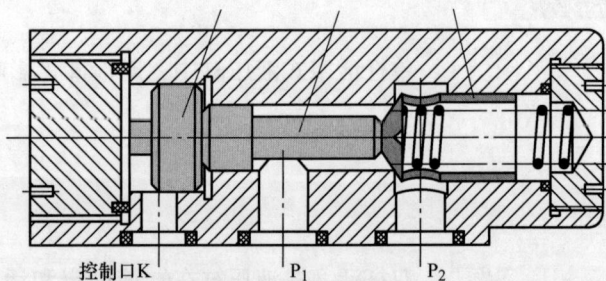

控制口K　　　　　　P_1　　　　P_2

图3-1　液控单向阀的实际结构图

『引导问题2』观察和分析三位四通电磁换向阀的实际结构图（见图3-2），标注引线位置的零部件名称。

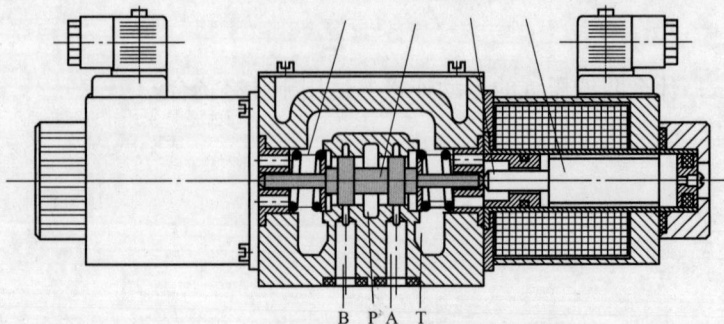

B　P　A　T

图3-2　三位四通电磁换向阀的实际结构图

『引导问题3』绘制单向阀、液控单向阀、三位四通电磁换向阀的图形符号。

_____

_____

_____

器材准备➔

	型号	元件名称	数量	生产厂家
实训 器材		单向阀		
		液控单向阀		
		三位四通电磁换向阀		
拆装 工具	内六角扳手、钳子、胶木锤、螺钉旋具等			

任务实施➔

1）单向阀的拆卸：拆卸螺钉，取出弹簧，分离阀芯和阀体，了解阀的结构、工作原理及应用。

2）液控单向阀的拆卸：拆卸控制端的螺钉，取出控制活塞和顶杆，拆卸阀芯端螺钉，取出弹簧，分离阀芯和阀体，了解阀的结构、工作原理及应用。

3）三位四通电磁换向阀的拆卸：拆卸提供外部力的控制部分，取下卡簧，取出弹簧，分离阀芯和阀体，了解阀的结构、工作原理及应用。

4）三位四通电磁换向阀的装配：装配前清洗各零件，给配合面涂润滑油，按照拆卸的逆向顺序装配。

5）方向控制阀的功能验证：独立设计简单回路，验证各个阀的功能。

『引导问题4』结合拆装过程，简要描述三位四通电磁换向阀的工作原理。

_____

_____

_____

_____

观察分析➔

观察对象	分析
单向阀	观察单向阀的结构，分析弹簧的作用

（续）

观察对象	分析
液控单向阀	观察液控单向阀中控制活塞的位置，分析其作用
三位四通 电磁换向阀	观察三位四通电磁换向阀的结构，分析弹簧的作用

问题思考 ➡

『思考问题1』 单向阀和液控单向阀的区别是什么？有什么具体应用？

『思考问题2』 三位换向阀的中位有哪些类型？选择原则是什么？

『思考问题3』 方向控制阀的控制方式有哪些？

『思考问题4』 什么是方向控制阀的位和通？试画出二位三通、二位四通、三位四通、三位五通的图形符号。

实训工单 2　压力控制阀的拆装

任务描述 ➡

　　压力控制阀是用于控制液压系统中系统和回路压力或利用压力变化来实现某种动作的阀。本实训通过对压力控制阀的拆装，使学生进一步掌握压力控制阀的结构和工作原理。

学习目标 ➡

　　1）熟悉常见压力控制阀的结构，掌握其工作原理。
　　2）学会使用各种工具正确拆装常用压力控制阀，培养实际动手能力。
　　3）初步掌握压力控制阀的安装技术要求和使用条件。
　　4）拆装的同时，学生可以分析和了解常用压力控制阀容易出现的故障及其排除方法。

任务调研 ➡

　　常见的压力控制阀一般有直动型和先导型溢流阀、直动型和先导型减压阀、顺序阀及压力继电器等。这类阀的共同点是利用作用在阀芯上的油液压力和弹簧力相平衡的原理来工作的。拆装液压实验台压力控制阀，掌握压力控制阀的工作原理、性能特点及应用，了解压力控制阀的常见故障现象及排除方法。

　　根据现有的学习材料，从网上、教材、课外辅导书或其他媒体收集项目资料，小组共同讨论，做出工作计划，并对任务实施进行决策。

　　『引导问题1』观察和分析直动型溢流阀的实际结构图（见图3-3），标注引线位置的零部件名称。

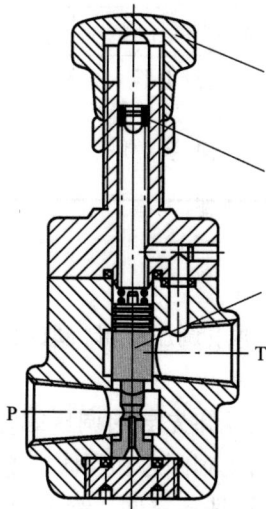

图3-3　直动型溢流阀

　　『引导问题2』观察和分析先导型溢流阀的实际结构图（见图3-4），标注引线位置的零部件名称。

　　『引导问题3』观察和分析先导型减压阀的实际结构图（见图3-5），标注引线位置的零部件名称。

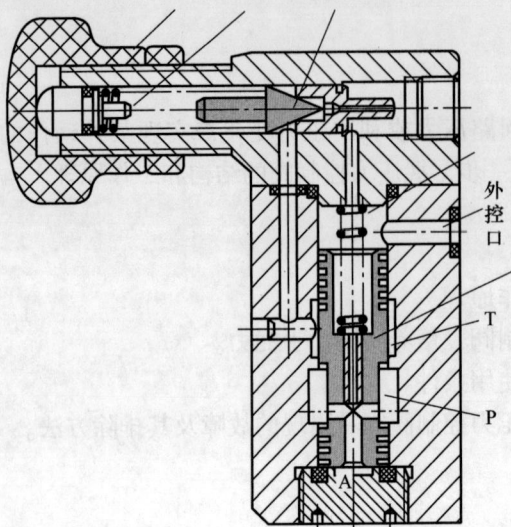

图 3-4　先导型溢流阀　　　　　　　图 3-5　先导型减压阀

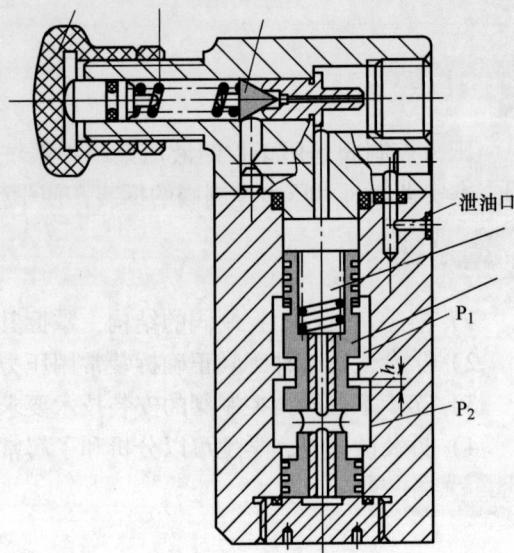

器材准备 ➡

	型号	元件名称	数量	生产厂家
实训器材		直动型溢流阀		
		先导型溢流阀		
		先导型减压阀		
		直动型顺序阀		
		压力继电器		
拆装工具		内六角扳手、钳子、胶木锤、螺钉旋具等		

任务实施 ➡

1）直动型压力控制阀的拆卸：拆下调压螺母，取出弹簧，分离阀芯和阀体，了解阀的结构、工作原理及应用。

2）先导型压力控制阀的拆卸：拆卸先导阀调压螺母，取出弹簧，分离先导阀芯和阀体；拆卸主阀螺钉，取出弹簧，分离主阀阀芯和阀体，了解阀的结构、工作原理及应用。

3）压力控制阀的装配：装配前清洗各零件，给配合面涂润滑油，按照拆卸的逆向顺序装配。

4）压力继电器的拆卸：拆卸控制端螺钉，取出弹簧、杠杆和阀芯，拆卸微动开关，了解压力继电器的结构、工作原理及应用。

5）压力控制阀的功能验证：独立设计简单回路，验证各个阀的功能。

观察分析 ➡

观察对象	分析
直动型 压力控制阀	观察直动型压力控制阀的结构，分析其弹簧工作原理与普通单向阀中弹簧有何异同
先导型 压力控制阀	观察先导型压力控制阀结构，分析其压力控制原理
压力继电器	观察压力继电器结构，分析其工作原理

问题思考 ➡

『思考问题1』若将先导型溢流阀的遥控口误当成泄漏口接回油箱，系统会出现什么问题？

『思考问题2』减压阀的出口压力取决于什么？其出口压力为定值的条件是什么？

『思考问题3』当减压阀的进、出口接反了会出现什么问题?

『思考问题4』顺序阀的调定压力与进、出口压力之间有何关系?

实训工单 3 流量控制阀的拆装

任务描述

流量控制阀通过改变节流口通流截面面积或通流通道的长短来改变局部阻力的大小，从而实现对流量的控制，进而改变执行元件的运动速度。本实训通过对流量控制阀的拆装，使学生进一步掌握流量控制阀的结构和工作原理。

学习目标

1）熟悉常见流量控制阀的结构，掌握其工作原理。
2）学会使用各种工具正确拆装常用流量控制阀，培养实际动手能力。
3）初步掌握流量控制阀的安装技术要求和使用条件。
4）拆装的同时，学生可以分析和了解常用流量控制阀容易出现的故障及其排除方法。

任务调研

常见的流量控制阀有节流阀和调速阀两种。拆装液压实验台流量控制阀，掌握流量控制阀的工作原理、性能特点及应用，了解流量控制阀的常见故障现象及排除方法。

根据现有的学习材料，从网上、教材、课外辅导书或其他媒体收集项目资料，小组共同讨论，做出工作计划，并对任务实施进行决策。

『引导问题1』观察和分析普通节流阀的实际结构图（见图3-6），标注引线位置的零部件名称。

『引导问题2』观察和分析单向节流阀的实际结构图（见图3-7），标注引线位置的零部件名称。

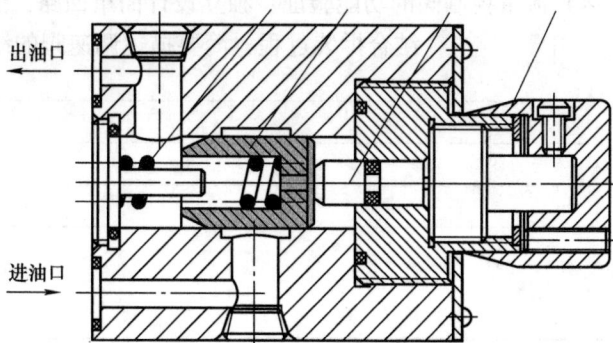

图3-6 普通节流阀的实际结构图

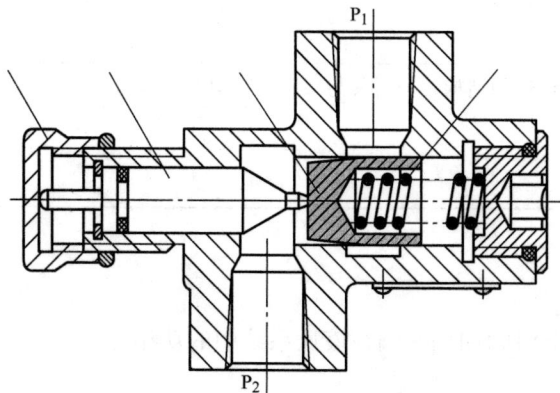

图3-7 单向节流阀的实际结构图

器材准备 ⊜

实训器材	型号	元件名称	数量	生产厂家
		普通节流阀		
		单向节流阀		
		调速阀		
拆装工具	内六角扳手、钳子、胶木锤、螺钉旋具等			

任务实施 ⊜

1）节流阀的拆卸：拆下流量调压螺母，取出推杆、阀芯和弹簧，了解阀的结构、特点、工作原理及应用。

2）调速阀的拆卸：拆下调速阀中的节流阀，拆下调速阀的螺钉，取出调速阀的弹簧和阀芯，了解阀的结构、工作原理及应用。

3）流量控制阀的装配：装配前清洗各零件，给配合面涂润滑油，按照拆卸的逆向顺序装配。

4）流量控制阀的功能验证：独立设计简单回路，验证各个阀的功能。

『引导问题3』结合拆装过程，简要描述调速阀的结构和工作原理。

_____

_____

_____

_____

观察分析 ⊜

观察对象	分析
节流阀	观察节流阀的结构，分析节流口为何设计为薄壁孔
调速阀	观察调速阀结构，分析其与减压阀结构有何异同

问题思考 ⊜

『思考问题』说明节流阀和调速阀在液压系统中的功用。

实训工单 1 组装方向控制回路

任务描述 ➡

　　方向控制回路是控制执行元件起动、停止及换向的回路。本实训通过对方向控制回路的组装，使学生进一步掌握方向控制回路的工作原理。

学习目标 ➡

1）了解常见方向控制回路的分类。

2）学会使用各种工具正确组装方向控制回路，培养实际动手能力。

3）初步掌握方向控制回路的调速原理。

4）组装的同时，学生可以分析和了解常用方向控制回路容易出现的故障及其排除方法。

任务调研 ➡

　　常见的方向控制回路有换向回路和锁紧回路，掌握其方向控制原理、回路性能特点及应用，了解各方向控制回路常见的故障现象及排除方法。

　　根据现有的学习材料，从网上、教材、课外辅导书或其他媒体收集项目资料，小组共同讨论，做出工作计划，并对任务实施进行决策。

　　『引导问题』简要描述采用换向阀换向和采用双向变量泵换向的应用场合的区别。

_____

_____

_____

器材准备 ➡

型号	元件名称	数量	主要用途

任务实施 ➡

　　根据现有设备和实训条件，制定实训计划，选择性地组装不同的换向回路、锁紧回路等方向控制回路。

　　1）根据组装要求选择组装回路（换向回路、锁紧回路）所需要的元器件。

2）在实验台上布置好各元器件的大体位置。

3）按图样组装方向控制回路，并检查其可靠性。

4）接通主油路，调试回路，如果液压缸活塞不动，要检查管路是否接好，压力油是否送到位。

5）验证结束，拆卸回路，清理元器件及实验台。

回路名称		完成情况	□顺利完成 □未完成 □经指导后完成

绘制液压回路图，观察回路工作过程，分析其工作原理及应用场合。

回路名称		完成情况	□顺利完成 □未完成 □经指导后完成

绘制液压回路图，观察回路工作过程，分析其工作原理及应用场合。

问题思考 ➔

『思考问题 1』观察回路工作过程，分析 O 型和 M 型中位机能的换向阀应用场合有何区别。

『思考问题 2』锁紧回路中三位换向阀的中位机能是否可以任意选择？为什么？

实训工单 2　组装压力控制回路

任务描述⊙

压力控制回路是用压力阀来控制和调节液压系统主油路或某一支路的压力，以满足执行元件所需的力或力矩要求的回路。本实训通过对压力控制回路的组装，使学生进一步掌握压力控制回路的工作原理。

学习目标⊙

1）了解常见压力控制回路的分类。

2）学会使用各种工具正确组装压力控制回路，培养实际动手能力。

3）初步掌握压力控制回路的调压原理。

4）组装的同时，学生可以分析和了解常用压力控制回路容易出现的故障及其排除方法。

任务调研⊙

常见的压力控制回路有调压回路、减压回路、增压回路、卸荷回路、平衡回路及保压回路等。组装压力控制回路，掌握其压力控制原理、回路性能特点及应用，了解各压力控制回路常见的故障现象及排除方法。

根据现有的学习材料，从网上、教材、课外辅导书或其他媒体收集项目资料，小组共同讨论，做出工作计划，并对任务实施进行决策。

器材准备⊙

型号	元件名称	数量	主要用途

任务实施⊙

根据现有设备和实训条件，制定实训计划，选择性地组装调压回路（单级或多级）、减压回路、卸荷回路、平衡回路及保压回路等压力控制回路。

1）选择组装回路所需要的元器件。

2）在实验台上布置好各元器件的大体位置。

3）按图样组装压力控制回路，并检查其可靠性。

4）接通主油路，调试回路，观察油液压力的变化及相关元器件的动作。

5）验证结束，拆卸回路，清理元器件及实验台。

回路名称		完成情况	□顺利完成 □未完成 □经指导后完成

绘制液压回路图，观察回路工作过程，分析其工作原理及应用场合。

回路名称		完成情况	□顺利完成 □未完成 □经指导后完成

绘制液压回路图，观察回路工作过程，分析其工作原理及应用场合。

回路名称		完成情况	□顺利完成 □未完成 □经指导后完成

绘制液压回路图，观察回路工作过程，分析其工作原理及应用场合。

回路名称		完成情况	□顺利完成 □未完成 □经指导后完成

绘制液压回路图，观察回路工作过程，分析其工作原理及应用场合。

问题思考 →

『思考问题1』 有些液压系统为何要有保压回路？它应满足哪些基本要求？

『思考问题2』 在液压系统中为何设置背压回路？背压回路与平衡回路有何区别？

『思考问题3』 在液压系统中，当工作机构停止工作时，使泵卸荷有何好处？有哪些卸荷方法？

『思考问题4』 为什么说单作用增压器的增压倍数等于增压器大小两腔有效工作面积之比？

实训工单3 组装速度控制回路

任务描述

速度控制回路是研究液压系统的速度调节和变换问题的回路。本实训通过对速度控制回路的组装，使学生进一步掌握速度控制回路的工作原理。

学习目标

1）了解常见速度控制回路的分类。
2）学会使用各种工具正确组装速度控制回路，培养实际动手能力。
3）初步掌握速度控制回路的调速原理。
4）组装的同时，学生可以分析和了解常用速度控制回路容易出现的故障及其排除方法。

任务调研

常见的速度控制回路有节流调速回路、容积调速回路、容积节流调速回路、快速运动回路及速度换接回路等，掌握其速度控制原理、回路性能特点及应用，了解各速度控制回路常见的故障现象及排除方法。

根据现有的学习材料，从网上、教材、课外辅导书或其他媒体收集项目资料，小组共同讨论，做出工作计划，并对任务实施进行决策。

器材准备

型号	元件名称	数量	主要用途

任务实施

根据现有实训设备及实训条件，制定实训计划，选择性地组装节流调速回路、容积调速回路、容积节流调速回路、快速运动回路、同步回路及速度换接回路等速度控制回路。

1）根据回路组装任务选择组装回路所需要的元器件。
2）在实验台上布置好各元器件的大体位置。
3）按图样组装速度控制回路，并检查其可靠性。
4）接通主油路，调试回路，观察液压缸活塞的速度变化。如果活塞不动，要检查管路是否接好，压力油是否送到位。
5）验证结束，拆卸回路，清理元器件及试验台。

回路名称		完成情况	□顺利完成 □未完成 □经指导后完成

绘制液压回路图，观察回路工作过程，分析其工作原理及应用场合。

回路名称		完成情况	□顺利完成 □未完成 □经指导后完成

绘制液压回路图，观察回路工作过程，分析其工作原理及应用场合。

回路名称		完成情况	□顺利完成 □未完成 □经指导后完成

绘制液压回路图，观察回路工作过程，分析其工作原理及应用场合。

『引导问题』观察同步回路工作过程，分析串联液压缸同步回路和流量控制式同步回路应用场合有何区别。

_____

_____

_____

问题思考➡

『思考问题』在液压系统中为何需要设置快速运动回路？执行元件实现快速运动的方法有哪些？

日期	班级	姓名

实训工单　气动三联件的拆装

任务描述◉

　　气动三联件由空气过滤器、减压阀、油雾器依次连接而成，在气动系统中起着过滤、调压及雾化润滑的作用。本实训通过对气动三联件的拆装，使学生进一步掌握气动三联件的结构和工作原理。

学习目标◉

　　1）了解气动三联件的结构、功能和用途。
　　2）掌握气动三联件的安装、使用和保养方法。
　　3）学会使用各种工具，培养实际动手能力。

任务调研◉

　　根据现有的学习材料，从网上、教材、课外辅导书或其他媒体收集项目资料，小组共同讨论，做出工作计划，并对任务实施进行决策。气动三联件的安装次序如图 5-1 所示。
　　图 5-2 为气动三联件的实物与图形符号，气动三联件通常安装在用气设备的附近。

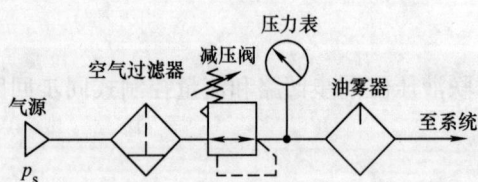

图 5-1　气动三联件的安装次序　　　　　图 5-2　气动三联件的实物与图形符号

器材准备◉

	型号	元件名称	数量	生产厂家
实训器材				
拆装工具	内六角扳手、钳子、胶木锤、螺钉旋具等常用拆装工具			

任务实施

1. 实施步骤

1）拆分与装配过滤器、减压阀和油雾器，清洁并更换滤芯。

2）连接气动三联件与空压机，通过调整减压阀来调整气动系统的压力。

3）油雾器的加油与调整。

2. 注意事项

1）气动三联件安装顺序只能是过滤器→减压阀→油雾器，顺序不能颠倒，安装时注意气体流动方向与阀体上的箭头方向是否一致。

2）配管前要充分吹掉管中的切屑与飞尘，防止密封材料碎片混入。

3）滤芯应定期清洗或更换。

4）调节压力时，应先拉起旋钮，然后再旋转，压下旋钮为定位。调节压力时应逐步地均匀调至所需压力值，不应一步到位。

5）气动系统的润滑油是专用油，绝对不能用锭子油或机油。加油量不要超过杯子的80%。

6）维修时要注意观察压力表，及时排除系统的残余压力，以免发生危险。

观察分析

观察对象	分析
过滤器	观察过滤器的结构，分析其作用
减压阀	观察减压阀的位置，分析其作用
油雾器	观察油雾器的结构，分析其作用

实训工单 1 搭建单、双作用气缸的换向回路

任务描述

气动换向回路是气动系统中的基本回路，本实训通过搭建单、双作用气缸的换向回路，使学生进一步掌握气动元件和气动换向回路的工作原理，熟练选择气动元件，搭建换向回路并使其正常运行。

学习目标

1）了解单、双作用气缸，单向节流阀，电磁换向阀的工作原理。
2）分析单、双作用气缸换向气动回路图。
3）独立动手搭建回路并进行动作过程的操作。

任务调研

气动换向回路（方向控制回路）的功用是利用各种方向控制阀，通过改变压缩气体流动方向，对气动执行元件进行换向，以改变气动执行元件（气缸、气马达、摆动气马达）的运动方向。

根据现有的学习材料，从网上、教材、课外辅导书或其他媒体收集项目资料，小组共同讨论，分析系统的进气路、排气路和工作原理，做出工作计划，并对任务实施进行决策。

器材准备

型号	元件名称	数量	生产厂家
.	气动实验台	1 台	
	单作用气缸	1 个	
	双作用气缸	1 个	
	二位三通单电磁换向阀	1 只	
	二位五通单电磁换向阀	1 只	
	单向节流阀	1 只	
	气管	若干	

任务实施

1. 搭建单作用气缸的换向回路

1）依据本实训的要求选择所需的气动元件（弹簧复位的单作用气缸、二位三通单电磁换向阀、气动三联件、长度合适的连接软管等），并检验元器件的使用性能是否正常。

2）单作用气缸的换向回路原理图如图 6-1 所示，按照原理图搭接实训回路。

3）将二位三通单电磁换向阀的电源输入口插入相应的控制板输出口。

4）确认连接安装正确、稳妥，把气动三联件的调压旋钮放松，通电，开启气泵。待泵工作正常，再次调节气动三联件的调压旋钮，使回路中的压力在系统工作压力以内。

5）当二位三通单电磁换向阀通电时，左位接入，气缸左腔进气，气缸活塞杆伸出，失电时气缸靠弹簧的弹力返回（在气缸的活塞杆伸缩过程中，调节回路中的单向节流阀能够从容的控制气缸活塞杆的动作快慢）。

6）实训完毕后，关闭泵，切断电源，待回路压力为零时，拆卸回路，清理元器件并放回规定的位置。

2. 搭建双作用气缸的换向回路

1）依照实训回路图选择气动元件（双作用单杆缸、二位五通单电磁换向阀、气动三联件、长度合适的连接软管）；并检验元器件是否正常。

2）双作用气缸的换向回路原理图如图 6-2 所示，按照原理图搭接实训回路。

3）将二位五通单电磁换向阀的电源输入口插入相应的控制板输出口。

4）确认连接安装正确稳妥，把气动三联件的调压旋钮放松，通电，开启气泵。待泵工作正常，再次调节气动三联件的调压旋钮，使回路中的压力在系统工作压力范围以内。

5）当二位五通单电磁换向阀在如图 6-2 所示工作位置时，电磁阀得电后，气体从泵出来，经过电磁阀，再经过节流阀，到达气缸左腔使气缸活塞杆右移；当电磁阀右位接入时，气体经电磁阀的右位进入气缸的右腔，气缸活塞杆左移。

6）实训完毕后，关闭泵，切断电源，待回路压力为零时，拆卸回路，清理元器件并放回规定的位置。

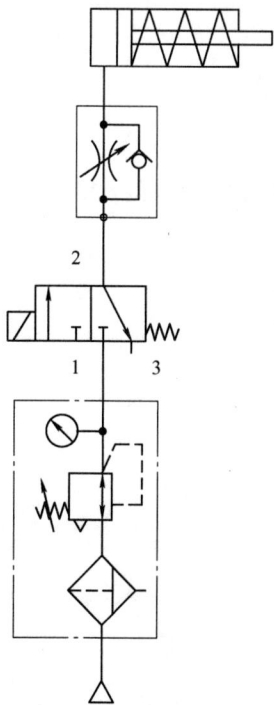

图 6-1　单作用气缸的换向回路原理图

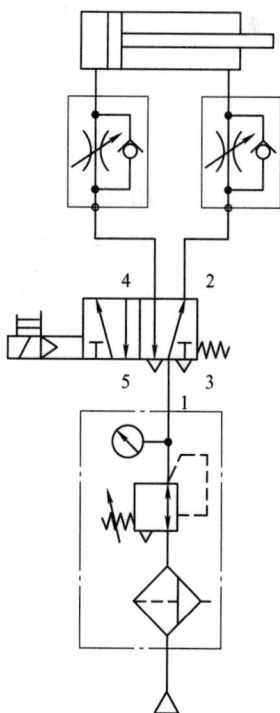

图 6-2　双作用气缸的换向回路原理图

观察分析➡

观察对象	分析
单作用气缸的活塞杆	观察单作用气缸的活塞杆伸缩情况，并分析在什么情况下活塞杆伸出，什么情况下缩回
双作用气缸的活塞杆	观察双作用气缸的活塞杆伸缩情况，并分析在什么情况下活塞杆伸出，什么情况下缩回

问题思考➡

『思考问题1』若把回路中单向节流阀拆掉重做一次实训，气缸的活塞杆运动是否会很平稳，冲击效果是否很明显？回路中单向节流阀的作用是什么？

『思考问题2』采用三位五通双电磁换向阀是否能实现气缸的定位？想一想主要是利用了三位五通双电磁阀的什么机能？

实训工单 2　搭建单作用气缸的速度调节回路

任务描述

速度调节回路是气动系统中的基本回路，本实训通过搭建单作用气缸的速度调节回路，使学生进一步掌握气动元件和气动换向回路的工作原理，熟练选择气动元件，搭建速度调节回路并使其正常运行。

学习目标

1）分析单作用气缸速度调节气动回路图。
2）独立动手搭建回路并进行动作过程的操作。

任务调研

气动调速回路就是通过控制流量的方法来调节执行元件运动速度的回路。气动执行元件运动速度的调节和控制大多采用节流调速原理。

根据现有的学习材料，从网上、教材、课外辅导书或其他媒体收集项目资料，小组共同讨论，分析系统的进气路、排气路和工作原理，做出工作计划，并对任务实施进行决策。

器材准备

型号	元件名称	数量	生产厂家
	气动实验台	1 台	
	单作用气缸	1 个	
	二位三通单电磁换向阀	1 只	
	单向节流阀	2 只	
	气管	若干	

任务实施

1. 搭建单向调速回路

1）根据实训原理图选择实训所用的元器件（弹簧复位气缸、单向节流阀、二位三通单电磁换向阀、气动三联件和连接软管等），并检验元器件是否正常。

2）单向调速回路原理图如图6-3所示，根据原理图搭接实训回路。

3）将二位三通单电磁换向阀的电源输入口插入相应的控制板输出口。

4）确认连接安装正确稳妥，把气动三联件的调压旋钮放松，通电，开启气泵。待泵工作正常，再次调节气动三联件的调压旋钮，使回路中的压力在系统工作压力范围以内。

5）当电磁换向阀通电时，右位接入，气体经过气动三联件后，经过电磁阀的右位，再经过回路中的单向节流阀进入气缸的左腔，气缸活塞杆向右伸出。电磁铁失电后在弹簧的作用下活塞杆回位。

6）在实训的过程中调节回路中单向节流阀来控制活塞的运动速度。

7）实训完毕后，关闭泵，切断电源，待回路压力为零时，拆卸回路，清理元器件并放回规定的位置。

2. 搭建双向调速回路

1）依照实训回路图选择气动元件（双作用单杆缸、二位五通单电磁换向阀、气动三联件和长度合适的连接软管等）；并检验元器件是否正常。

2）双向调速回路实训原理图如图6-4所示，根据原理图搭接实训回路。

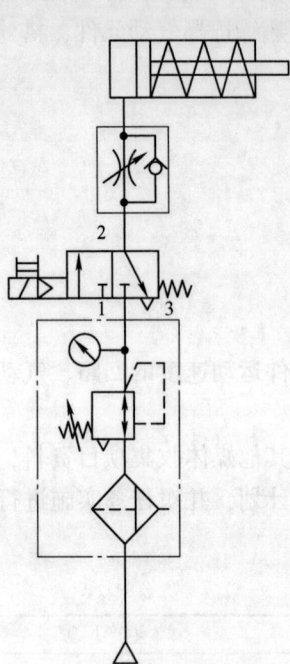

图6-3 单向调速回路原理图

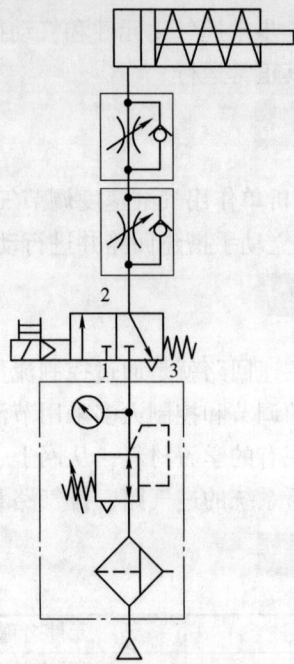

图6-4 双向调速回路实训原理图

3）将二位五通单电磁换向阀的电源输入口插入相应的控制板输出口。

4）确认连接安装正确稳妥，把气动三联件的调压旋钮放松，通电，开启气泵。待泵工作正常，再次调节气动三联件的调压旋钮，使回路中的压力在系统工作压力范围以内。

5）当二位五通单电磁阀在如图6-4所示工作位置时，电磁阀得电后，气体从泵出来经过电磁阀，再经过节流阀，到达气缸左腔使气缸活塞杆右移；当电磁阀右位接入时，气体经电磁阀的右位进入气缸的右腔，气缸活塞杆左移。

6）实训完毕后，关闭泵，切断电源，待回路压力为零时，拆卸回路，清理元器件并放回规定的位置。

『引导问题』简述通电开启气泵前把气动三联件的调压旋钮放松的原因。

_____

_____

_____

_____

观察分析 →

观察对象	分析
活塞杆	观察单作用气缸的活塞杆在两种不同调速回路下运动的平稳性，为什么会出现这种现象
进气路 排气路	观察单作用气缸的活塞杆伸缩情况，描述活塞杆伸出时其进气路和排气路及活塞杆缩回时其进气路和排气路

问题思考 →

『思考问题1』若想要活塞杆快速回位，可以怎样实现？

『思考问题2』还有什么样的方法可以达到双向调速的目的？怎样实现？

实训工单3　搭建双作用气缸的速度调节回路

任务描述 ➡

　　速度调节回路是气动系统中的基本回路，本实训通过搭建双作用气缸的速度调节回路，使学生进一步掌握气动元件和气动换向回路的工作原理，熟练选择气动元件，搭建速度调节回路并使其正常运行。

学习目标 ➡

　　1）会分析双作用气缸进口或出口速度调节回路图。
　　2）独立动手搭建回路并进行动作过程的操作。

任务调研 ➡

　　气动调速回路就是通过控制流量的方法来调节执行元件运动速度的回路。气动执行元件运动速度的调节和控制大多采用节流调速原理。

　　根据现有的学习材料，从网上、教材、课外辅导书或其他媒体收集项目资料，小组共同讨论，分析系统的进气路、排气路和工作原理，做出工作计划，并对任务实施进行决策。

　　『引导问题1』简述快速排气阀铭牌上主要参数的含义。

_____

_____

_____

　　『引导问题2』简述三位五通双电磁换向阀铭牌上主要参数的含义。

_____

_____

_____

器材准备 ➡

型号	元件名称	数量	生产厂家
	气动实验台	1台	
	双作用单杆气缸	1个	
	二位五通单电磁换向阀	1只	
	三位五通双电磁换向阀	1只	
	单向节流阀	2只	
	快速排气阀	1只	
	气管	若干	

任务实施

1. 搭建进口调速回路

1）根据实训的需要选择元器件（双作用单杆缸、单向节流阀、二位五通单电磁换向阀、气动三联件和连接软管等）；并检验元器件是否正常。

2）进口调速回路原理图如图6-5所示，根据原理图搭建实训回路。

3）将二位五通单电磁换向阀的电源输入口插入相应的控制板输出口。

4）确认连接安装正确稳妥，把气动三联件的调压旋钮放松，通电，开启气泵。待泵工作正常，再次调节气动三联件的调压旋钮，使回路中的压力在系统工作压力范围以内。

5）当电磁阀得电后在如图6-5所示位置时，压缩空气经过气动三联件后，经过电磁阀，再经过单向节流阀进入气缸的左腔，活塞在压缩空气的作用下向右运动。在此过程中，调节左边的单向节流阀的开口大小就能调节活塞的运动速度，实现了进口调速功能。

6）而当电磁阀右位接入时，压缩空气经过电磁阀的右边，再经过右边的单向节流阀进入气缸的右腔，活塞在压缩空气的作用下向左运行。而在此过程中调节左边的单向节流阀就不再起作用。

7）实训完毕后，关闭泵，切断电源，待回路压力为零时，拆卸回路，清理元器件并放回规定的位置。

2. 搭建出口调速回路

1）根据实训的需要选择元器件（双作用单杆气缸、单向节流阀、快速排气阀、三位五通双电磁换向阀、气动三联件和连接软管等）。并检验元器件是否正常。

2）出口调速回路原理图如图6-6所示，根据原理图搭建实训回路。

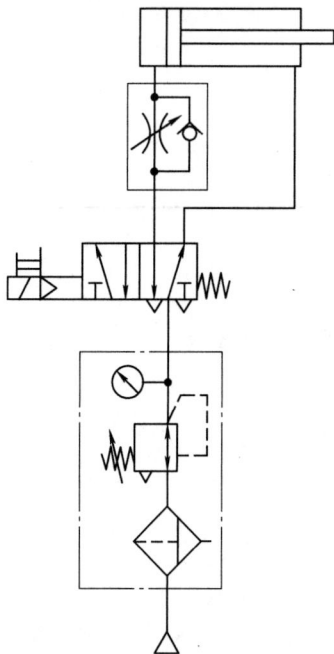

图 6-5 进口调速回路原理图

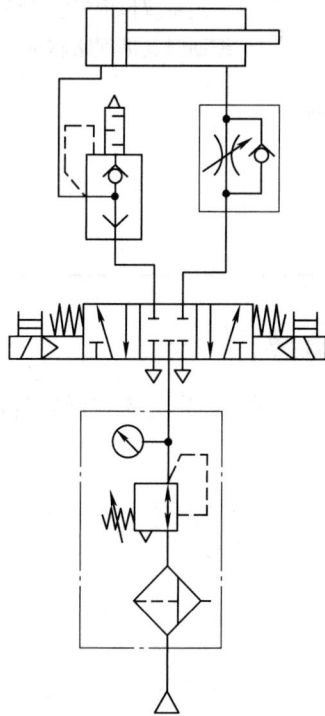

图 6-6 出口调速回路原理图

3）将三位五通双电磁换向阀的电源输入口插入相应的控制板输出口。

4）确认连接安装正确稳妥，把气动三联件的调压旋钮放松，通电，开启气泵。待泵工作正常，再次调节气动三联件的调压旋钮，使回路中的压力在系统工作压力范围以内。

5）当电磁换向阀处于如图6-6所示中位时，压缩空气无法进入气缸；当电磁换向阀得电时，左位接入，压缩空气经气动三联件后，经过电磁换向阀，再经过快速排气阀进入气缸的左腔，活塞在压缩空气的作用下向右运动，而在此时调节出口的单向节流阀的开口大小就能随意地改变活塞的运行速度。

6）而当电磁阀的右位接入时，压缩空气进入气缸的右腔，活塞向左运动，由于气缸的左边接了一个快速排气阀，因此能够迅速地回位。

7）实训完毕后，关闭泵，切断电源，待回路压力为零时，拆卸回路，清理元器件并放回规定的位置。

观察分析 ➡

观察对象	分析
活塞杆	观察双作用气缸的活塞杆在两种不同调速回路下运动的平稳性，为什么会出现这种现象
进气路 排气路	观察双作用气缸的活塞杆伸缩情况，描述活塞杆伸出时其进气路和排气路及活塞杆缩回时其进气路和排气路的气流流通情况

问题思考 ➡

『思考问题』 如果要实现活塞杆回位时也能控制速度，该怎么做？

实训工单4 搭建双缸顺序动作回路

任务描述 ⊜

　　双缸顺序动作回路是气动系统中的基本回路，本实训通过搭建双缸顺序动作回路，使学生进一步掌握气动元件和气动换向回路的工作原理，熟练选择气动元件，搭建顺序动作回路并使其正常运行。

学习目标 ⊜

　　1）会分析双缸顺序动作回路工作过程。
　　2）掌握双缸顺序动作回路的工作原理。
　　3）能够独立搭建回路并动手操作。

任务调研 ⊜

　　根据现有的学习材料，从网上、教材、课外辅导书或其他媒体收集项目资料，小组共同讨论，分析系统的进气路、排气路和工作原理，做出工作计划，并对任务实施进行决策。
　　『引导问题』简述接近开关的工作原理及铭牌上主要参数的含义。

_____

_____

_____

器材准备 ⊜

型号	元件名称	数量	生产厂家
	气动实验台	1台	
	双作用单杆气缸	2个	
	接近开关	2只	
	二位五通双电磁换向阀	1只	
	二位五通单气控换向阀	2只	
	气管	若干	

任务实施 ⊜

1. 双缸顺序动作回路

双缸顺序动作回路系统原理图如图6-7所示。

　　1）根据实训需要选择元器件（双作用单杆气缸、接近开关、单气控换向阀、二位五通双电磁换向阀、气动三联件和连接软管等）。并检验元器件是否正常。

　　2）根据原理图搭建实训回路。

　　3）将二位五通双电磁换向阀和接近开关的电源输入口插入相应的控制板输出口。

4）确认连接安装正确稳妥，把气动三联件的调压旋钮放松，通电，开启气泵。待泵工作正常，再次调节气动三联件的调压旋钮，使回路中的压力在系统工作压力范围以内。

5）当电磁阀1YA得电时，左位接入，压缩空气使得左边的单气控阀动作，压缩空气进入左边气缸的左腔，活塞向右运动；此时的右边气缸因为没有气体进入左腔而不能动作。

6）当左缸活塞杆靠近接近开关时，电磁阀2YA得电，二位五通电磁阀迅速换向，气体作用于右边的气控阀，使其左位接入，压缩空气经过右边气控阀的左位进入右边气缸的左腔，活塞在压力的作用下向右运动，当活塞杆靠近接近开关时，二位五通电磁阀又回到左位。从而实现双缸的下一个顺序动作。

7）实训完毕后，关闭泵，切断电源，待回路压力为零时，拆卸回路，清理元器件并放回规定的位置。

2. 绘制电气控制电路图

（实训方案说明：实训过程中可以不使用接近开关，二位五通电磁阀可以通过按钮开关直接控制或通过中间继电器来控制。）

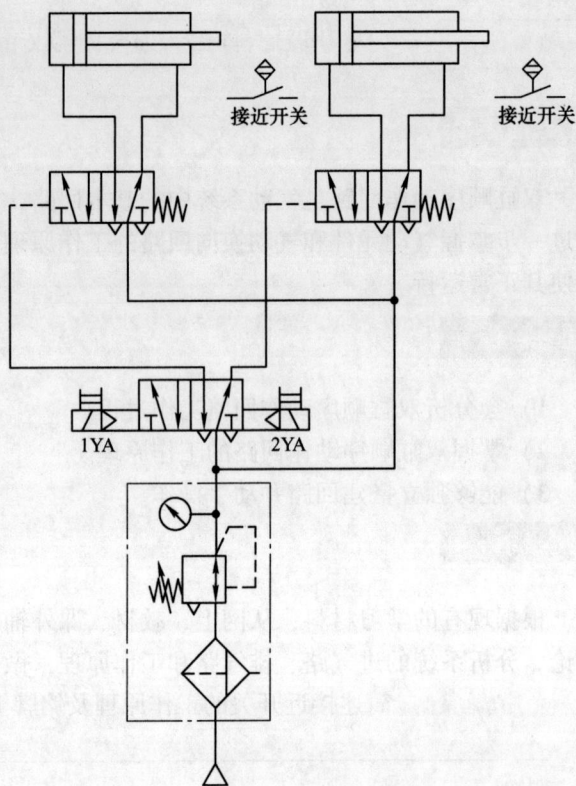

图6-7 双缸顺序动作回路系统原理图

观察分析

观察对象	分析
左边气缸	观察气缸活塞杆的伸出和缩回，描述其进气路和排气路的气流流通情况

（续）

观察对象	分析
右边气缸	观察气缸活塞杆的伸出和缩回，描述其进气路和排气路的气流流通情况

问题思考

『思考问题1』采用机械阀代替接近开关，换向阀怎样动作？回路怎样搭建？

『思考问题2』用压力继电器能否实现这个顺序动作？从理论上验证一下。

实训工单1　液压基本换向回路电气控制电路设计与系统运行

任务描述 ◉

液压基本换向回路的作用是实现执行元件的起动、停止或改变运动方向，即利用各种方向控制阀来控制系统中各油路油液的接通、断开及变向。本实训通过设计液压换向回路及电气控制电路，使学生进一步掌握换向回路的工作原理。

学习目标 ◉

1）设计液压基本换向回路的普通电气控制电路。
2）合理布置回路及液压与电气元件，成功地运行液压系统。

任务调研 ◉

根据现有的学习材料，从网上、教材、课外辅导书或其他媒体收集项目资料，小组共同讨论，做出工作计划，并对任务实施进行决策。

器材准备 ◉

型号	元件名称	数量	生产厂家

任务实施 ◉

采用三位四通电磁换向阀的液压基本换向回路原理图如图7-1所示。当换向阀处于中位时，M型滑阀机能使泵卸荷，液压缸两腔油路封闭，活塞停止。

当电磁铁1YA通电时，换向阀切换至左位，液压缸左腔进油，活塞向右移动；当电磁铁2YA通电时，换向阀切换至右位工作，液压缸右腔进油，活塞向左移动，实现换向。

根据液压基本换向回路原理图和执行元件动作循环编写电磁铁动作顺序表，见表7-1，用符号"+"表示电磁铁通电或接近开关接通，符号"－"表示断电或断开。

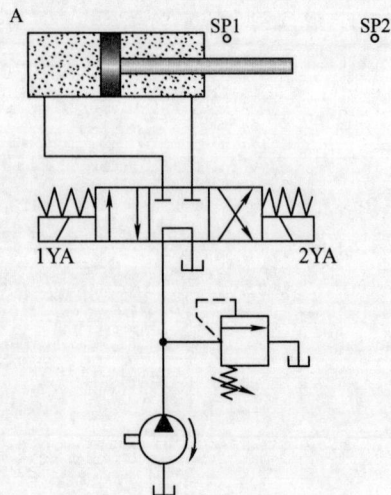

图7-1　液压基本换向回路原理图

表 7-1 电磁铁动作顺序表

液压缸动作	1YA	2YA

过程考核记录	□油路连接成功 □经指点后连接成功 □连接错误 □未参与该环节

1. 液压缸 A 的点动控制

绘制电气控制电路图，说明系统运行的工作原理。

过程考核记录	□系统成功运行 □经指点后成功运行 □运行有误 □未参与该环节

2. 自动往复换向回路

绘制电气控制电路图，说明系统运行的工作原理。

执行元件动作及步骤：

① 按下起动按钮，液压缸 A 活塞杆向右运行到指定的位置，位置由行程开关或位置传感器限定。

② 液压缸 A 活塞杆自动向左退回。

③ 液压缸 A 活塞杆退回到左端后，完成一个工作循环；此时行程开关或位置传感器发出信号，活塞杆自动向右前进，实现自动连续往复运动，直到按下停止按钮。

过程考核记录	□系统成功运行 □经指点后成功运行 □运行有误 □未参与该环节

3. 时间控制的自动往复换向回路

绘制液压回路与电气控制电路图，说明系统运行的工作原理。

执行元件动作及步骤：

① 按下起动按钮，液压缸 A 活塞杆向右运行到指定的位置，位置由行程开关或位置传感器限定。

② 液压缸 A 活塞杆在右侧停留 5～10s 后，自动退回到左侧。

③ 液压缸 A 活塞杆在左侧停留 3～6s 后，自动向右移动。

④ 以上动作自动连续往复进行，直到按下停止按钮。

过程考核记录	□系统成功运行　□经指点后成功运行　□运行有误　□未参与该环节

问题思考 ➡

『思考问题 1』液压泵在最初起动时，和运行一段时间后，工作特性有何不同？试分析其原因。

『思考问题 2』分析比较 O 型、H 型和 M 型中位机能的三位四通换向阀的工作特点。

实训工单 2　自动化生产线上的圆柱形工件分送装置

任务描述

本实训通过对自动化生产线上的圆柱形工件分送装置电气控制电路的设计与连接，使学生进一步掌握双气缸气动系统的电气控制电路的工作原理。

学习目标

1）认识气动系统控制理念，设计气动回路及电气控制电路。
2）合理布置回路及气动与电气元件，深刻理解机电一体化的概念。

任务调研

圆柱形工件分送装置示意图如图 7-2 所示。原始状态下气缸 A 和气缸 B 活塞杆完全伸出，挡住圆柱形（或球形）工件，避免其滑入加工机。本实训利用气缸 A 和气缸 B 的交替伸缩将圆柱形工件（或球形）三个一组地送到加工机上加工。

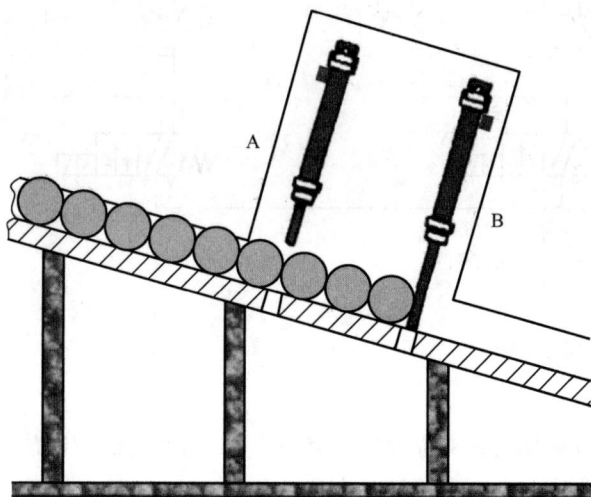

图 7-2　圆柱形工件分送装置示意图

根据现有的学习材料，从网上、教材、课外辅导书或其他媒体收集项目资料，小组共同讨论，做出工作计划，并对任务实施进行决策。

器材准备

型号	元件名称	数量	生产厂家

任务实施

1. 设计提示

圆柱形工件分送装置气动系统工作原理图如图 7-3 所示。为了保证后边三个圆柱形工件只有在前三个工件加工完毕后才能滑入加工机，所以下一次的滑入须间隔 3 ~ 5s 后才能开始。电气控制元器件有两个时间继电器 KT1、KT2，三个中间继电器 KA1、KA2、KA3 和两个接近开关 SP1、SP2，通过两个接近开关 SP1、SP2 来发出信号控制机构实现连续工作循环。在停电或停气后，分送装置必须通过按钮 SB1 重新起动，不得自行开始动作。

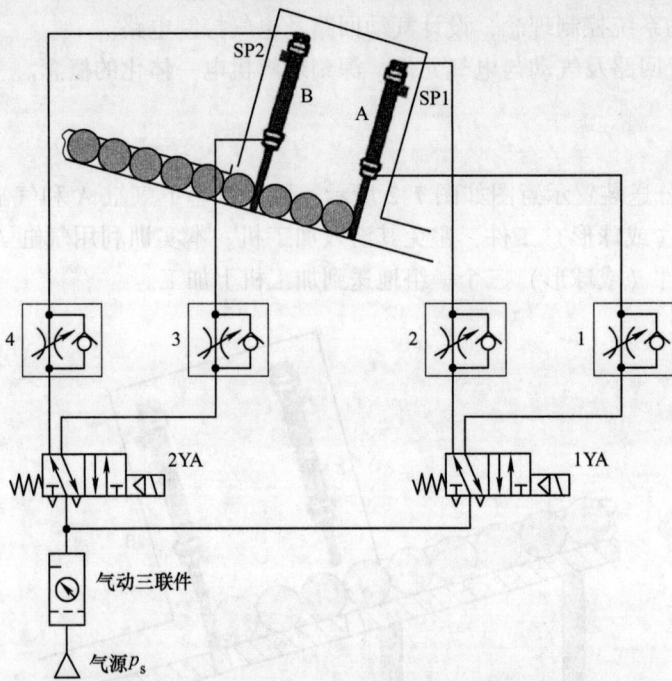

图 7-3 圆柱形工件分送装置气动系统工作原理图

注意：如果使用四个接近开关分别置于两个气缸来控制上下位置，控制电路则可能会出现触点接通与断开混乱的状态，电路设计会复杂化。

根据气动系统工作原理图和执行元件动作循环编写电磁铁动作顺序表，见表 7-2，用符号 "＋"表示电磁铁通电或接近开关接通，符号 "－"表示断电或断开。

表 7-2 电磁铁动作顺序表

液压缸动作	1YA	2YA

过程考核记录	□气路连接成功　□经指点后连接成功　□连接错误　□未参与该环节

2. 气动回路执行元件动作及步骤

原始状态下气缸 A 和气缸 B 活塞杆完全伸出。按下起动按钮 SB1，电磁换向阀线圈 1YA 通电，压缩空气经单向节流阀 1 进入气缸 A 下腔，气缸 A 活塞杆提起，三个圆柱形（或球形）工件滑入加工机，后边的圆柱形工件被气缸 B 活塞杆挡住。

当气缸 A 活塞杆提到接近开关 SP1 的限定位置时，SP1 发出信号，电磁换向阀线圈 1YA 断电，气缸 A 活塞杆伸出。此时时间继电器 KT1 开始计时，计时 3 ~ 5s 后，电磁换向阀线圈 2YA 通电，压缩空气经单向节流阀 3 进入气缸 B 下腔，气缸 B 活塞杆提起，三个圆柱形工件又滚入滑道被气缸 A 活塞杆挡住。

当气缸 B 活塞杆提到接近开关 SP2 的限定位置时，SP2 发出信号，电磁换向阀线圈 2YA 断电，气缸 B 活塞杆伸出。此时时间继电器 KT2 开始计时，计时 3 ~ 5s 后，1YA 自动通电，气缸 A 活塞杆提起，又有三个圆柱形（或球形）工件滑入加工机，下一个工作循环自动开始。

圆柱形工件分送装置电气控制电路图如图 7-4 所示。

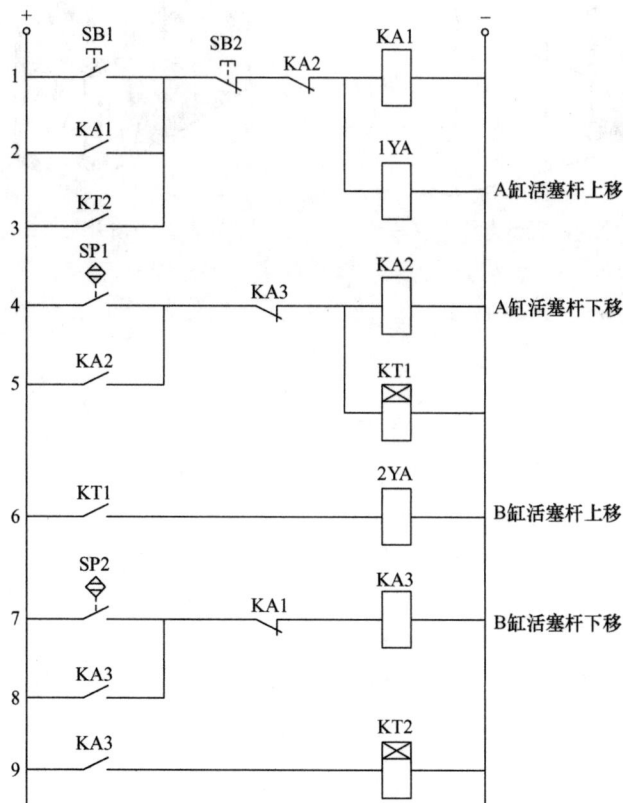

图 7-4 圆柱形工件分送装置电气控制电路图

过程考核记录	□电路连接成功 □经指点后连接成功 □连接错误 □未参与该环节

【知识拓展】

双缸气动实训设备参考模型

纸箱抬升与推出装置参考模型如图 7-5 和图 7-6 所示，利用两个气缸（液压缸）将已经装箱打包完成的纸箱从自动生产线上取下。执行元件动作步骤如下：

① 通过一个按钮控制气缸 A 活塞杆伸出，将纸箱抬升到气缸 B 的前方。

② 气缸 B 活塞杆伸出，将纸箱推入滑槽。

③ 气缸 A 活塞杆首先退回。

④ 气缸 B 活塞杆退回，一个工作循环完成。

检测到工件后，执行元件自动动作；气缸活塞杆运动速度设计为回油路节流调速（前进方向）或双向节流调速。

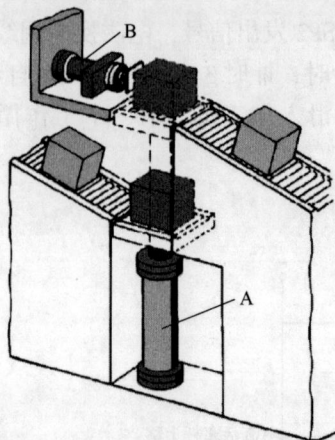

图7-5　纸箱抬升与推出装置参考模型（一）

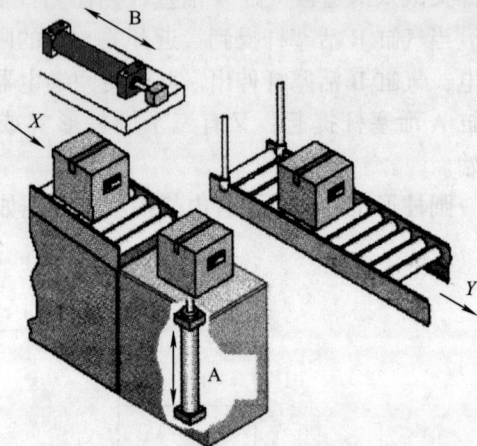

图7-6　纸箱抬升与推出装置参考模型（二）

实训工单3 液压速度切换回路电气控制电路设计与系统运行

任务描述 →

液压系统的执行机构往往需要在工作行程中的不同阶段有不同的运动速度，这时可以采用速度切换回路。速度切换回路的作用就是将一种运动速度转换成另外一种运动速度。本实训通过设计液压速度切换回路及电气控制电路，使学生进一步掌握速度切换回路的工作原理。

学习目标 →

1）熟悉液压元件，自行组装速度切换（快速运动）回路。
2）掌握实现速度切换（快速运动）回路的基本方法。
3）了解速度切换（快速运动）回路的回路特点及主要参数的调节。
4）合理布置回路及液压与电气元件，成功地运行液压系统。

任务调研 →

根据现有的学习材料，从网上、教材、课外辅导书或其他媒体收集项目资料，小组共同讨论，做出工作计划，并对任务实施进行决策。

器材准备 →

型号	元件名称	数量	生产厂家

任务实施 →

使用调速阀的速度切换回路如图7-7所示，回路可使执行元件完成"快进→工进→快退→停止"这一自动工作循环。起动液压泵3，电磁铁1YA通电，三位四通电磁换向阀2处在左位，液压缸1快进。此时，溢流阀4处于关闭状态。当电磁铁3YA通电时，电磁换向阀7处于上位，液压缸右腔的油液必须通过调速阀5才能流回油箱，活塞运动速度转变为慢速工进。此时，溢流阀4处于溢流稳压状态。当电磁铁2YA通电时，三位四通电磁换向阀2处于右位，压力油经单向阀6进入液压缸右腔，液压缸左腔的油液直接流回油箱，活塞快速退回。

根据液压速度切换回路工作原理图和执行元件动作循环编写电磁铁动作顺序表，见

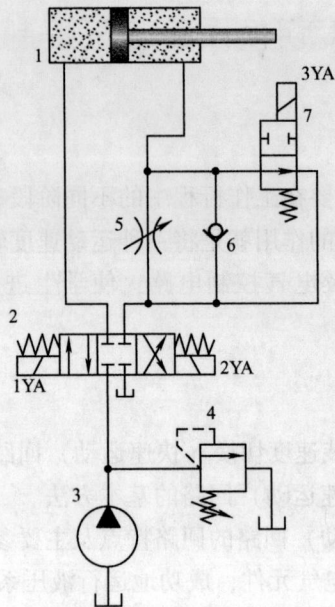

图7-7　使用调速阀的速度切换回路

表7-3，用符号"＋"表示电磁铁通电或接近开关接通，符号"－"表示断电或断开。

表7-3　电磁铁动作顺序表

液压缸动作	1YA	2YA	3YA

绘制电气控制电路图，说明工作过程。

过程考核记录	□电路连接成功　□经指点后连接成功　□连接错误　□未参与该环节

实训工单 4　工业成品自动推料装箱设备的 PLC 控制

任务描述

可编程逻辑控制（PLC）是目前液压与气动设备最常见的一种控制方式。PLC 能处理相当复杂的逻辑关系，可以对各种类型、各种复杂程度的液压与气动系统进行控制。此外，由于 PLC 控制系统采用软件编程方法实现控制逻辑，因此，通过改变程序就可改变液压与气动系统的逻辑功能。

本实训通过自动化装配线上的板材冲裁装备的 PLC 控制电路设计与连接，使学生进一步掌握西门子 S7 - 200PLC 控制器的电气控制电路连接与工作原理。

学习目标

1）认识 PLC 液压系统控制理念，设计液压回路及西门子 S7 - 200PLC 电气控制电路。

2）合理布置回路及液压与电气元件，体会 PLC 控制与普通电气控制的区别。

任务调研

如图 7-8 所示，利用一个双作用液压缸将料仓中的成品推入滑槽进行装箱。为了提高效率，采用一个按钮起动液压缸（或气缸）动作。按下起动按钮，液压缸（或气缸）活塞杆伸出，将工件推入滑槽，活塞杆自动退回，完成一个工作循环。随后活塞杆再次伸出推动下一个工件，如此循环，直至按下停止按钮，液压缸（或气缸）活塞杆停止运动。

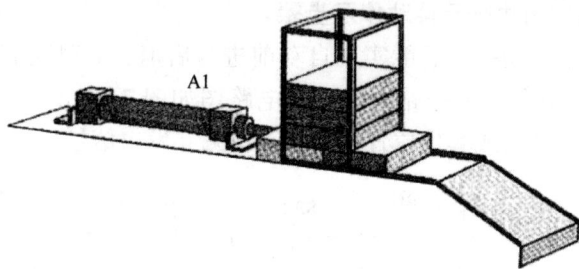

图 7-8　自动推料装箱设备示意图

根据现有的学习材料，从网上、教材、课外辅导书或其他媒体收集项目资料，小组共同讨论，做出工作计划，并对任务实施进行决策。

器材准备

型号	元件名称	数量	生产厂家

任务实施

1. 设计分析

现以液压缸为执行元件实现连续自动循环工作，设置相应的发送信号元件，检测活塞杆是否已经完全伸出或已经完全退回。自动往复换向回路原理图如图7-9所示。当电磁换向阀处于中位时，M型滑阀机能使泵卸荷，液压缸两腔油路封闭，活塞停止；当电磁铁1YA通电时，换向阀切换至左位，液压缸左腔进油，活塞向右移动；当电磁铁2YA通电时，换向阀切换至右位工作，液压缸右腔进油，活塞向左移动，实现换向。

根据液压回路工作原理图和执行元件动作循环编写电磁铁动作顺序表，见表7-4，用符号"+"表示电磁铁通电或接近开关接通，符号"-"表示断电或断开。

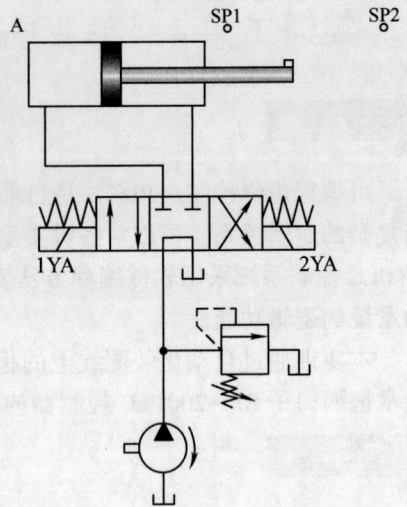

图7-9 自动往复换向回路原理图

表7-4 电磁铁动作顺序表

液压缸动作	1YA	2YA

过程考核记录	□油路连接成功　□经指点后连接成功　□连接错误　□未参与该环节

2. 自动往复换向回路执行元件动作及步骤

为了使液压缸按下起动按钮后能实现自动前进与后退，此时就需要安装接近开关SP1、SP2来发出信号，自动往复换向回路电气控制电路图如图7-10所示。液压缸伸出、退回位置可用行程开关、接近开关或其他位置传感器来检测并发出信号。

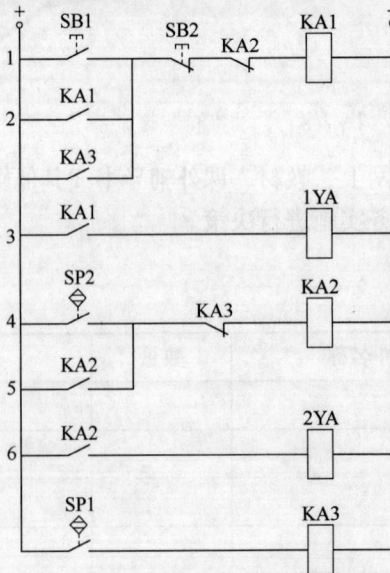

图7-10 自动往复换向回路电气控制电路图

① 按下起动按钮 SB1，液压缸 A 活塞杆向右运行到指定的位置，位置由行程开关或接近开关 SP2 限定。

② 行程开关或接近开关 SP2 发出信号，液压缸 A 活塞杆自动向左退回。

③ 液压缸 A 活塞杆退回到左端后，完成一个工作循环，此时行程开关或接近开关 SP1 发出信号，活塞杆自动向右前进。

④ 液压缸 A 活塞杆向右运行到指定的位置后，行程开关或接近开关 SP2 发出信号，活塞杆实现自动连续往复运动，直到按下停止按钮（有时需要长时间按下 SB2）。

说明：为了简化电路设计，按下停止按钮 SB2 时，选择将活塞杆端部停在无接近开关的位置，即将活塞杆原始位置设置在两个接近开关的中间位置。

过程考核记录	□电路连接成功 □经指点后连接成功 □连接错误 □未参与该环节

3. 编制 I/O 地址分配表

I/O 地址	符号	说明	I/O 地址	符号	说明
I0.1	SB1	起动按钮	Q0.1	1YA	控制液压缸活塞杆伸出
I0.2	SB2	停止按钮	Q0.2	2YA	控制液压缸活塞杆退回
I0.3	SP2	活塞杆伸出止点（发退回信号）			
I0.4	SP1	活塞杆退回止点（发伸出信号）			

4. 编制 PLC 梯形图程序

参考图 7-11 编制西门子 S7－200 PLC 梯形图程序，并将编制好的 PLC 梯形图程序下载到 PLC 模块中。

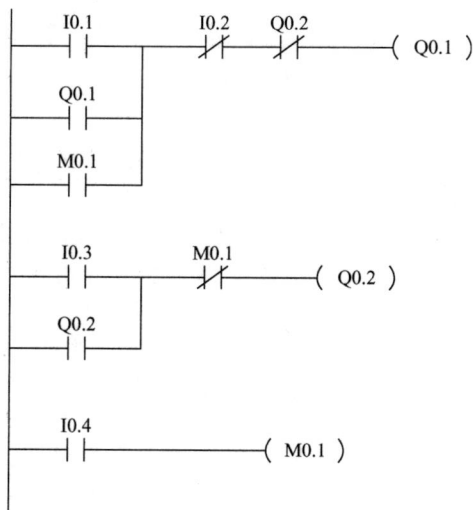

图 7-11　PLC 梯形图程序

过程考核记录	□梯形图程序绘制正确 □经指点后绘制正确 □绘制错误 □未参与该环节

5. 西门子 S7－200 PLC 控制器硬件接线

西门子 S7－200 PLC 控制器硬件接线如图 7-12 所示，外部连线完毕后开机运行系统。

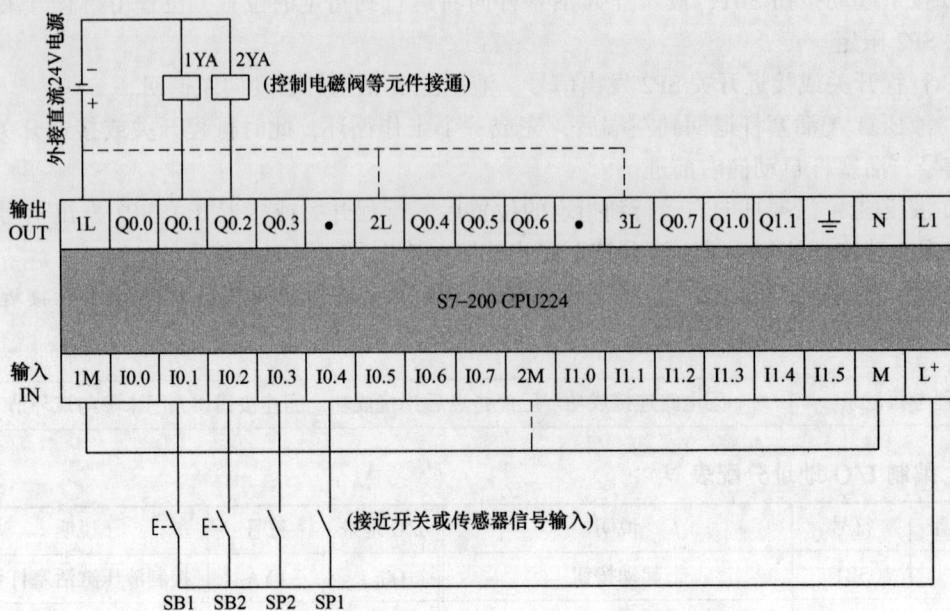

图 7-12 西门子 S7－200 PLC 控制器硬件接线图

过程考核记录	□PLC 硬件接线成功　□经指点后接线成功　□接线错误　□未参与该环节

问题思考

『思考问题』简述 PLC 控制技术与普通电气控制技术的区别和优势。

实训工单 5　自动化生产线上工件转运装备的 PLC 控制

任务描述 ➡

本实训通过工业自动化生产线上的工件转运设备的 PLC 控制电路设计与连接，使学生进一步掌握三菱 FX_{2N} 系列 PLC 控制器的电气控制电路连接与工作原理。

学习目标 ➡

（1）认识气动系统控制理念，设计气动回路及 FX_{2N} 系列三菱 PLC 控制器电气控制电路。

（2）合理布置回路及气动与电气元件，深刻理解机电一体化的概念。

任务调研 ➡

利用气缸将传送装置送来的工件推送到与其垂直的传送装置上做进一步加工，如图 7-13 所示。传送带上的工件到达指定位置，被光电式传感器 SE0 检测到时，气缸活塞杆伸出将工件推出，随后活塞杆自动退回到原位，传送带继续自动运行，当下一工件到达指定位置时，重复执行以上动作。传送带用 24V 直流低速电动机驱动，速度可调。

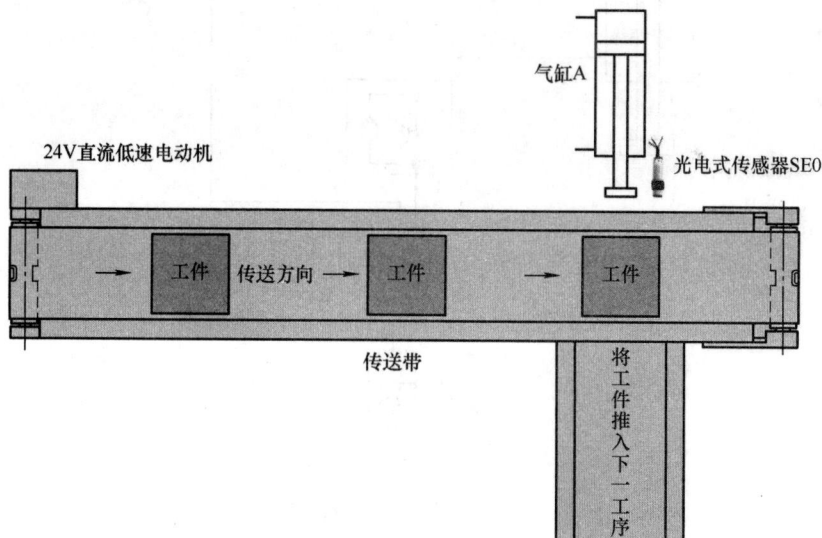

图 7-13　工件转运装备示意图

根据现有的学习材料，从网上、教材、课外辅导书或其他媒体收集项目资料，小组共同讨论，做出工作计划，并对任务实施进行决策。

器材准备 ➡

型号	元件名称	数量	生产厂家

（续）

型号	元件名称	数量	生产厂家

任务实施

1. 设计提示

当传送带上的工件到达指定位置，被光电式传感器检测到时，传送带停止运动；气缸活塞杆推出工件后，传送带继续自动运行。本项目采用三菱 FX$_{2N}$ 系列 PLC 控制器来对系统运行进行控制。工件转运装备气动回路原理图如图 7-14 所示。

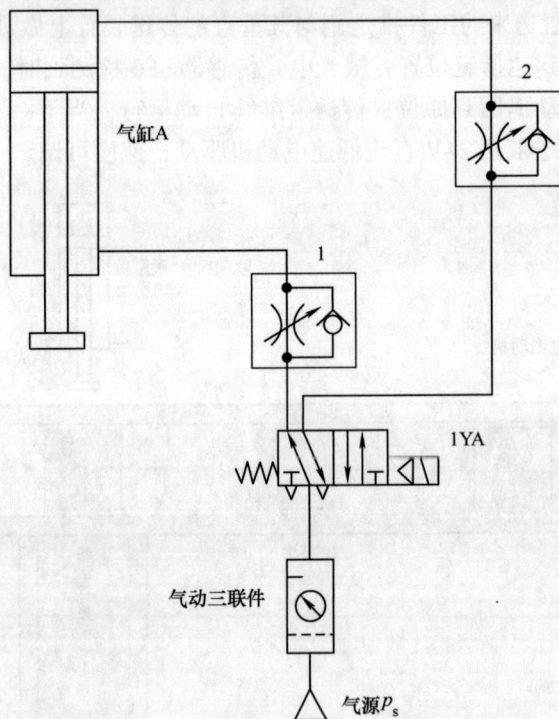

图 7-14　工件转运装备气动回路原理图

根据气动回路工作原理图和执行元件动作循环编写电磁铁动作顺序表，见表 7-5，用符号 "+" 表示电磁铁通电或接近开关接通，符号 "-" 则表示断电或断开。

表 7-5　电磁铁动作顺序表

液压缸动作	1YA	SE0
过程考核记录	□气路连接成功　□经指点后连接成功　□连接错误　□未参与该环节	

2. 气动回路执行元件动作及步骤

① 原始状态下电磁换向阀1YA断电，气缸活塞杆处于退回状态。

② 按下起动按钮SB1，直流电动机M开始驱动传送带运动。

③ 当工件到达指定位置，光电式传感器SE0检测到工件时，光电式传感器SE0发出信号，电磁铁1YA通电，换向阀切换至右位，压缩空气通过单向节流阀2进入气缸上腔，活塞杆伸出，推出工件。

④ 推出工件后，光电式传感器SE0信号消失，电磁铁1YA断电，换向阀回到常位工作，压缩空气通过单向节流阀1进入气缸下腔，气缸活塞向上移动，退回到原位。

工件转运装备电气控制电路图如图7-15所示。

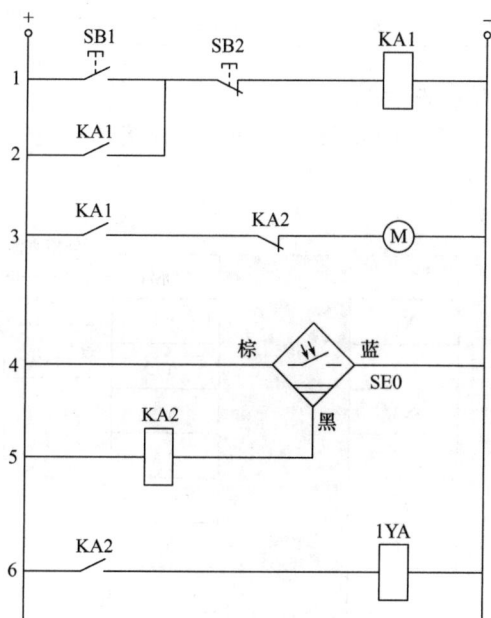

图7-15　工件转运装备电气控制电路图

过程考核记录	□电路连接成功　□经指点后连接成功　□连接错误　□未参与该环节

3. 编制PLC输入/输出（I/O）地址分配表

输入地址	符号	说明	输出地址	符号	说明
X1	SB1	起动按钮	Y0	M	控制电动机运转
X2	SB2	停止按钮	Y1	1YA	控制气缸活塞杆推出工件
X3	SE0	光电式传感器发送信号			

4. 编制PLC梯形图程序

参考图7-16编制PLC梯形图程序，并将编制好的PLC梯形图程序传输到三菱FX$_{2N}$系列PLC模块中。

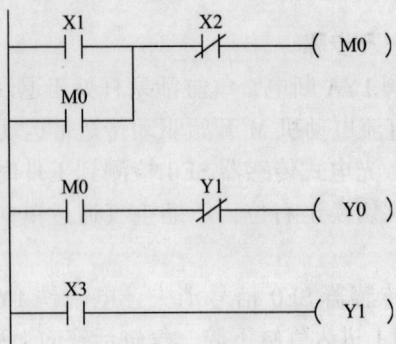

图 7-16 PLC 梯形图程序

过程考核记录	□梯形图程序绘制正确 □经指点后绘制正确 □绘制错误 □未参与该环节

5. 三菱 FX_{2N} 系列 PLC 硬件接线

三菱 FX_{2N} 系列 PLC 硬件接线图如图 7-17 所示，连接 PLC 电气控制电路，认真检查电路连接，开机运行气动系统。

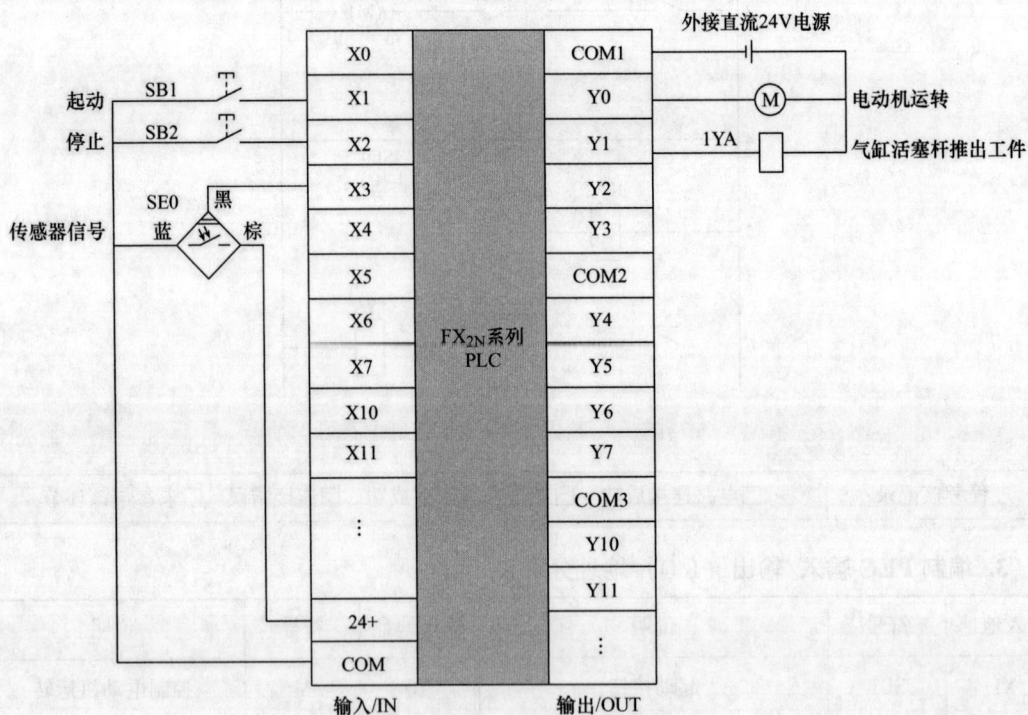

图 7-17 三菱 FX_{2N} 系列 PLC 硬件接线图

过程考核记录	□PLC 硬件接线成功 □经指点后接线成功 □接线错误 □未参与该环节

【知识拓展】

单缸气动实训设备参考模型

工业自动化生产线上的工件转运设备是现代工业流水线上的必备装备，其结构和类型很多，实训过程中可以参考同类设备模型，如图7-18、图7-19所示。

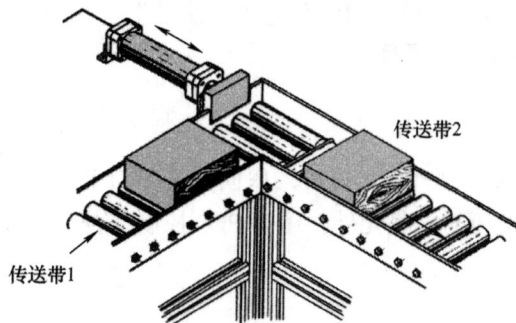

图7-18 工件转运装备参考模型（一）

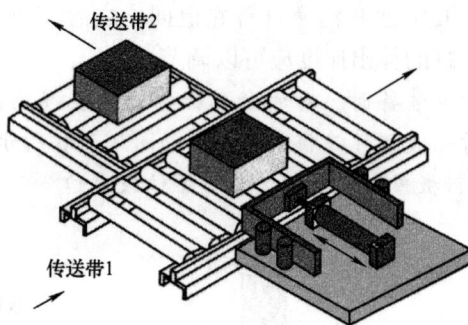

图7-19 工件转运装备参考模型（二）

实训工单 6 汽车装配线上板材冲裁装备的 PLC 控制

任务描述

通过改变 PLC 程序就可以改变液压与气动系统的逻辑功能。本实训通过汽车装配线上的板材冲裁装备的 PLC 控制程序设计和电路连接，使学生进一步掌握西门子 S7 - 200 PLC 控制器的电气控制电路连接与工作原理。

学习目标

1) 认识 PLC 液压系统控制理念，设计液压回路及西门子 S7 - 200 PLC 电气控制电路。
2) 合理布置回路及液压与电气元件，体会 PLC 控制与普通电气控制的区别。

任务调研

汽车装配线上的板材冲裁装备示意图如图 7-20 所示。其中双作用液压缸 A 用于工件的夹紧，当其夹紧力达到 3MPa 时，由系统压力继电器发出信号，液压缸 B 活塞杆伸出，对板材进行冲裁。冲裁完毕后，液压缸 B 活塞杆首先退回，之后液压缸 A 活塞杆退回。为了避免损坏工件表面，两个液压缸的伸出速度应可以调节。

注意：设计制作板材冲裁装备时，对于金属板材，冲孔（圆孔或方孔）时需要考虑退刀问题，裁剪弧边和直边时一般都可以顺利退刀，如图 7-20b 所示。本实训采用宽度为 1 ~ 5cm、厚度为 1 ~ 4mm 的塑料板或木板材料，裁剪弧边或直边。

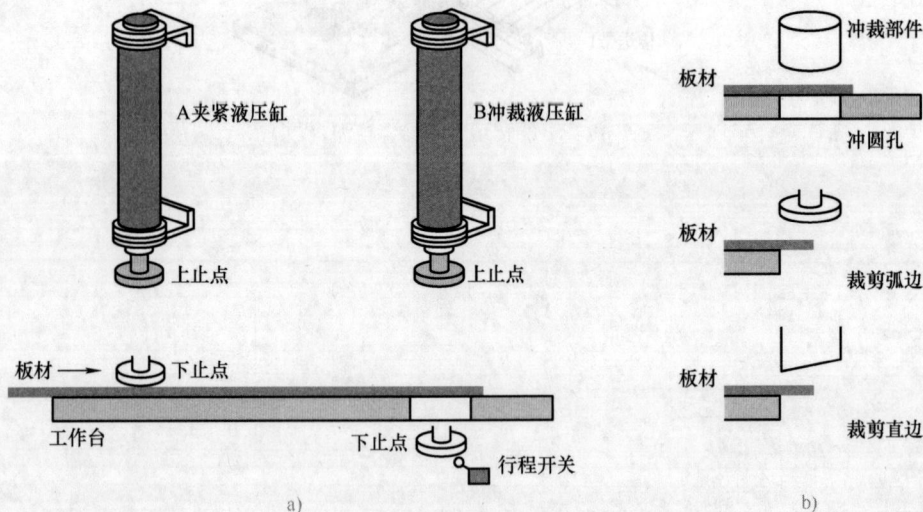

图 7-20 汽车装配线上的板材冲裁装备示意图

根据现有的学习材料，从网上、教材、课外辅导书或其他媒体收集项目资料，小组共同讨论，做出工作计划，并对任务实施进行决策。

器材准备⊖

型号	元件名称	数量	生产厂家

任务实施⊖

1. 设计提示

本实训中液压缸动作顺序为：按下起动按钮 SB1→1YA 通电→夹紧液压缸 A 活塞杆伸出夹紧工件→夹紧液压缸 A 活塞杆移动至下止点→回路压力升高，压力继电器 KP1 发出信号→2YA 通电→冲裁液压缸 B 活塞杆伸出对板材进行冲裁→冲裁液压缸 B 活塞杆移动至下止点→触发行程开关 ST1 发出退回信号→冲裁液压缸 B 活塞杆退回至上止点原位→回路压力升高，压力继电器 KP2 发出退回信号→夹紧液压缸 A 活塞杆退回，完成一个工作循环。

回路中需要设置调速阀对液压缸进行节流调速，以获得相对稳定的速度，保证生产质量，减少夹紧和冲裁时工件的夹伤和变形。

2. 绘制液压系统原理图

板材冲裁装备液压系统原理图如图 7-21 所示。（提示：可以考虑将该液压装置改造成

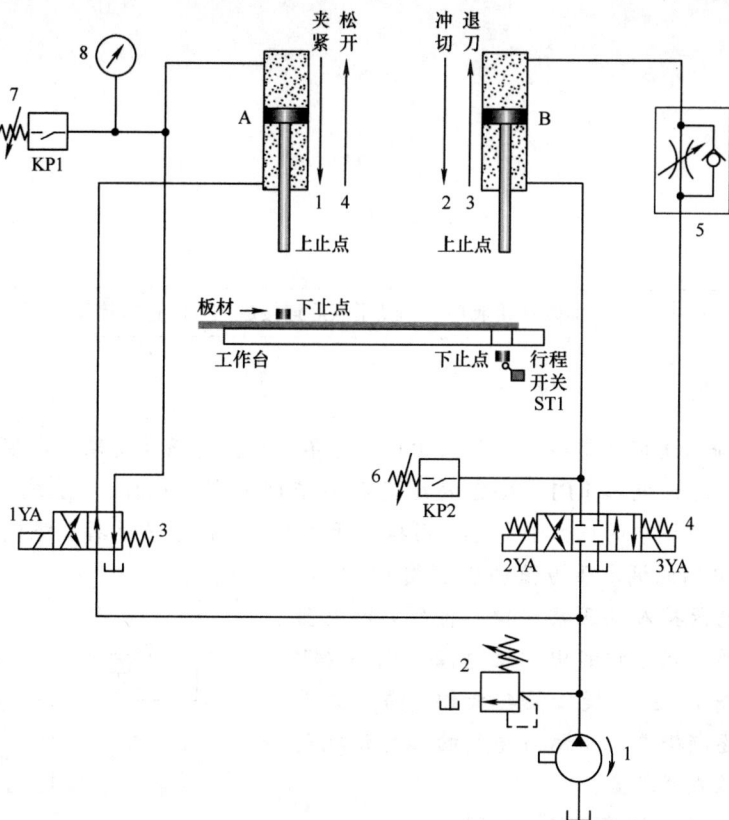

图 7-21　板材冲裁装备液压系统原理图

气动装置进行实训，气缸可以使用接近开关来限位，气动系统图可以仿照液压系统图来设计。）

根据液压系统工作原理图和执行元件动作循环编写电磁铁动作顺序表，见表7-6，用符号"＋"表示电磁铁通电或接近开关接通，符号"－"表示断电或断开。

表7-6　电磁铁动作顺序表

液压缸动作	YA1	YA2	YA3	KP1	KP2	ST1

『引导问题』压力继电器控制的顺序动作回路，为什么有时候会出现液压缸振动的情况，分析其原因，并说明解决问题的方法。

过程考核记录	□油路连接成功　□经指点后连接成功　□连接错误　□未参与该环节

注意：

①为了保证系统能正常运行，防止出现压力不稳产生的振动现象，在连接液压回路前，首先一定要将压力继电器 KP1、KP2 的调定压力值调节到 3.0MPa，系统工作压力略高于 3.0MPa。液压系统图中的压力继电器可用接近开关或其他位置传感器来替代。

②压力继电器的调定压力值调节方式是：将压力表和压力继电器接入液压泵出口，将压力继电器的两根接线接通带指示灯的中间继电器线圈与 24V 直流电源（见图7-22），慢慢旋转旋钮，将压力继电器的值从低逐渐提高，指示灯亮起的压力值就是压力继电器的压力调定值。

③按照液压系统图连接液压回路。

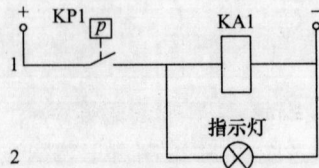

图 7-22　压力继电器调定压力值调节

3. 编制 I/O 地址分配表

I/O 地址	符号	说明	I/O 地址	符号	说明
I0.1	SB1	起动按钮, 夹紧液压缸 A 活塞杆伸出夹紧工件	Q0.1	1YA	控制夹紧液压缸 A 活塞杆伸出/退回
I0.2	SB2	停止按钮	Q0.2	2YA	控制冲裁液压缸 B 活塞杆伸出
I0.3	KP1	夹紧液压缸 A 活塞杆位于下止点, 发送信号, 冲裁液压缸 B 活塞杆伸出	Q0.3	3YA	控制冲裁缸液压 B 活塞杆退回
I0.4	ST1	夹紧液压缸 B 活塞杆位于下止点, 发送信号, 冲裁液压缸 B 活塞杆退回原位			
I0.5	KP2	夹紧液压缸 B 活塞杆位于上止点, 发送信号, 夹紧液压缸 A 活塞杆退回原位			

4. 绘制电气控制电路图

板材冲裁装备电气控制电路图如图 7-23 所示。

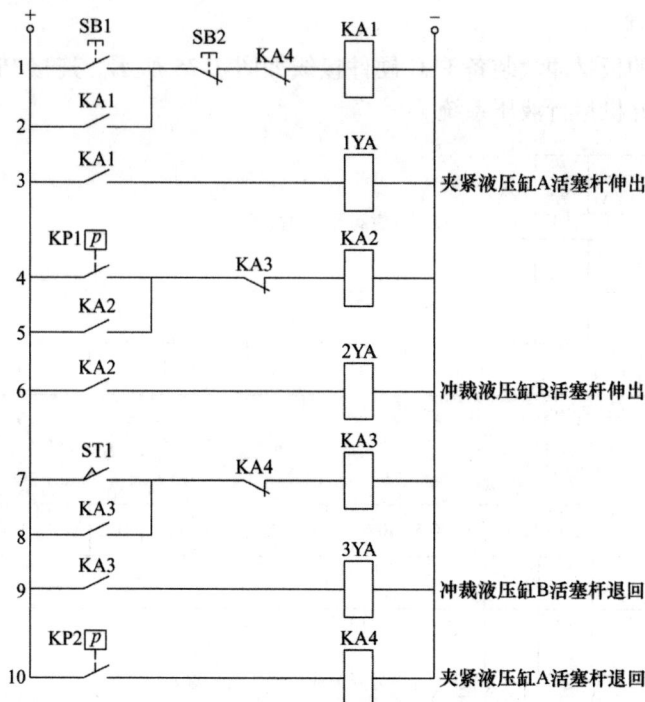

图 7-23 板材冲裁装备电气控制电路图

过程考核记录	□电路连接成功 □经指点后连接成功 □连接错误 □未参与该环节

5. 编制 PLC 梯形图程序

参考图 7-24 编制汽车装配线上的板材冲裁装备 PLC 梯形图程序, 并将编制好的 PLC 梯形图程序下载到 PLC 模块中。

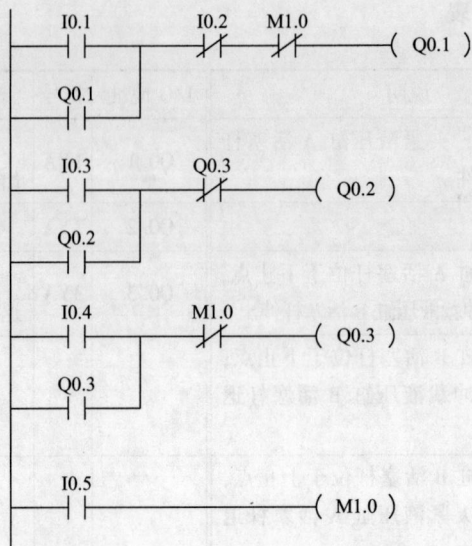

图 7-24　板材冲裁装备 PLC 梯形图程序

过程考核记录	□梯形图程序绘制正确　□经指点后绘制正确　□绘制错误　□未参与该环节

6. PLC 硬件接线

汽车装配线上的板材冲裁装备 PLC 硬件接线如图 7-25 所示。连接 PLC 电气控制电路，认真检查完毕后，开机运行液压系统。

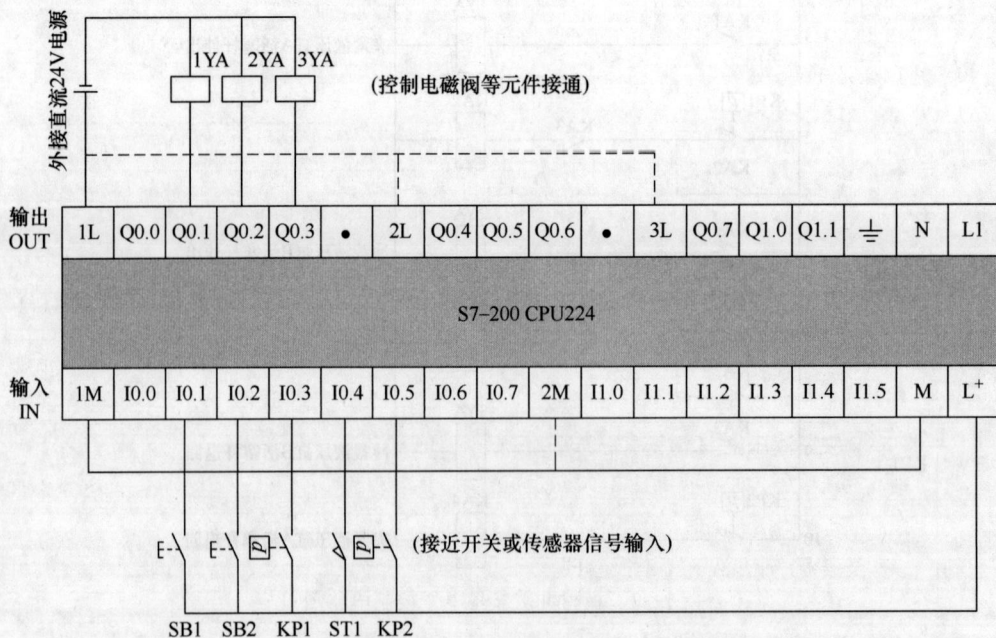

图 7-25　汽车装配线上的板材冲载装备 PLC 硬件接线图

过程考核记录	□PLC 硬件连接成功　□经指点后接线成功　□接线错误　□未参与该环节

► 情境链接

采用光电式传感器的板材冲裁 PLC 控制

可以使用光电式传感器或电感式传感器（感应金属）来代替按钮 SB1 发出起动信号，当光电式传感器 SE0 检测到工件时，就能自动完成夹紧和冲裁动作，如图 7-26 所示。汽车装配线上的板材冲裁装备 PLC 输入/输出（I/O）地址分配表、电气控制电路图、PLC 梯形图程序、PLC 硬件电路设计如下。

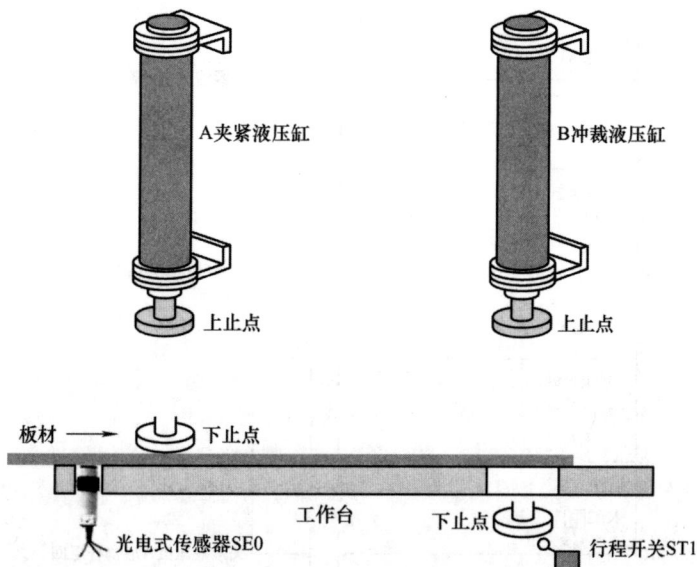

图 7-26 采用光电式传感器的板材冲裁装备示意图

1. 编制 I/O 地址分配表

I/O 地址	符号	说明	I/O 地址	符号	说明
I0.0	SE0	起动按钮，夹紧液压缸 A 活塞杆伸出夹紧工件	Q0.1	1YA	控制夹紧缸液压 A 活塞杆伸出/退回
I0.1	SB1	起动按钮，夹紧液压缸 A 活塞杆伸出夹紧工件	Q0.2	2YA	控制冲裁缸液压 B 活塞杆伸出
I0.2	SB2	停止按钮	Q0.3	3YA	控制冲裁缸液压 B 活塞杆退回
I0.3	KP1	夹紧液压缸 A 活塞杆位于下止点，发送信号，冲裁液压缸 B 活塞杆伸出			
I0.4	ST1	夹紧液压缸 B 活塞杆位于下止点，发送信号，冲裁液压缸 B 活塞杆退回原位			
I0.5	KP2	夹紧液压缸 B 活塞杆位于上止点，发送信号，冲裁液压缸 A 活塞杆退回原位			

2. 绘制电气控制电路图

采用光电式传感器的电气控制电路图如图 7-27 所示。

3. 编制 PLC 梯形图程序

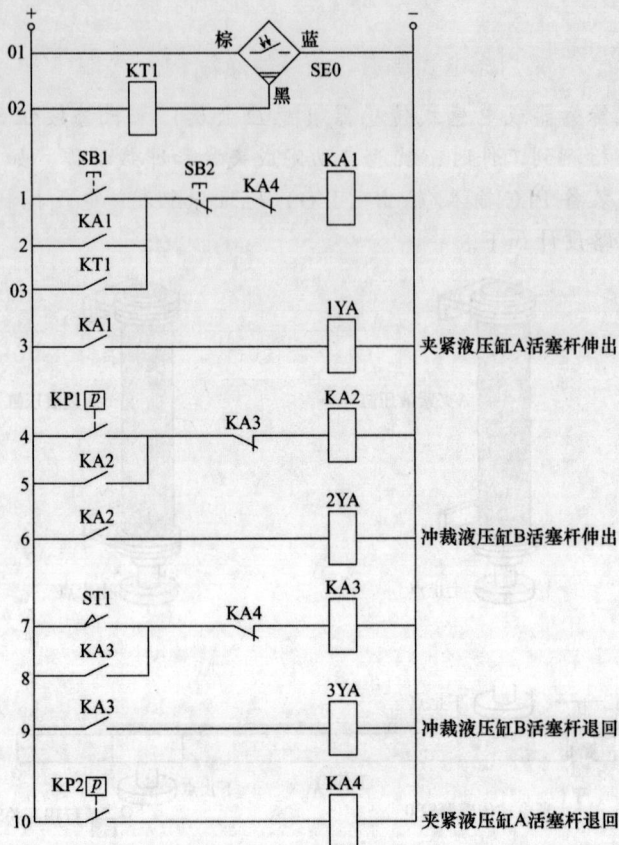

图 7-27 采用光电式传感器的电气控制电路图

参考图 7-28 编制汽车装配线上的板材冲裁装备 PLC 梯形图程序，并将编制好的 PLC 梯形图程序下载到 PLC 模块中。

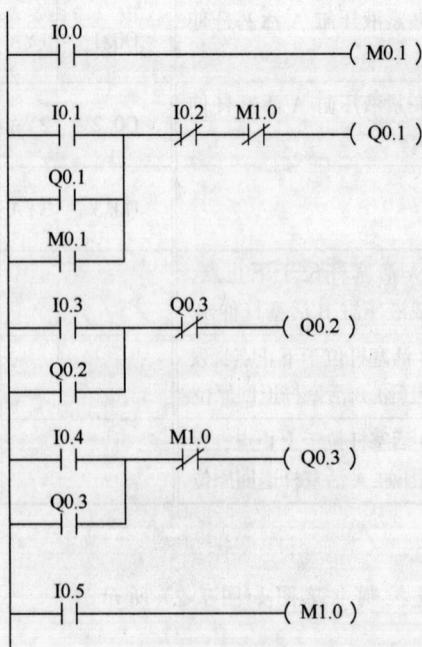

图 7-28 板材冲裁装备 PLC 梯形图程序

4. PLC 硬件接线

本实训项目使用的光电式传感器为 NPN 型三线常开传感器，采用光电式传感器的 PLC 硬件接线如图 7-29 所示。连接 PLC 电气控制电路，认真检查完毕后，开机运行液压系统。

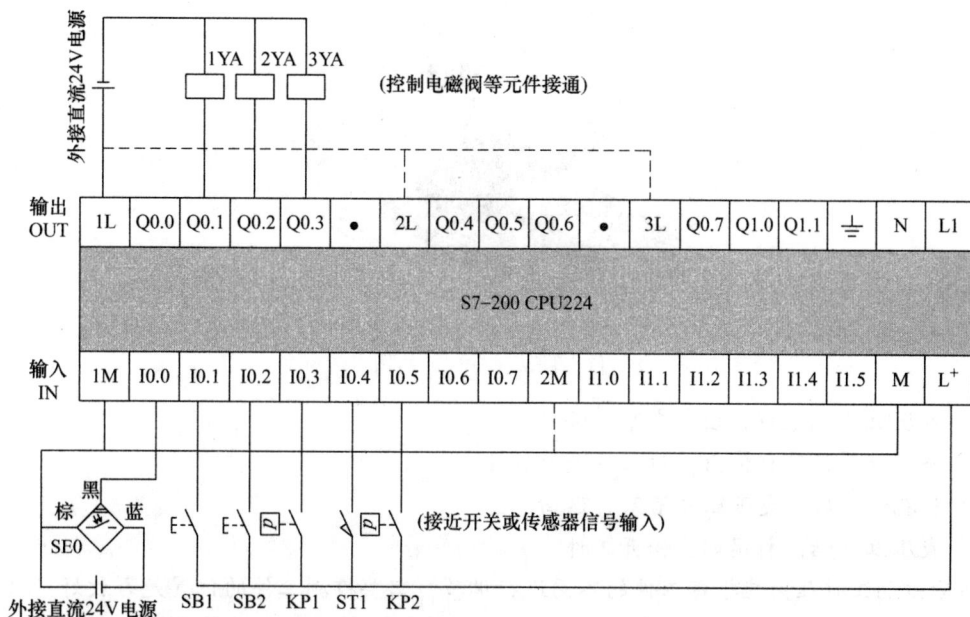

图 7-29　采用光电式传感器的 PLC 硬件接线图

【知识拓展】

汽车工件专用液压钻床实训设备参考模型

汽车工件专用液压钻床需要对不同材料的工件进行钻孔加工。工件的夹紧和钻头的升降由两个液压缸驱动，动力源为同一个液压泵。夹紧液压缸应根据工件材料和形状的不同调整夹紧力，夹紧速度可调。钻头下降速度应稳定，不受负载压力大小的变化或油液压力的波动影响。

汽车工件专用液压钻床的结构参考模型如图 7-30 和图 7-31 所示，利用一个液压缸对工件进行夹紧，利用另一个双作用液压缸实现钻头的进给。放上工件后起动，其工作过程为：

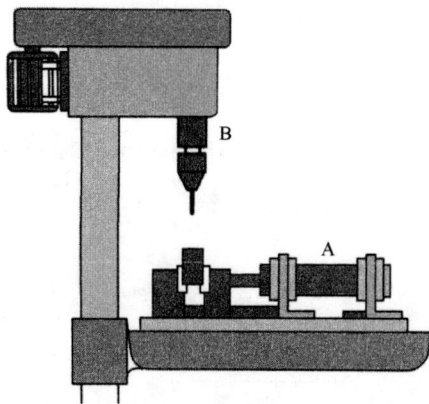

图 7-30　汽车工件专用液压钻床的结构参考模型（一）

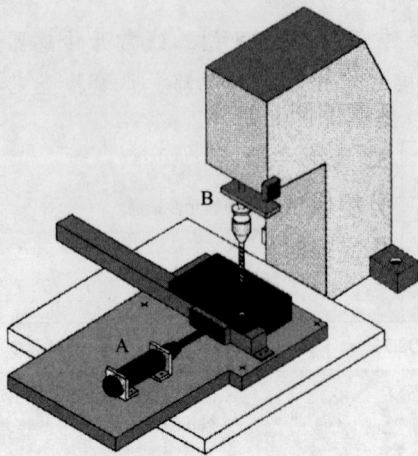

图 7-31 汽车工件专用液压钻床的结构参考模型（二）

① 液压缸 A 活塞杆伸出，夹紧工件。

② 液压缸 B 活塞杆伸出，对工件进行钻孔。

③ 钻孔结束后，液压缸 B 活塞杆退回。

④ 液压缸 A 活塞杆退回，松开工件。

夹紧缸的工作压力应根据工件的不同进行调节，需要检测工件的位置是否放好，执行元件需要考虑使用调速阀进行调速。